热带气旋年鉴

2009

中国气象局　编

气象出版社
China Meteorological Press

图书在版编目(CIP)数据

热带气旋年鉴.2009/中国气象局编.—北京:
气象出版社,2011.1
ISBN 978-7-5029-5164-1

Ⅰ.①热… Ⅱ.①中… Ⅲ.①北太平洋—低压(气象)
—2009—年鉴 Ⅳ.① P732.3-54

中国版本图书馆 CIP 数据核字(2011)第 011393 号

出版发行:气象出版社
地　　址:北京市海淀区中关村南大街 46 号　　**邮政编码:**100081
总 编 室:010-68407112　　**发 行 部:**010-68409198
网　　址:http://www.cmp.cma.gov.cn　　**E-mail:** qxcbs@cma.gov.cn
责任编辑:吴晓鹏　刘　畅　　**终　　审:**赵同进
封面设计:博雅思企划　　**版式设计:**李勤学　张　维
责任校对:张　维
印　　刷:北京朝阳印刷厂有限责任公司
开　　本:889mm×1194mm　1/16
字　　数:325 千字　　**印　　张:**13.75
版　　次:2011 年 3 月第 1 版　　**印　　次:**2011 年 3 月第 1 次印刷
印　　数:1～1500

前 言

热带气旋是热带或副热带洋面上急速旋转的大气涡旋，也是影响我国的主要灾害性天气系统之一。在其活动的过程中，伴随有狂风、暴雨、巨浪和风暴潮。热带气旋经过的地区，虽有解除干旱作用，但也会给人民生命财产造成巨大损失。

我国北起辽宁，南至海南、广东、广西的沿海一带，每年都有可能遭受热带气旋的袭击，其中又以登陆海南、广东、福建、浙江、台湾五省的热带气旋次数为最多。

自新中国成立以来，我国探测热带气旋的手段逐渐增多，热带气旋科研工作也取得了一定的成绩，热带气旋预报水平不断提高。为了适应农业、工业、国防和科学技术现代化的需要，满足各级气象局（台、站）及科研、国防、经济建设等部门的要求，中国气象局上海台风研究所受中国气象局委托具体负责整编出版《热带气旋年鉴》。《热带气旋年鉴》（原名：《台风年鉴》）自1949年起，每年出版一册，一直持续至今。

承蒙中国气象局国家气象中心、中国气象局国家卫星气象中心、各有关省（自治区、直辖市）气象局及有关气象台（站）、中国民政部国家减灾中心的大力支持和协助，使得年鉴中的热带气旋路径、降水、大风、卫星云图、灾情等资料的整编得以顺利完成，在此一并表示感谢。

《热带气旋年鉴2009》编制工作由中国气象局上海台风研究所张维、鲁小琴、万日金、赵兵科等完成，图幅工作由鲁小琴、张维绘制。2009年热带气旋最佳路径定位由张维（上海台风研究所），许映龙（国家气象中心），蔡亲波（海南省气象台），庄旭东、黄忠（广东省气象台），高安宁（广西区气象台），刘爱鸣（福建省气象台），潘劲松（浙江省气象台），韩桂荣（江苏省气象台）完成。

《热带气旋年鉴2009》的内容包括热带气旋概况、路径、大风区域演变图、卫星云图，以及热带气旋对我国影响时的降水、大风分布和引发的灾情。还包括热带气旋的其他相关资料和图表。

说　明

1. 基本说明

本年鉴主要整编西北太平洋和南海的热带气旋概况、热带气旋路径、卫星云图、大风区域演变情况，热带气旋对我国影响时的降水量和大风的分布图以及灾情等基本资料。根据《热带气旋等级》国家标准（GB/T 19201—2006），热带气旋分为以下六个等级：

（1）超强台风（Super typhoon）：

底层中心附近最大平均风速达到≥ 51.0 m/s（相当于风力 16 级或以上）。

（2）强台风（Severe typhoon）：

底层中心附近最大平均风速达到 41.5 ~ 50.9 m/s（相当于风力 14 ~ 15 级）。

（3）台风（Typhoon）：

底层中心附近最大平均风速达到 32.7 ~ 41.4 m/s（相当于风力 12 ~ 13 级）。

（4）强热带风暴（Severe tropical storm）：

底层中心附近最大平均风速达到 24.5 ~ 32.6 m/s（相当于风力 10 ~ 11 级）。

（5）热带风暴（Tropical storm）：

底层中心附近最大平均风速达到 17.2 ~ 24.4 m/s（相当于风力 8 ~ 9 级）。

（6）热带低压（Tropical depression）：

底层中心附近最大平均风速达到 10.8 ~ 17.1 m/s（相当于风力 6 ~ 7 级）。

本年鉴所用时间一律为北京时（特别标注除外）。

2. 热带气旋的概述及特点

西北太平洋台风（台风、强台风、超强台风简称台风）、强热带风暴和热带风暴出现次数等统计表（表 1.1.1 ~表 1.1.7）中的“常年平均”均指 1951—2005 年 55 年的气候平均值。

3. 热带气旋中心位置资料表

（1）“中心气压”指热带气旋中心附近海平面最低气压。

（2）“最大风速”指热带气旋底层中心附近最大平均风速。

（3）“△”表示热带气旋已转变为温带气旋。

4. 热带气旋纪要表

（1）“发现点”指热带气旋路径的起始点，由于资料所限，此点不一定是它真正的源地。

（2）热带气旋在我国的登陆地点，一般精确到县或市，如广东徐闻，即广东省徐闻县。登陆地点也可跨县或市，如台湾新港—花莲。除台湾、舟山、香港、海南以外，我国沿海岛屿都不作为登陆地点处理。热带气旋在我国某地登陆后越过海面，再次在我国其他地方登陆，则依次列出登陆地点。

（3）“转向”指路径总的趋向由偏西方向转为向偏东方向移动。

东转向：140° E 以东转向。中转向：125° E～140° E 之间转向。西转向：120° E～125° E 之间转向。南海转向：在南海海面或台湾海峡转向。登陆转向：在我国登陆后转向。

5. 热带气旋降水

（1）热带气旋和其他天气系统共同造成的降水，仍列入整编。

（2）"日降水量图"指 20 时—20 时的降水总量分布（20 时—20 时：为前一日 20 时以后至该日 20 时）。

"总降水量图"指一次热带气旋过程中在我国引起的降水总量分布。按 10、25、50、100、200…… mm 等级分析等雨量线，如等值线很密时可跨级分析。大的降水中心，一般标注其最大的总降水量数值。

（3）"降水日数图"指一次热带气旋过程中在我国引起的降水总量 ≥ 10 mm 的降水日数分布图。

（4）我国沿海岛屿的总降水量和降水日数，由于距离陆地较远，不进行分析，用数字标注。

6. 热带气旋大风

（1）热带气旋与其他天气系统共同造成的大风，仍列入整编。

（2）"大风区域演变图"指一次热带气旋过程中逐日的风区演变。本年鉴大风区是根据卫星微波遥感海面风信息 QuikScat 资料分析而成，图中标注的是日期和时间；点线表示 6 级风以上区域，点短划线表示 8 级风以上区域，直线表示 10 级风以上区域。

7. 灾情

由中国民政部国家减灾中心提供。

8. 云图

卫星云图由中国气象局国家卫星气象中心提供。

9. 500 hPa 高度场

采用 NCEP/NCAR 再分析格点（2.5 × 2.5 度）资料绘制。

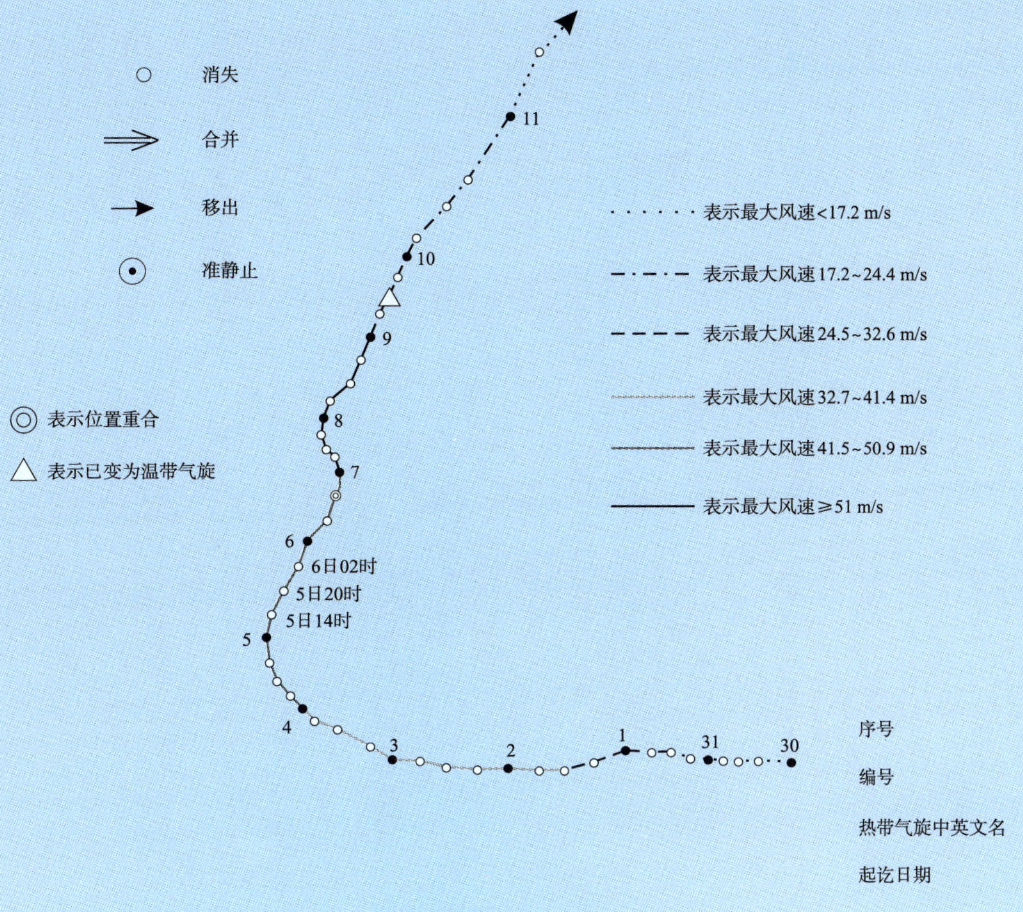
消失
合并
移出
准静止
表示位置重合
表示已变为温带气旋
表示最大风速<17.2 m/s
表示最大风速17.2~24.4 m/s
表示最大风速24.5~32.6 m/s
表示最大风速32.7~41.4 m/s
表示最大风速41.5~50.9 m/s
表示最大风速≥51 m/s
11
10
9
8
7
6
6日02时
5日20时
5日14时
5
4
3
2
1
31
30
序号
编号
热带气旋中英文名
起讫日期

热带气旋路径图例

目　录

1　2009 年热带气旋一览

1.1　2009 年热带气旋概述及特点

1.1.1　2009 年热带气旋活动特点

（1）热带气旋明显偏少

2009 年西北太平洋和南海的热带气旋共有 27 个，其中超强台风 6 个、强台风 1 个、台风 6 个、强热带风暴 5 个、热带风暴 5 个、热带低压 4 个，热带风暴级以上的热带气旋出现次数偏少于常年平均值（图 1.1.1、表 1.1.1）。

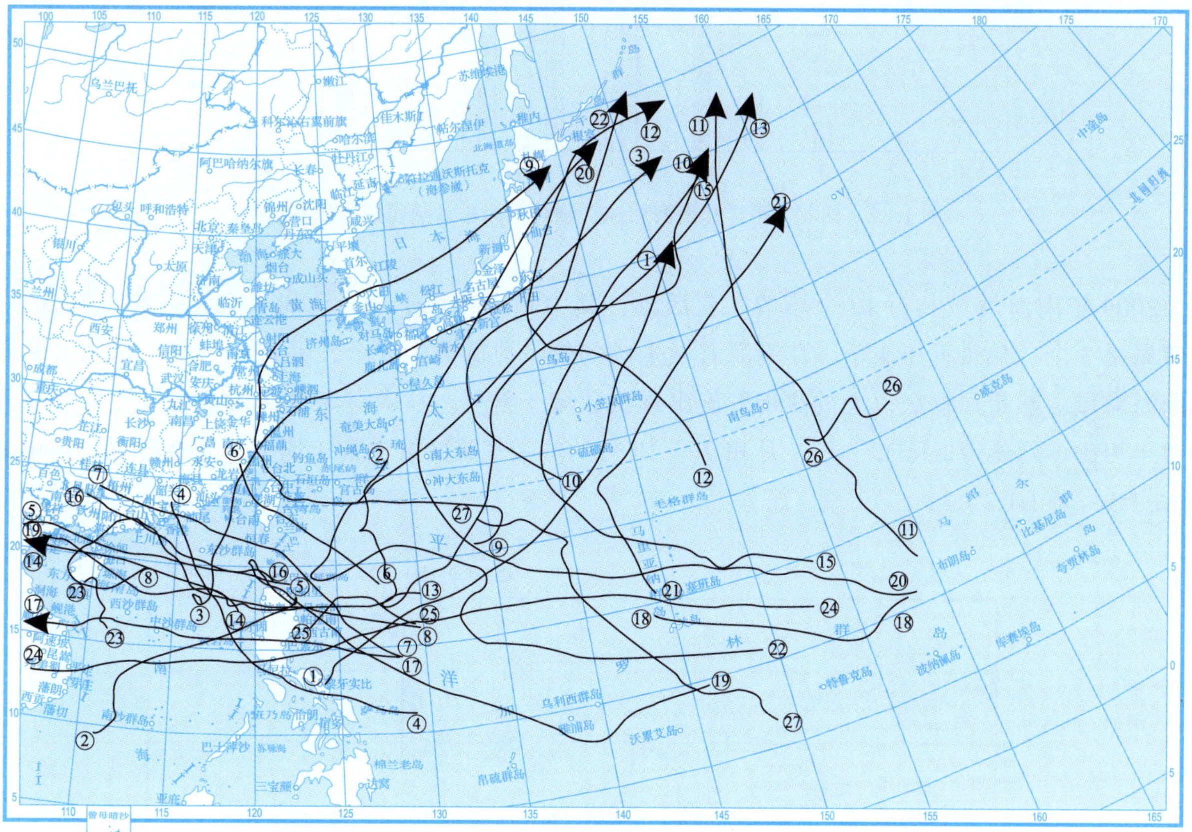

图 1.1.1　2009 年热带气旋路径图

2009 年首个台风生成在 5 月初，最后一个台风生成在 11 月下旬。从热带气旋（除热带低压）生成月际分布看，主要集中在 5—10 月，占全年总数的 95.65%。5 月和 9 月热带气旋次数比常年偏多，9 月生成的台风个数为最多月。 6 月和 7 月与常年基本持平。其余各月比常年偏少，其中台风活动期最多的 8 月却生成台风个数偏少（图 1.1.2、表 1.1.1）。

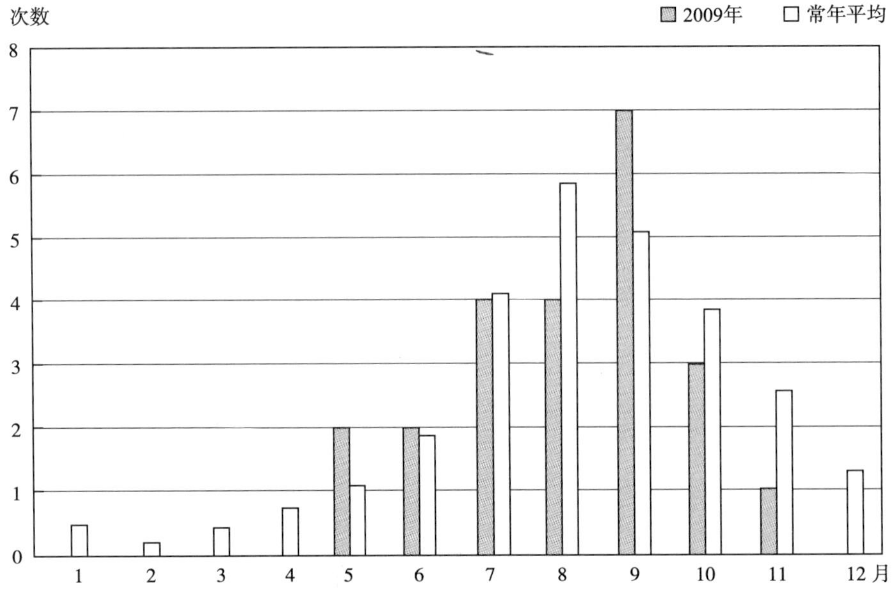

图 1.1.2　西北太平洋和南海台风、强热带风暴、热带风暴出现次数

2009 年南海海域共有 12 个热带气旋活动，其中超强台风 1 个、台风 5 个、强热带风暴 2 个、热带风暴 3 个、热带低压 1 个。在南海海域生成的热带风暴数为 6 个，另有 5 个则由西北太平洋移入南海海域。热带风暴级以上的热带气旋出现次数多于常年。从南海海域活动热带气旋的月际分布与常年相比（除热带低压），5 —7 月和 9 —10 月的热带气旋次数比常年偏多；其余各月比常年偏少（图 1.1.3、表 1.1.2）。

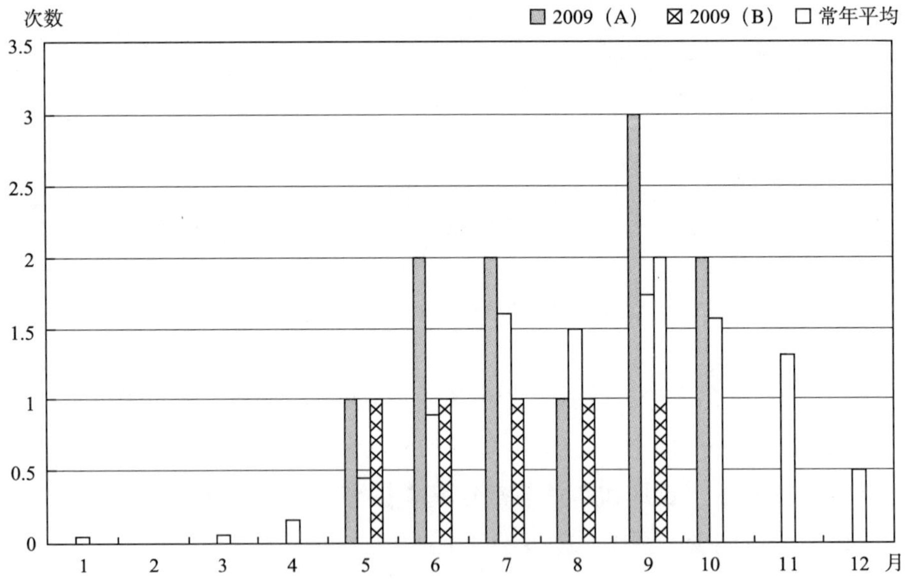

图 1.1.3　南海台风、强热带风暴、热带风暴出现次数

注：（A）和（B）详见表 1.1.2 注

（2）热带气旋生成源地接近常年

2009 年热带气旋源地接近常年，分布于 110° E～160° E 的洋面上。主要分布于南海以及菲律宾附近 110° E～130° E 之间和 145° E～160° E 之间的海域。南海以及菲律宾附近海域共有 14 个热带气旋生成，占生成总数的 52%；145° E～160° E 附近海域共有 10 个热带气旋生成，占生成总数的 37%（图 1.1.4）。

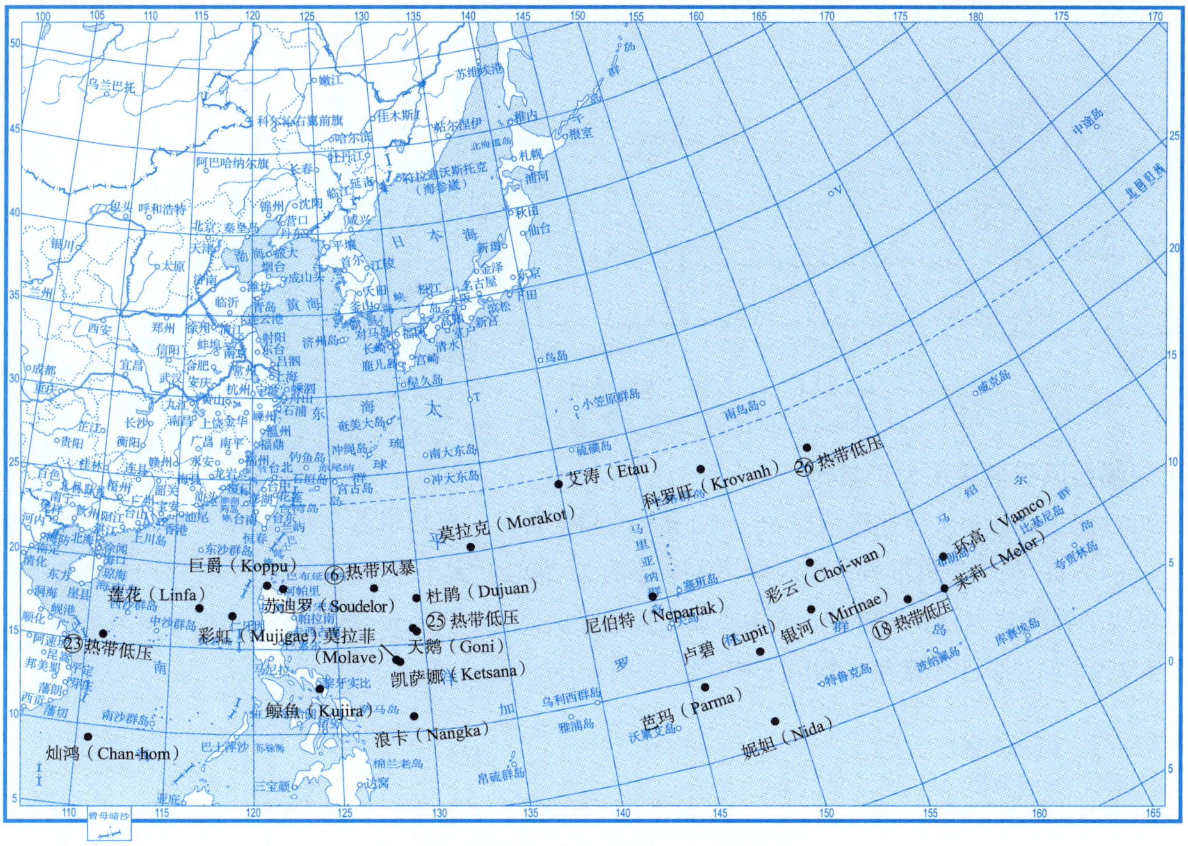

图 1.1.4　2009 年热带气旋生成源地位置图

2009 年热带气旋在西北太平洋海域生成源地（除热带低压）最北的是第 0909 号热带风暴“艾涛（Etau）”，源地在（23.0° N、139.9° E）；生成源地最南的是第 0922 号超强台风“妮妲（Nida）”，生成位置为（6.6° N、148.6° E）；生成源地最西的是第 0902 号台风“灿鸿（Chan-hom）”，形成于（9.6° N、111.0° E）；生成源地最东的是第 0911 号强热带风暴“环高（Vamco）”在（11.6° N、160.7° E）洋面处。

（3）热带气旋西到西北行路径偏多

2009 年生成的热带气旋路径中，西到西北行的路径偏多。西行和西北行路径有 15 个，包括 1 个登陆后转向，中转向路径 4 个，东转向和西转向路径各为 1 个。热带气旋的转向路径偏少于常年平均，但 8 月和 10 月转向路径多于常年（图 1.1.5、表 1.1.3）。

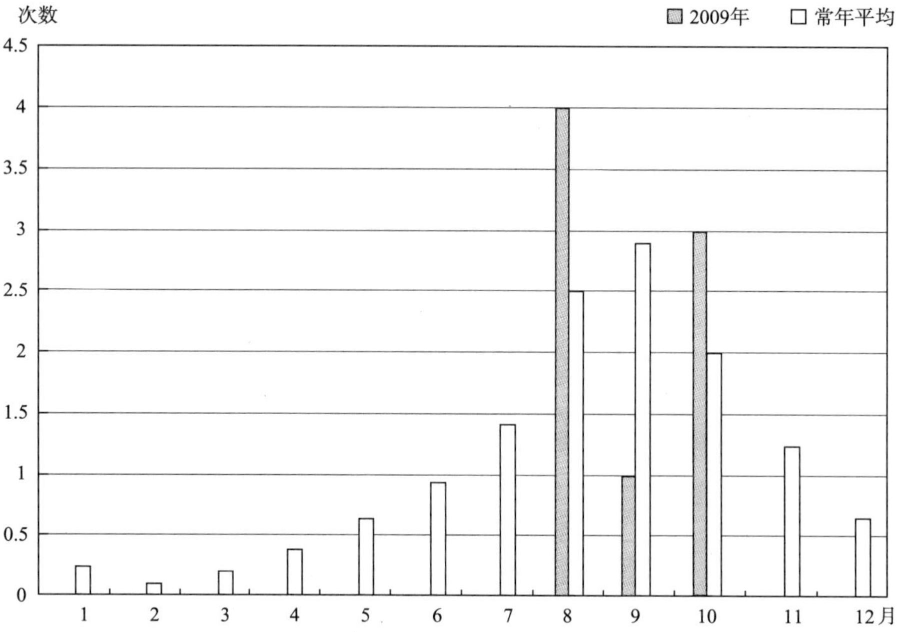

图 1.1.5　台风、强热带风暴、热带风暴转向次数

（4）超强台风极值频率大于常年

2009 年近中心最大风速极值以 55 ~ 70 m/s 的超强台风出现频率占全年的 21.75%，大于常年平均值（16.64%）；其次是热带风暴出现频率占全年的 21.74%，大于常年平均值（14.11%）。强热带风暴和台风级的强度基本与常年持平。近中心最大风速极值以 45 ~ 50 m/s 的强台风出现频率为最小，占全年的 8.7%，明显偏小于常年平均值（17.7%）（图 1.1.6、表 1.1.6）。

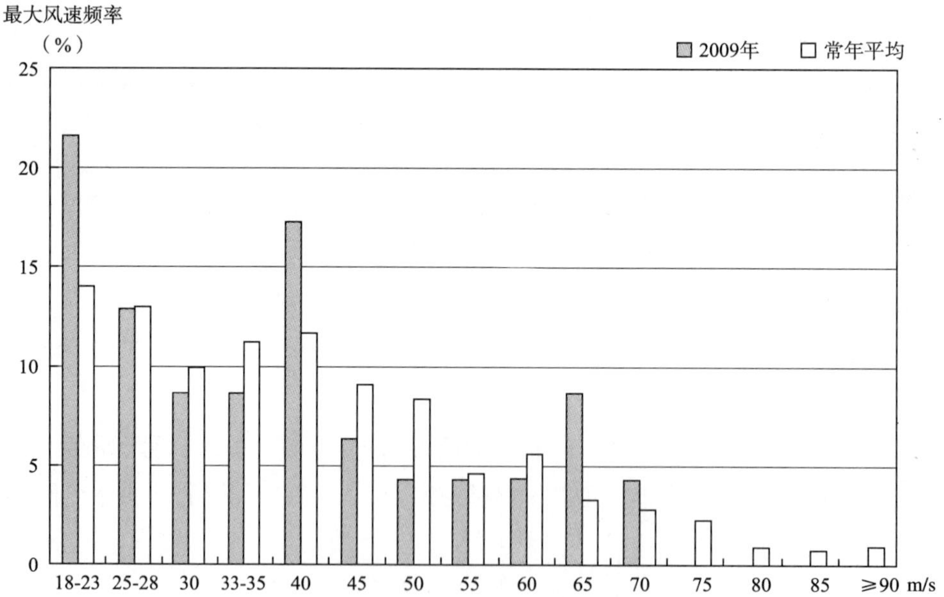

图 1.1.6　台风、强热带风暴、热带风暴最大风速极值频率分布

近中心最低气压极值以 960 ~ 969 hPa 和 900 ~ 910 hPa 的频率为多，分别占全年频率总数的

17.39%和 13.05%，大于常年平均值。近中心最低气压极值以 970 ~ 979 hPa 和 930 ~ 940 hPa 的频率小于常年平均值。其他各级的频率与常年平均值持平（图 1.1.7、表 1.1.7）。

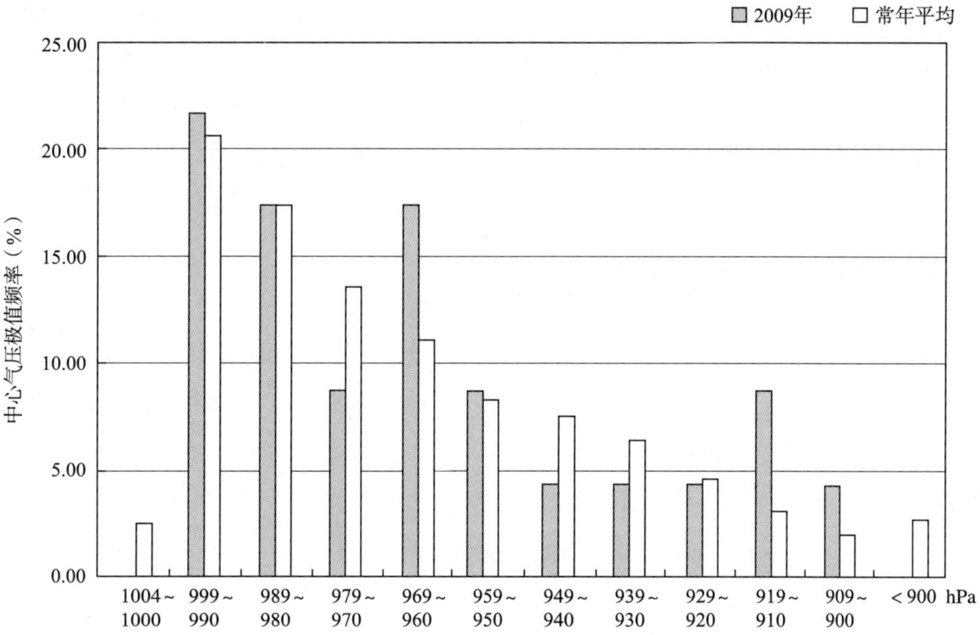

图 1.1.7 台风、强热带风暴、热带风暴中心气压极值频率分布

（5）登陆热带气旋偏多，且时间集中

2009 年登陆我国的热带气旋有 11 个,共有 14 次登陆,登陆个数多于常年。热带气旋的登陆地偏南，主要集中在广东和海南。其中登陆广东 5 次，海南 4 次，台湾 2 次，福建 3 次。且时间集中在 6 月下旬、8 月上旬、7 月、9 月和 10 月的中旬,（图 1.1.8、表 1.1.4、表 1.1.5）。2009 年登陆台风多数具有路径复杂性和结构不对称性。尤其 5 月底到 8 月上旬南海夏季风活跃期间，生成的 6 个台风全部登陆我国，且多呈现不对称结构。

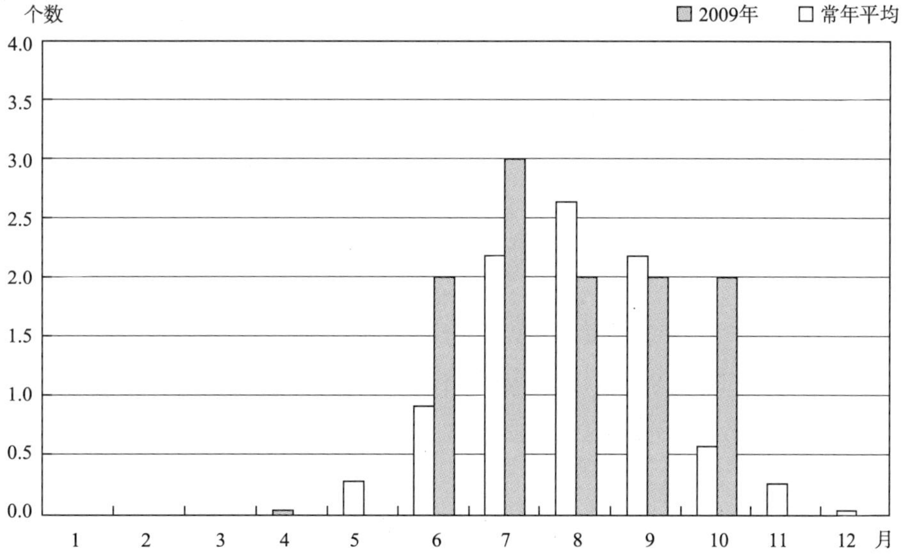

图 1.1.8 热带气旋登陆中国的个数

（6）台风复杂路径多

2009 年有强热带风暴“天鹅”、台风“莫拉克”和“芭玛”、超强台风“卢碧”4 个台风属复杂路径，主要与多涡旋间的相互作用密切相关，从而使台风在路径、移速、强度上呈现出复杂多变的特性，给 2009 年台风的预报服务造成了一定的困难。且其生命史都偏长，其中“芭玛”的生命期达半月之久。

此外，2009 年有 5 个热带气旋虽未在我国登陆，但对我国沿海地区或近海海域有影响，它们分别是 0902 号台风 “灿鸿（Chan-hom）”、0916 号台风“凯萨娜（Ketsana）”、0918 号超强台风 “茉莉（Melor）”、0920 号超强台风 “卢碧（Lupit）”、0921 号台风“银河（Mirinae）”。

1.1.2　2009 年严重影响我国的热带气旋概况

2009 年有强热带风暴“莲花”、热带风暴“浪卡”、热带风暴“苏迪罗”、台风“莫拉菲”、强热带风暴“天鹅”、台风“莫拉克”、热带风暴“彩虹”、台风“巨爵”、台风“凯萨娜”、超强台风“芭玛”10 个热带气旋影响我国大陆时，在海南、广东、广西、云南、福建、浙江、江西、上海、江苏、安徽等省（区、市）引发了不同程度灾情和经济损失。共造成受灾人口 1943.56 万人，紧急转移安置人口 278.45 万人，死亡 43 人，失踪 21 人；农作物受灾面积 1144.3 千公顷，成灾 471.93 千公顷，绝收面积 100.54 千公顷；倒塌房屋 2.54 万间，直接经济损失 190.9 亿元。台风“莫拉克”是 2009 年影响我国时引发灾情和造成经济损失最为严重的一个台风。

0908 号台风“莫拉克（Morakot）”于 8 月 3 日下午在冲大东岛东南约 500 km 处的西北太平洋洋面上发展形成。初始热带低压向偏东北移动。4 日凌晨它的中心强度加强为热带风暴，下午转为偏西方向移动。5 日强度增强为强热带风暴，其后强度加强为台风并继续向偏西方向移动。7 日在进入台湾东部近海时它的移速减慢并转向西北，8 月 7 日 23 时 45 分“莫拉克”在台湾花莲沿海登陆，登陆时中心附近的最大风力有 13 级（40 m/s），近中心附近的最低气压 960 hPa。随后其台风中心穿过台湾岛北部，8 日午后从台湾桃园附近移出，9 日横过台湾海峡北部并逐渐向福建沿海靠近。“莫拉克”进入台湾海峡北部海面向西北方向前进时，移动速度缓慢，在台湾海峡海面上维持时间近 30 个小时之久。8 月 9 日 17 时 30 分“莫拉克”在福建省霞浦县再次登陆，登陆时中心附近最大风力有 12 级（33 m/s），近中心附近的最低气压 975 hPa。再次登陆后强度减弱为强热带风暴，移动方向转为偏北，并由南而北穿过福建省和浙江省，11 日凌晨移出浙江进入江苏，并转向北偏东移动，下午从盐城进入黄海南部海面并减弱为热带低压，12 日“莫拉克”在黄海东部海面变性为温带气旋。随后“莫拉克” 越过朝鲜进入日本海并继续向东北方向移去，13 日上午横过日本北部进入太平洋并向东北偏北方向移去。

受台风“莫拉克（Morakot）”影响，台湾出现了 10～12 级，局部 13～15 级的大风；8 月 6 日 00 时—10 日 05 时，台湾阿里山降水量达 2855 mm。8 月 6—12 日，海南西沙岛和三亚、广东罗定和惠阳及阳江、福建东部和沿海地区、浙江东部地区、江西北部、上海洋山港、江苏西南部及北部、安徽安庆地区和黄山、山东泰山最大风力 6～7 级，阵风 8～10 级，福建霞浦以及九仙山、浙江沿海地区最大风力 8～10 级，阵风 10～12 级。8 月 9 日浙江玉环最大风力 10 级（25.4 m/s），阵风 12 级（36.7 m/s），为本次台风影响时出现的风极值。

海南中部、广东东南部和西南部、福建大部、江西中部部分和上饶地区以及庐山、湖南衡东、江苏西南部和东部以及苏州地区、上海大部、安徽东南部、浙江大部总降水量 50～300 mm。福建东北部、浙江台州和温州地区以及宁海、安徽黄山和九华山总降水量 300 ~ 450 mm，福建柘荣总降水量达到 706 mm，为本次台风影响时出现的降水极值。

受其影响，降水主要集中在 8 月 8—11 日。8 日福建东北部地区、浙江东南部出现暴雨，局部大暴雨。福建柘荣日降水量达到 218 mm；9 日广东雷州、福建东部、浙江东部普降暴雨，福建福州和宁德地区、浙江东部局部地区出现大暴雨到特大暴雨，福建柘荣日降水量最大，达到 415 mm，为本次台风影响时出现的日降水极值；10 日海南中部和西北部以及东南部、福建局部、浙江北部部分地区、江西庐山、安徽黄山和九华山以及宣州地区、上海部分地区、江苏大部出现暴雨到大暴雨。安徽九华山日降水量达到 223 mm；11 日福建东山、安徽东南部、江苏东部部分地区出现暴雨到大暴雨，安徽九华山日降水量为 153 mm。

台风“莫拉克（Morakot）”具有强度强、路径复杂、移向和移速多变、结构不对称、登陆前移动缓慢、维持时间长、降雨强度大、影响范围广和时间长、强风半径大、风暴增水高等特点。由于“莫拉克”受强热带风暴“天鹅”和热带风暴“艾涛（Etau）”的相互作用影响和相互牵制，导致移向多变，路径复杂，给台风的预报带来了难度。

“莫拉克”是 2009 年影响我国范围最广、造成损失最大的台风。浙江、福建、江西、安徽、江苏、上海 6 省（市）发生了不同程度的灾情，共造成受灾人口 1157.45 万人，紧急转移安置人口 150.86 万人，死亡 12 人，失踪 2 人；农作物受灾面积 665.75 千公顷，成灾面积 272.97 千公顷，绝收面积 61.76 千公顷；倒塌房屋 1.03 万间，直接经济损失 128.23 亿元（详见表 2.9.2）。尤其浙江省出现的灾情最为严重，台风给浙江带来大范围持续强降雨，正值天文大潮期间，风暴增水明显。部分河流水位暴涨，杭嘉湖河网水位居高不下，全省多处发生山体滑坡、泥石流等次生灾害。

同时，“莫拉克”重创台湾，台风带来的特大暴雨使降水量刷新了历史记录，并引发了台南、高雄、屏东及台东等县重大灾情，铁、公路多处路基流失造成交通中断，多处地区发生严重泥石流，约有 673 人死亡，26 人失踪，农业损失约 195 亿元，造成的灾害是近 50 年来最严重的。

表 1.1.1　西北太平洋和南海台风、强热带风暴、热带风暴出现次数（2000—2009 年）

年＼月	1	2	3	4	5	6	7	8	9	10	11	12	合计
2000					2		5	6	5	3	2	1	24
2001					1	2	5	6	5	3	1	2	25
2002	1	1			1	3	5	6	4	2	2	1	26
2003	1			1	2	2	2	5	3	3	2		21
2004				1	2	5	3	8	3	3	3	2	30
2005	1		1	1	1		5	5	5	2	2		23
2006					1	1	3	7	4	4	2	2	24
2007				1	1		3	5	5	6	4		25
2008				1	4	1	2	4	4	2	3	1	22
2009					2	2	4	4	7	3	1		23
常年平均	0.47	0.20	0.40	0.75	1.07	1.84	4.11	5.84	5.05	3.84	2.53	1.31	27.40

表 1.1.2 南海台风、强热带风暴、热带风暴出现次数（2000—2009 年）

年＼月	1	2	3	4	5	6	7	8	9	10	11	12	合计
2000（A）							1	2	1	2	1	1	8
2001（A）					1	2	2	2	1		1	1	10
2002（A）							1	2	2				5
2003（A）					1	1	2	1	1		1		7
2004（A）						2	2				1	1	6
2005（A）							1	1	2		1		5
2006（A）					1	1		2	2	1	1	2	10
2007（A）							2	2		2			6
2008（A）				1	1	1		2	2	1	2		10
2009（A）					1	2	2	1	3	2			11
常年平均	0.04	0.00	0.05	0.16	0.45	0.89	1.60	1.49	1.73	1.56	1.31	0.49	9.78
2000（B）							1	2	1	1			5
2001（B）					1	1		2					4
2002（B）							1	2	2				5
2003（B）					1	1	1						3
2004（B）						2	1						3
2005（B）							1		1	1			3
2006（B）						1		1	1				3
2007（B）							1	2		1			4
2008（B）				1	1			1	1	1	2		7
2009（B）					1	1	1	1	2				6

注：（A）西北太平洋进入南海和南海产生的台风、强热带风暴、热带风暴出现次数

（B）南海产生的台风、强热带风暴、热带风暴或由西北太平洋产生的热带低压移入南海后增强到热带风暴级的出现次数

表 1.1.3 台风、强热带风暴、热带风暴转向次数（2000—2009 年）

年＼月	1	2	3	4	5	6	7	8	9	10	11	12	合计
2000					1		1	3	2	1		1	9
2001						1	1	2	4	3		1	12
2002			1		1		3	2	2	1	2	1	13

（续表）

年＼月	1	2	3	4	5	6	7	8	9	10	11	12	合计
2003	1			1		1		1	2		2		8
2004				1	2	2	1	4	2	3		2	17
2005	1			1		1	1	2	2	1			9
2006					1		1	1	3	2			8
2007				1	1		1	2	3	4	2		14
2008				1	1	1	1		2	2		1	9
2009								4	1	3			8
常年平均	0.24	0.09	0.20	0.38	0.64	0.93	1.42	2.49	2.89	2.00	1.22	0.65	13.15

表 1.1.4　在我国登陆的热带气旋个数（2000—2009 年）

年＼月	1	2	3	4	5	6	7	8	9	10	11	12	合计
2000						1	2	2	2				7
2001						1	5	2	2				10
2002							2	2	3				7
2003							2	3	1		1		7
2004							3	2	1	1		1	8
2005							2	2	3	1			8
2006					1	1	3	4	1				10
2007							1	3	2	1			7
2008				1		1	2	2	3	1			10
2009						2	3	2	2	2			11
常年平均	0.00	0.00	0.00	0.02	0.27	0.91	2.18	2.64	2.18	0.58	0.25	0.04	9.07

表 1.1.5　热带气旋在我国登陆的地区分布（2000—2009 年）

年＼地区	广西	广东（含香港）	海南	台湾	福建	浙江	上海	江苏	山东	辽宁	天津	合计
2000		3	1	2	0/1	1/2						7/9
2001	0/2	3/4	1/2	5	1/3							10/16
2002	0/1	3/4	1	1		1			1			7/9
2003		2/5	3	1	0/1	1						7/11

（续表）

年＼地区	广西	广东（含香港）	海南	台湾	福建	浙江	上海	江苏	山东	辽宁	天津	合计
2004		2		4	1	1/3						8/10
2005		1	2	3	0/3	2				0/1		8/12
2006		5	1	3	0/2	1						10/12
2007	0/1	0/2	2	4/5	0/2	1/2						7/14
2008	0/1	4/7	2	4	0/2							10/16
2009		4/5	4	2	1/3							11/14
常年平均	0.04/0.56	3.44/3.93	2.22/2.36	2.00/2.05	0.55/1.73	0.56/0.69	0.02/0.07	0.06/0.09	0.16/0.27	0.06/0.24	0.00/0.02	9.09/12.05

注：分母为首次和多次登陆次数，分子为第一次登陆次数，如两者相同，则用整数表示

表 1.1.6　台风、强热带风暴、热带风暴中心最大风速极值频率分布（%）（2000—2009 年）

年＼m/s	18～23	25～28	30	35	40	45	50	55	60	65	70	75	80	85	≥90	合计
2000	29.2	8.3		25.0	12.5	8.3	4.2	8.3	4.2							100
2001	20.0	4.0		24.0	24.0	16.0	4.0		8.0							100
2002	19.2	7.7	7.7	15.4		30.8	15.4	3.8								100
2003	9.5	19.0	4.8	9.5	14.3	19.0	9.5	4.8	9.5							100
2004	26.7	6.7	3.3	3.3	16.7	20.0	16.7		6.7							100
2005	13.0	17.4	8.7	4.4	4.4	13.0	21.7	8.7	8.7							100
2006	25.00	8.3	4.2	8.3	8.3	4.2	8.3	12.5	20.8							100
2007	28.0	12.0	4.0	16.0	8.0	4.0	12.0	12.0		4.0						100
2008	36.36	9.09	4.55	9.09	9.09	9.09	9.09	9.09		4.55						100
2009	21.74	13.04	8.70	8.70	17.39	4.35	4.35	4.35	4.35	8.70	4.35					100
常年平均	14.11	13.11	10.05	11.38	11.78	9.18	8.52	4.66	5.72	3.33	2.93	2.46	1.00	0.80	1.00	100

表 1.1.7　台风、强热带风暴、热带风暴中心气压极值频率分布（%）（2000—2009 年）

年＼hPa	1004～1000	999～990	989～980	979～970	969～960	959～950	949～940	939～930	929～920	919～910	909～900	＜900	合计
2000		29.2	8.3	16.7	20.8	8.3		12.5	4.2				100
2001		16.0	8.0	20.0	28.0	16.0	4.0		8.0				100
2002	3.8	7.7	26.9	7.7	3.8	30.8	15.4		3.8				100
2003		14.3	19.0	4.8	19.0	19.0	9.5	4.8	9.5				100

（续表）

hPa / 年	1004 ~ 1000	999 ~ 990	989 ~ 980	979 ~ 970	969 ~ 960	959 ~ 950	949 ~ 940	939 ~ 930	929 ~ 920	919 ~ 910	909 ~ 900	< 900	合计
2004		30.0	6.7	3.3	16.7	20.0	16.7		6.7				100
2005		8.7	30.4	4.3	4.3	13.0	21.7	8.7	8.7				100
2006		25.0	8.3	12.5	8.3	4.2	8.3	12.5	16.7	4.2			100
2007		28.0	16.0	16.0	8.0	4.0	12.0	12.0	0	4.0			100
2008	4.55	31.82	13.64	9.09	9.09	9.09	9.09	9.09		4.55			100
2009		21.74	17.39	8.70	17.39	8.70	4.35	4.35	4.35	8.70	4.35		100
常年平均	2.52	20.65	17.4	13.61	11.16	8.23	7.57	6.37	4.58	3.12	2.06	2.72	100

1.2　2009 年热带气旋纪要表

2009 年热带气旋纪要表

序号	中央气象台编号	国际编号	中英文名称	起讫日期（月.日）	强度	达到热带风暴强度开始日期（月.日）	中心气压极值（hPa）	最大风速极值（m/s）	发现点		路径趋向
									北纬（° N）	东经（° E）	
1	0901	0901	鲸鱼 Kujira	5.1—5.8	强台风	5.3	950	45	12.8	124.0	东北行
2	0902	0902	灿鸿 Chan-hom	5.3—5.13	台风	5.3	970	35	9.6	111.0	东北行
3	0903	0903	莲花 Linfa	6.17—6.25	强热带风暴	6.18	980	30	17.4	116.7	东北行
4	0904	0904	浪卡 Nangka	6.22—6.27	热带风暴	6.23	988	23	10.9	129.2	西北行
5	0905	0905	苏迪罗 Soudelor	7.10—7.13	热带风暴	7.11	994	18	18.6	122.0	西行
6				7.12—7.14	热带风暴	7.13	995	20	18.4	127.5	西北行
7	0906	0906	莫拉菲 Molave	7.15—7.19	台风	7.16	965	38	14.1	128.6	西北行
8	0907	0907	天鹅 Goni	7.31—8.9	强热带风暴	8.2	972	28	15.7	129.8	西行登陆后回旋
9	0908	0908	莫拉克 Morakot	8.3—8.13	台风	8.4	950	40	20.2	133.7	西行登陆后转向
10	0909	0909	艾涛 Etau	8.8—8.14	热带风暴	8.9	992	20	23.0	139.9	中转向
11	0910	0910	环高 Vamco	8.16—8.26	超强台风	8.18	940	53	11.6	160.7	北上
12	0911	0911	科罗旺 Krovanh	8.28—9.2	强热带风暴	8.28	980	30	21.6	149.0	中转向
13	0912	0912	杜鹃 Dujuan	9.3—9.10	强热带风暴	9.4	985	25	17.6	130.0	东北行
14	0913	0913	彩虹 Mujigae	9.9—9.12	热带风暴	9.10	992	20	17.0	118.9	西行
15	0914	0914	彩云 Choi-wan	9.12—9.21	超强台风	9.13	910	65	14.3	153.4	中转向

（续表）

序号	中央气象台编号	国际编号	中英文名称	起讫日期（月.日）	强度	达到热带风暴强度开始日期（月.日）	中心气压极值（hPa）	最大风速极值（m/s）	发现点		路径趋向
									北纬（°N）	东经（°E）	
16	0915	0915	巨爵 Koppu	9.13—9.16	台风	9.13	960	40	18.8	121.0	西北行
17	0916	0916	凯萨娜 Ketsana	9.25—10.1	台风	9.26	960	40	14.1	128.5	西行
18				9.27—9.30	热带低压		1000	15	10.3	157.8	西北行
19	0917	0917	芭玛 Parma	9.28—10.15	超强台风	9.29	935	55	9.5	145.5	西北行回旋
20	0918	0918	茉莉 Melor	9.29—10.9	超强台风	9.30	910	65	10.0	160.0	中转向
21	0919	0919	尼伯特 Nepartak	10.8—10.14	强热带风暴	10.9	990	25	15.2	144.0	东转向
22	0920	0920	卢碧 Lupit	10.14—10.28	超强台风	10.15	920	60	10.5	149.0	西转向
23				10.18—10.20	热带低压		1000	15	15.5	111.2	北上
24	0921	0921	银河 Mirinae	10.26—11.3	台风	10.27	960	40	11.8	152.5	西行
25				11.1—11.3	热带低压		1005	15	15.9	129.6	西行
26				11.7—11.10	热带低压		1000	17	20.6	155.8	西行
27	0922	0922	妮妲 Nida	11.22—12.3	超强台风	11.23	903	70	6.6	148.6	西北行

1.3 2009 年登陆我国的热带气旋纪要表

2009 年登陆我国的热带气旋纪要表

序号	中央气象台编号	国际编号	中英文名称	强度	在我国登陆				
					地点	时间	最大		中心气压（hPa）
							风力（级）	风速（m/s）	
1	0903	0903	莲花 Linfa	强热带风暴	福建晋江	6 月 21 日 22 时 50 分	10	26	985
2	0904	0904	浪卡 Nangka	热带风暴	广东惠东	6 月 26 日 22 时 50 分	8	20	994
3	0905	0905	苏迪罗 Soudelor	热带风暴	海南文昌 广东徐闻	7 月 12 日 05 时 30 分 7 月 12 日 08 时 20 分	8 8	18 18	994 994
4				热带风暴	台湾台东 福建莆田	7 月 13 日 18 时 00 分 7 月 14 日 04 时 00 分	8 8	20 20	995 998
5	0906	0906	莫拉菲 Molave	台风	广东深圳	7 月 19 日 00 时 50 分	13	38	965
6	0907	0907	天鹅 Goni	强热带风暴	广东台山	8 月 5 日 09 时 10 分	10	25	980

（续表）

序号	中央气象台编号	国际编号	中英文名称	强度	在我国登陆				
					地点	时间	最大		中心气压（hPa）
							风力（级）	风速（m/s）	
7	0908	0908	莫拉克 Morakot	台风	台湾花莲 福建霞浦	8 月 7 日 23 时 45 分 8 月 9 日 17 时 30 分	13 12	40 33	960 975
8	0913	0913	彩虹 Mujigae	热带风暴	海南文昌	9 月 11 日 02 时 20 分	8	20	992
9	0915	0915	巨爵 Koppu	台风	广东台山	9 月 15 日 07 时 00 分	12	35	970
10	0917	0917	芭玛 Parma	台风	海南万宁	10 月 12 日 09 时 50 分	9	23	992
11				热带低压	海南陵水	10 月 20 日 15 时 50 分	6	12	1004

1.4　2009 年热带气旋对我国的影响简表

2009 年热带气旋对我国的影响简表

序号	中央气象台编号	热带气旋登陆时的地点、时间、强度和路径趋向	热带气旋对我国的影响			
			项目	时间（月．日）	概况	极值
1	0902	菲律宾北部、5 月 7 日晚、11 级、975 hPa 东北行	降水	5.5—5.7	海南东方、昌江降水总量 11 mm。降水日数为 1 天。	海南昌江 11 mm（1 天）
2	0903	福建晋江、6 月 21 日 22 时 50 分、10 级、985 hPa 北上、登陆后转向	降水	6.17—6.23	海南大部、广东西部和北部部分及东部局部、广西东部局部、福建大部、江西大部、湖南东南部部分、浙江部分、上海崇明、江苏中部部分和苏州地区、安徽西南部和滁州地区总降水量 10 ~ 50 mm。海南中部和东北部、广东东部和西部局部、福建东部和西南部及北部局部、江西中部、湖南东南部部分、浙江局部地区总降水量 50 ~ 150 mm。广东汕尾和梅州地区、福建漳州地区总降水量 200 ~ 459 mm。其中广东平远和福建东山总降水量 350 ~ 459 mm。连续降水日数均为 1 ~ 3 天。	广东平远 459 mm（3 天）
			大风	6.21—6.23	广东清远和韶关地区以及上川岛、广西梧州、福建东南部和沿海地区、浙江台州和温州地区最大风力 6 ~ 7 级，阵风 7 ~ 9 级。福建崇武和厦门最大风力 8 级，阵风 10 ~ 11 级。	福建崇武 20.7（27.4）m/s 厦门 20.4（29.8）m/s

（续表）

序号	中央气象台编号	热带气旋登陆时的地点、时间、强度和路径趋向	热带气旋对我国的影响			
			项目	时间（月．日）	概况	极值
3	0904	广东惠东、6月26日22时50分、8级、994 hPa 西北行	降水	6.26—6.27	海南大部和西沙岛、广东大部、广西东部、福建东南部、江西西南部总降水量10～50 mm。海南局部、广东中南部和东南部部分及西部部分、福建漳州总降水量50～115 mm。其中广东茂名地区和上川岛总降水量100～115 mm。连续降水日数均为1～2天。	广东上川岛 115 mm（2天）
			大风	6.26—6.27	广东开平最大风力6级，阵风7级。福建九仙山最大风力8级，阵风10级。	福建九仙山 19.7（25.7）m/s
4	0905	海南文昌、7月12日05时30分、8级、994 hPa 广东徐闻、7月12日08时20分、8级、994 hPa 西行	降水	7.10—7.13	海南西南部、广东大部、广西东部局部和南部局部及西部部分、涠洲岛、福建华安、江西南部部分、湖南局部、贵州西部、四川攀枝花地区、云南大部降水总量10～50 mm。海南大部、广西防城港地区、贵州安顺地区、云南中部和西南部总降水量50～119 mm。连续降水日数均为1～3天。	海南临高 119 mm（2天）
			大风	7.10—7.12	海南三亚、广东西部和东部及沿海地区、广西北海地区和涠洲岛最大风力6～7级，阵风7～9级。	广东上川岛 14.6（20.9）m/s 五 华 12.2（22.3）m/s
5		台湾台东7月13日18时00分、8级、995 hPa 福建莆田、7月14日04时、8级、998 hPa 西北行	降水	7.13—7.14	广东东部、福建北部、浙江东部、江西南部和北部局部总降水量10～50 mm。广东东部局部、福建南部总降水量50～145 mm。其中福建东南部总降水量100～145 mm。连续降水日数均为1～2天。	厦门同安 145 mm（2天）
			大风	7.12—7.14	福建东部沿海地区、浙江玉环和大陈岛、江西会昌最大风力6～7级，阵风7～8级。	福建崇武 14.9（20.3）m/s
6	0906	广东深圳、7月19日00时50分、13级、965 hPa 西北行	降水	7.18—7.19	海南陵水、广东惠州和湛江地区以及北部地区、广西部分、福建南部及福州地区、江西东南部、湖南局部、贵州局部、浙江南部局部总降水量10～50 mm。广东南部、广西中东部总降水量50～280 mm。其中广东茂名和江门地区、罗定和珠海以及海丰、广西玉林总降水量150～280 mm。连续降水日数均为1～2天。	广东电白 280 mm（1天）

（续表）

序号	中央气象台编号	热带气旋登陆时的地点、时间、强度和路径趋向	热带气旋对我国的影响			
			项目	时间（月．日）	概况	极值
			大风	7.17—7.19	广东中部和东南部、福建漳州和泉州地区最大风力 6～7 级，阵风 8～10 级。其中广东陆丰、惠来、深圳地区阵风 10 级。福建九仙山最大风力 9 级，阵风 11 级。	广东深圳 15.7（24.3）m/s 广东惠来 13.1（26.3）m/s 福建九仙山 21.7（29.1）m/s
7	0907	广东台山、8 月 5 日 09 时 10 分、10 级、980 hPa 西行、登陆转向	降水	8.1—8.9	海南西沙岛和东南部、广东部分、广西大部、福建大部、浙江东南部分、江西大部、湖南东部部分和西南部、贵州毕节地区和黔西南州、云南局部总降水量 10～50 mm。海南东部部分、广东中部部分、广西南部部分、福建福州和南平地区以及漳州地区、浙江文成、江西抚州和吉安地区及宜春、湖南南部和益阳总降水量 50～100 mm。海南西部和北部部分、广东西部和珠江三角洲、广西南部沿海地区和涠洲岛、浙江局部、江西局部总降水量 100～300 mm。海南西北部、广东湛江、茂名和江门地区以及阳江总降水量 300～587 mm。连续降水日数均为 1～6 天。	海南昌江 587 mm（4 天）
			大风	8.3—8.9	海南西沙岛和三亚、广东西部、广西涠洲岛最大风力 6～7 级，阵风 8～9 级。海南东方、广东上川岛最大风力 9 级，阵风 10～12 级。	广东上川岛 23.3（36.5）m/s
8	0908	台湾花莲、8 月 7 日 23 时 45 分、13 级 960 hPa； 福建霞浦、8 月 9 日 17 时 30 分、12 级、975 hPa 西行、登陆北上	降水	8.6—8.12	海南部分及西沙岛、广东东部和南部部分、广西北海地区、福建西北部和西南部、浙江局部、上海南汇、江西东北部和中部部分、湖南局部、江苏北部、安徽西南部、湖北黄石地区、河南东部局部、山东半岛部分总降水量 10～50 mm。海南中部、广东东南部和西南部、福建大部、江西中部部分和上饶地区以及庐山、湖南衡东、江苏西南部和东部以及苏州地区、上海大部、安徽东南部、浙江大部总降水量 50～300 mm。福建东北部、浙江台州和温州地区以及宁海、安徽黄山和九华山总降水量 300～450 mm。福建柘荣总降水量 706 mm。连续降水日数为 1～7 天。	福建柘荣 706 mm（6 天）

（续表）

序号	中央气象台编号	热带气旋登陆时的地点、时间、强度和路径趋向	热带气旋对我国的影响			
			项目	时间（月.日）	概况	极值
			大风	8.6—8.12	海南西沙岛和三亚、广东罗定和惠阳及阳江、福建东部和沿海地区、浙江东部地区、江西北部、上海洋山港、江苏西南部及北部、安徽安庆地区和黄山、山东泰山最大风力 6～7 级，阵风 8～10 级。福建霞浦以及九仙山、浙江沿海地区最大风力 8～10 级，阵风 10～12 级。	浙江玉环 25.4（36.7）m/s
9	0913	海南省文昌、9 月 11 日 02 时 20 分、8 级、992 hPa 西行	降水	9.10—9.12	海南南部、广东西部、广西南部部分和涠洲岛、云南西南部和河口、贵州荔波总降水量 10～50 mm。海南北部、广东江门地区和雷州半岛总降水量 50～100 mm。海南中北部、广东上川岛总降水量 100～214 mm。连续降水日数均为 1～3 天。	海南定安 214 mm（3 天）
			大风	9.10—9.12	海南沿海地区、广东上川岛和徐闻、广西涠洲岛、福建东山和九仙山最大风力 6～7 级，阵风 7～9 级。	海南海口 16.5（24.1）m/s
10	0915	广东台山、9 月 15 日 07 时 00 分、12 级 、970 hPa 西北行	降水	9.13—9.16	海南大部、广东东部和北部、广西西部、云南大部、福建东北部和南部部分、江西南部和北部局部、湖南南部部分、贵州大部、重庆酉阳、四川攀枝花总降水量 10～50 mm。海南东北部和西北部、广东东部部分和西北部部分、广西东部部分、云南中北部、福建漳州地区、贵州中部总降水量 50～100 mm。海南陵水、广东中南部和西部、广西东南部以及南部沿海地区、涠洲岛总降水量 100～356 mm。连续降水日数均为 1～4 天。	广东罗定 356 mm（3 天）
			大风	9.13—9.16	海南东方、广东中部、福建东山最大风力 6～8 级，阵风 7～11 级，广东珠海和阳江以及上川岛最大风力 10～13 级，阵风 12～15 级。	广东上川岛 37.9（50.4）m/s
11	0916	菲律宾中北部、9 月 26 日午后、8 级、995 hPa；越南广义省北部沿海、9 月 29 日 15 时 30 分、12 级、970 hPa 西行	降水	9.27—10.1	海南西南部、广东南部部分和雷州半岛、福建漳州地区、江西局部、湖南局部总降水量 10～50 mm。海南三亚、广东东南部地区总降水量 50～100 mm。海南大部以及西沙岛总降水量 100～387 mm。连续降水日数为 1～5 天。	海南临高 387 mm（4 天）

（续表）

序号	中央气象台编号	热带气旋登陆时的地点、时间、强度和路径趋向	热带气旋对我国的影响			
			项目	时间（月.日）	概况	极值
			大风	9.27—10.1	海南和西沙岛、广东沿海地区、广西涠洲岛、福建九仙山和东山最大风力6～8级，阵风8～10级。	海南三亚 17.2（25.5）m/s 海口 16.6（26.6）m/s
12	0917	海南省万宁、10月12日09时50分、9级、992 hPa 西北行，回旋	降水	10.3—10.15	广东中南部部分、广西大部、福建柘荣、浙江平阳、湖南东南部总降水量10～50 mm。海南西南部部分、广东西部、广西南宁地区和涠洲岛总降水量50～250 mm。海南西北部和西沙岛、广西防城港总降水量250～382 mm。连续降水日数均为1～5天。	海南临高 382 mm（4天）
			大风	10.4—10.15	海南、广东沿海地区、广西涠洲岛、福建崇武和东山、浙江台州沿海地区最大风力6～7级，阵风7～9级。海南西沙岛和海口、福建九仙山最大风力8级，阵风9～10级。	海南海口 19.1（25.8）m/s
13	0918	日本本州南部、10月8日上午、12级、975 hPa 中转向	大风	10.6—10.7	上海洋山港、浙江台州和舟山沿海最大风力6～7级，阵风8～9级。	浙江大陈岛 16.9（22.1）m/s
14	0920	西转向	大风	10.21—10.26	福建东山和九仙山、浙江台州以北沿海地区最大风力6～7级，阵风7～8级。	福建东山 15.1（18.3）m/s
15		海南省陵水、10月20日15时50分、6级、1004 hPa 北上	降水	10.18—10.20	海南西部、广东西部和中南部、广西岑溪总降水量10～50 mm。海南东部、广东江门地区和郁南及廉江总降水量50～100 mm。海南东南部降水总量100～184 mm。连续降水日数均为1～3天。	海南琼海 184 mm
			大风	10.18—10.20	海南三亚、广东上川岛、福建东山最大风力5～6级，阵风7～8级。	广东上川岛 13.8（18.1）m/s
16	0921	菲律宾吕宋岛、10月31日凌晨、10级、980 hPa；越南东南部、11月2日下午、10级、985 hPa 西行	降水	10.31—11.3	海南西沙岛降水总量10 mm。	海南西沙岛 10 mm
			大风	10.30—11.3	海南沿海地区和西沙岛、广东上川岛和徐闻及南澳、福建东山最大风力6级，阵风7～8级。海南三亚最大风力8级，阵风11级。	海南三亚 18.7（28.7）m/s

注：1. 括号内的天数是指一次台风过程降水量≥10 mm的天数，降水量加括号，表示记录质量较差，仅供参考；
2. 无括号的风速为最大风速，有括号的风速为极大风速，即阵风。

1.5 2009 年热带气旋编号、名称、日期对照表

2009 年热带气旋编号、名称、日期对照表

热带气旋等级	序号	中央气象台编号	中文名	英文名	起讫日期
超强台风	11	0910	环高	Vamco	8 月 16 日—8 月 26 日
	15	0914	彩云	Choi-wan	9 月 12 日—9 月 21 日
	19	0917	芭玛	Parma	9 月 28 日—10 月 15 日
	20	0918	茉莉	Melor	9 月 29 日—10 月 9 日
	22	0920	卢碧	Lupit	10 月 14 日—10 月 28 日
	27	0922	妮妲	Nida	11 月 22 日—12 月 3 日
强台风	1	0901	鲸鱼	Kujira	5 月 1 日—5 月 8 日
台 风	2	0902	灿鸿	Chan-hom	5 月 3 日—5 月 13 日
	7	0906	莫拉菲	Molave	7 月 15 日—7 月 19 日
	9	0908	莫拉克	Morakot	8 月 3 日—8 月 13 日
	16	0915	巨爵	Koppu	9 月 13 日—9 月 16 日
	17	0916	凯萨娜	Ketsana	9 月 25 日—10 月 1 日
	24	0921	银河	Mirinae	10 月 26 日—11 月 3 日
强热带风暴	3	0903	莲花	Linfa	6 月 17 日—6 月 25 日
	8	0907	天鹅	Goni	7 月 31 日—8 月 9 日
	12	0911	科罗旺	Krovanh	8 月 28 日—9 月 2 日
	13	0912	杜鹃	Dujuan	9 月 3 日—9 月 10 日
	21	0919	尼伯特	Nepartak	10 月 8 日—10 月 14 日
热带风暴	4	0904	浪卡	Nangka	6 月 22 日—6 月 27 日
	5	0905	苏迪罗	Soudelor	7 月 10 日—7 月 13 日
	6				7 月 12 日—7 月 14 日
	10	0909	艾涛	Etau	8 月 8 日—8 月 14 日
	14	0913	彩虹	Mujigae	9 月 9 日—9 月 12 日
热带低压	18				9 月 27 日—9 月 30 日
	23				10 月 18 日—10 月 20 日
	25				11 月 1 日—11 月 3 日
	26				11 月 7 日—11 月 10 日

2　2009 年热带气旋概述

2.1　0901 号强台风“鲸鱼（Kujira）”

第 0901 号强台风“鲸鱼（Kujira）”是于 5 月 1 日晚在菲律宾马尼拉东南部沿海海面上的一个热带低压发展形成。初始它非常缓慢地向东北偏北方向移动，3 日凌晨在卡坦端内斯岛附近的洋面上加强为热带风暴，当晚再增强为强热带风暴，4 日下午进一步增强为台风并向东北偏东方向移动，5 日凌晨台风中心强度达到强台风级，6 小时后它的中心强度减弱为台风，6 日“鲸鱼（Kujira）”转向东北方向移动。7 日上午强度逐渐减弱，当晚在小笠原群岛东北的太平洋上变性为温带气旋，并继续快速地向东北移动。

受强台风“鲸鱼（Kujira）”影响，菲律宾中部地区出现持续强降雨。暴雨引发了数起洪水和山体滑坡事件，据菲律宾全国救灾协调委员会 5 月 4 日发布的公告称：“鲸鱼（Kujira）”造成至少 20 人死亡，3 人失踪，受灾最严重的索索贡省，死亡人数达 15 人。

表 2.1.1 是强台风“鲸鱼（Kujira）”的中心位置和强度。图 2.1.1 ~ 2.1.3 分别是强台风“鲸鱼（Kujira）”路径图、大风区域演变图、2009 年 5 月 5 日 02 时 500hPa 高度场图。

表 2.1.1　强台风“鲸鱼（Kujira）”中心位置和强度

（1）5 月 1 日—5 月 8 日

年	月	日	时	中心位置		中心最低气压（hPa）	中心最大风速（m/s）
				北纬（°N）	东经（°E）		
2009	5	1	20	12.8	124.0	1006	13
		2	02	12.9	124.2	1004	13
		2	08	13.0	124.3	1004	13
		2	14	13.2	124.4	1002	15
		2	20	13.4	124.5	1002	15
		3	02	13.6	124.5	1000	18
		3	08	13.9	124.6	996	20
		3	14	14.1	125.0	990	23
		3	20	14.5	125.7	990	25
		4	02	15.0	126.5	985	28
		4	08	15.7	127.4	980	30
		4	14	16.4	128.4	975	33
		4	20	16.8	129.6	960	40
		5	02	17.1	131.1	950	45
		5	08	17.6	132.7	960	40
		5	14	18.3	134.0	960	40
		5	20	18.8	135.4	960	40

（续表）

年	月	日	时	中心位置		中心最低气压（hPa）	中心最大风速（m/s）
				北纬（°N）	东经（°E）		
2009	5	6	02	19.5	136.9	960	40
		6	08	20.4	138.2	960	40
		6	14	21.6	139.9	960	40
		6	20	22.7	141.3	965	38
		7	02	24.2	142.9	975	33
		7	08	26.0	143.8	985	28
		7	14	28.2	145.1	990	23
△		7	20	30.2	147.3	995	18
		8	02	32.3	149.3	998	18
		8	08	34.4	150.9	1000	18
				消失			

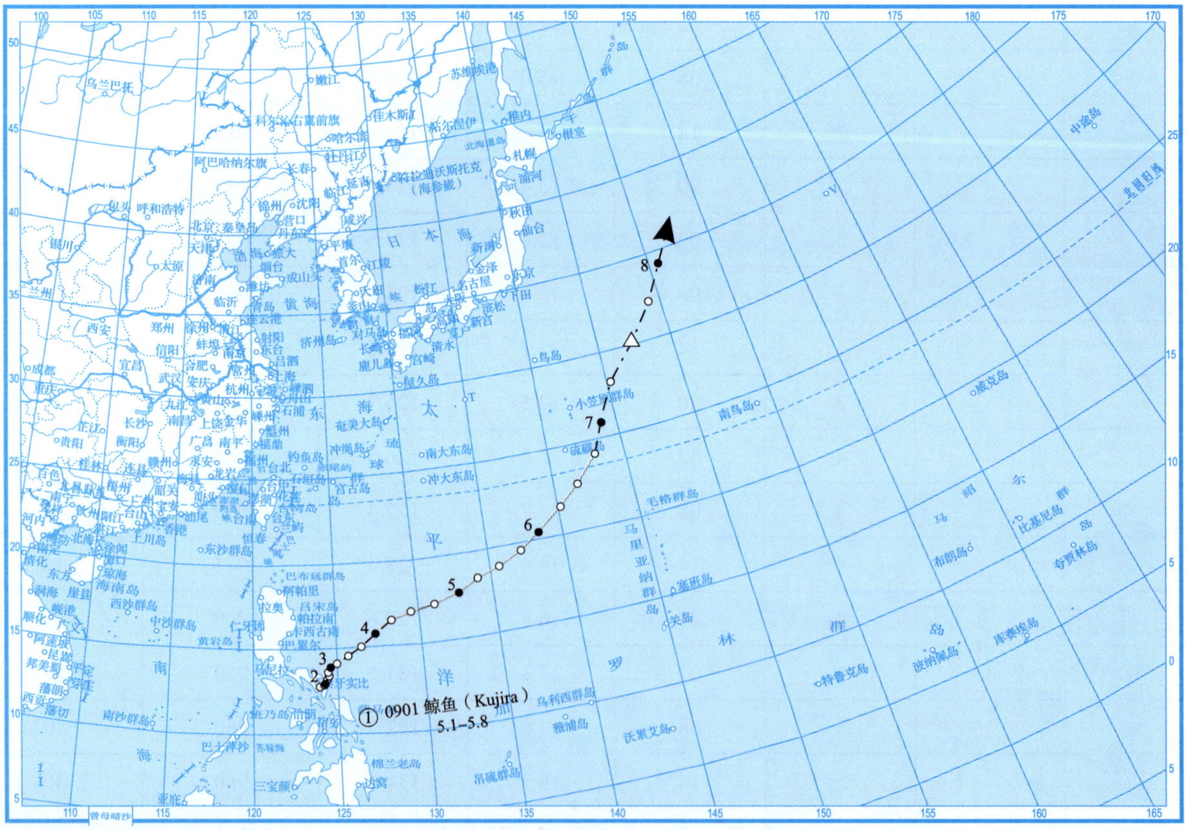

图 2.1.1　强台风“鲸鱼（Kujira）”路径图

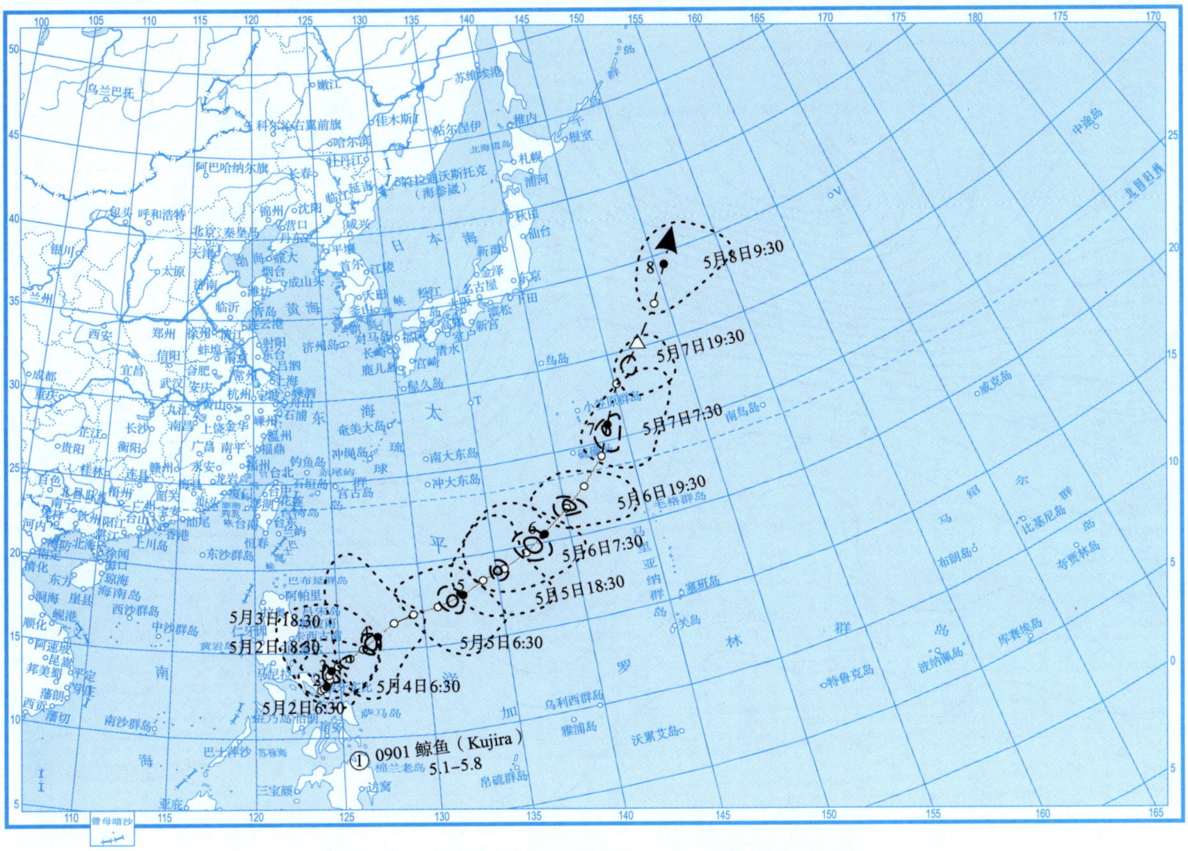

图 2.1.2　强台风“鲸鱼（Kujira）”大风区域演变图

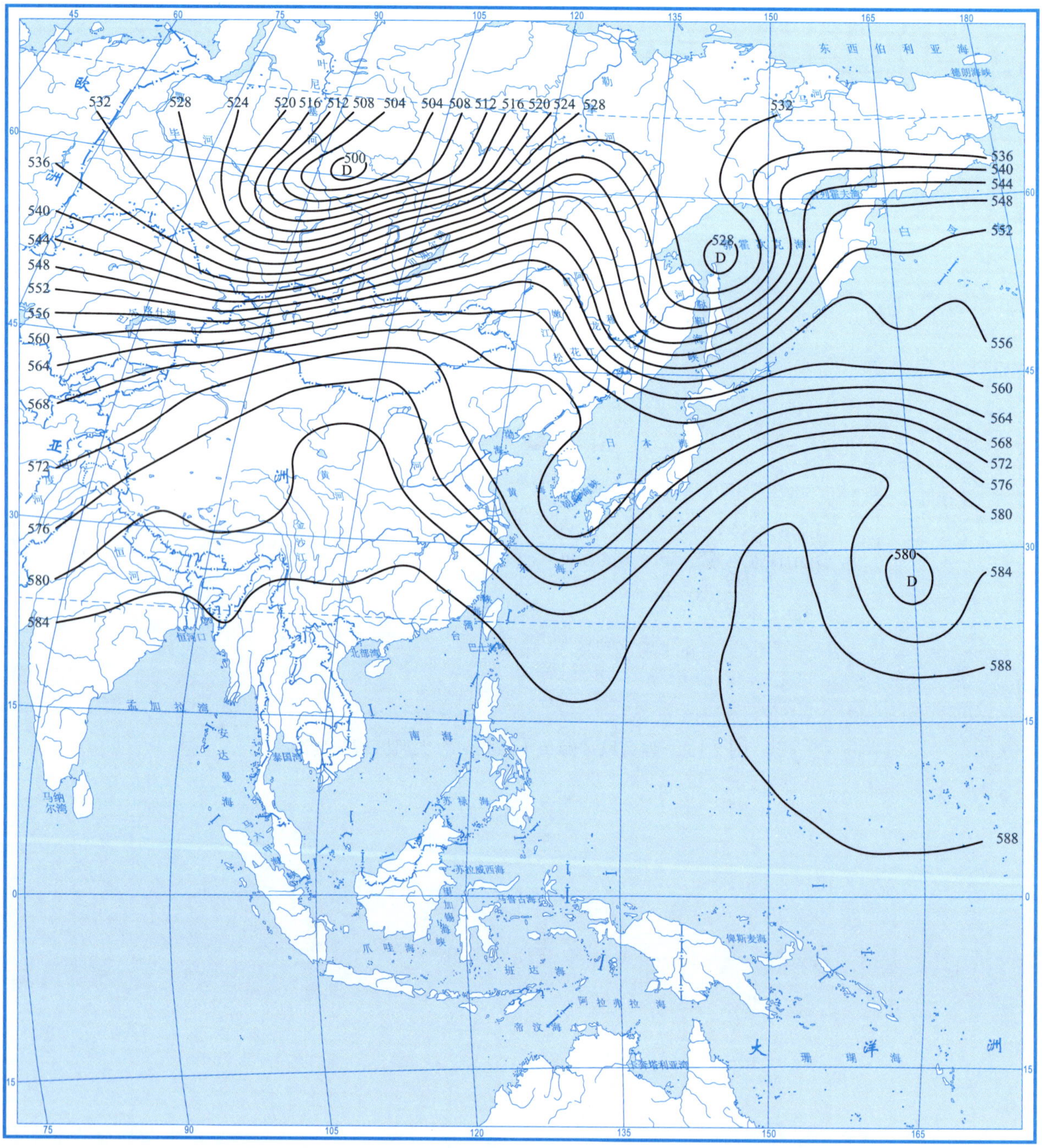

图 2.1.3　2009 年 5 月 5 日 02 时 500 hPa 高度场图（dagpm）

2.2　0902 号台风“灿鸿（Chan-hom）”

第 0902 号台风“灿鸿（Chan-hom）”是于 5 月 3 日凌晨在南沙西南偏西约 350 km 处的南海中南部海面上的一个热带低压发展形成。初始它的中心缓慢地向偏东方向移动，3 日晚强度加强为热带风暴并向东北方向移动，4 日上午转向偏北，5 日凌晨加强为强热带风暴，下午又转向东北移动，7 日凌晨在中沙群岛的东南海面上进一步增强为台风，当晚台风横穿菲律宾北部后继续向东移动，强度减弱。8 日下午“灿鸿”强度减弱为热带风暴，9 日上午减弱为热带低压，晚上转向偏北方向移动，于 13 日在冲绳岛附近的洋面上消失。

台风“灿鸿（Chan-hom）”在横过菲律宾北部时，台风带来的强降雨导致北部地区发生多起房屋倒塌和山体滑坡事故。据菲律宾全国救灾协调委员会 5 月 11 日发布公告称：台风“灿鸿（Chan-hom）”造成 47 人遇难，15 人下落不明。

受其影响，我国海南东方、昌江降水总量为 11 mm。

表 2.2.1 是台风“灿鸿（Chan-hom）”的中心位置和强度。图 2.2.1 是台风“灿鸿（Chan-hom）”路径图，图 2.2.2 是总降水量和降水日数图，图 2.2.3 ~ 2.2.4 分别是大风区域演变图、2009 年 5 月 7 日 14 时 500 hPa 高度场图。

表 2.2.1　台风“灿鸿（Chan-hom）”中心位置和强度

（2）5 月 3 日—5 月 13 日

年	月	日	时	中心位置		中心最低气压（hPa）	中心最大风速（m/s）
				北纬（° N）	东经（° E）		
2009	5	3	02	9.6	111.0	1006	10
		3	08	9.7	111.3	1004	13
		3	14	9.7	111.5	1002	15
		3	20	9.9	111.7	998	18
		4	02	10.2	111.9	996	18
		4	08	10.5	112.2	996	18
		4	14	10.9	112.1	995	20
		4	20	11.2	112.0	990	23
		5	02	11.4	112.0	990	25
		5	08	11.6	112.0	985	28
		5	14	12.1	111.8	985	28
		5	20	12.7	112.0	985	28
		6	02	13.3	112.5	985	28
		6	08	13.6	113.0	985	28

（续表）

年	月	日	时	中心位置		中心最低气压（hPa）	中心最大风速（m/s）
				北纬（° N）	东经（° E）		
2009	5	6	14	14.1	113.9	985	28
		6	20	14.4	114.7	980	30
		7	02	14.8	116.0	975	33
		7	08	15.3	117.3	975	33
		7	14	15.8	118.7	970	35
		7	20	16.5	120.2	975	30
		8	02	17.1	121.6	990	25
		8	08	17.2	123.3	990	25
		8	14	17.3	124.5	990	23
		8	20	17.2	125.9	995	20
		9	02	17.1	126.9	995	18
		9	08	17.2	127.5	1000	15
		9	14	17.4	128.0	1000	15
		9	20	17.8	128.6	1000	15
		10	02	18.5	128.4	1002	13
		10	08	19.0	127.9	1004	13
		10	14	19.7	128.0	1004	13
		10	20	20.3	127.8	1004	13
		11	02	20.9	127.6	1004	13
		11	08	21.6	127.2	1004	13
		11	14	21.7	126.7	1004	13
		11	20	22.3	127.1	1006	10
		12	02	23.1	127.1	1006	10
		12	08	23.8	126.9	1006	10
		12	14	24.3	127.2	1008	10
		12	20	24.8	127.9	1008	10
		13	02	25.3	128.3	1008	10
		13	08	25.7	128.7	1008	10
				消失			

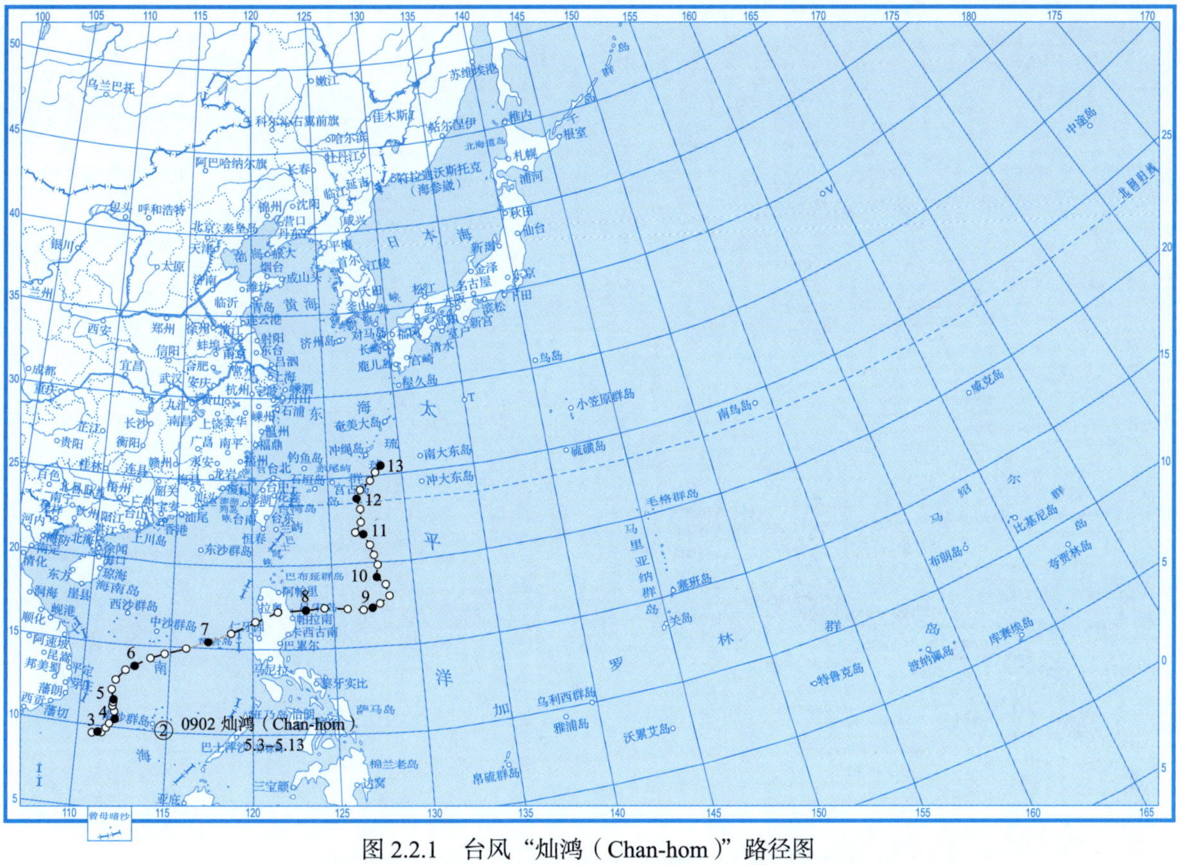

图 2.2.1　台风“灿鸿（Chan-hom）”路径图

图 2.2.2　台风“灿鸿（Chan-hom）”总降水量和降水日数图 (5 月 5—7 日）

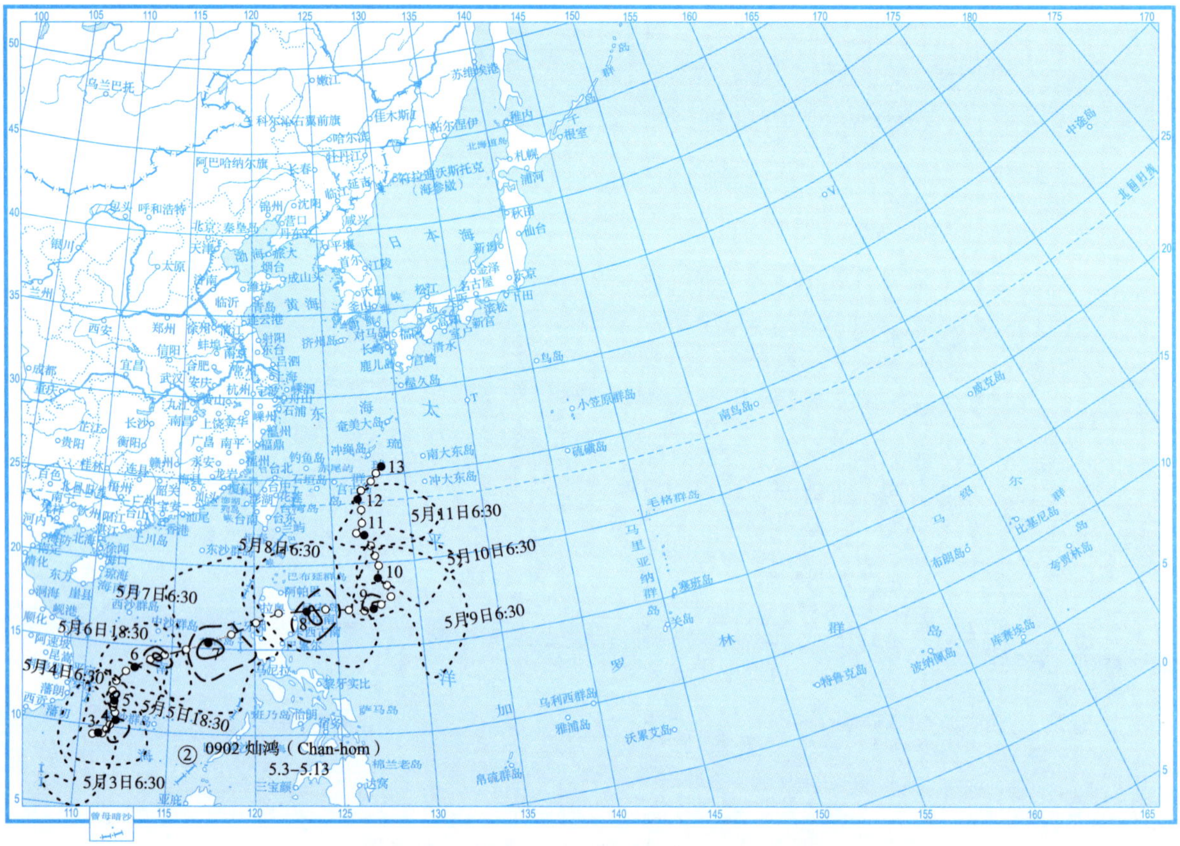

图 2.2.3　台风“灿鸿（Chan-hom）”大风区域演变图

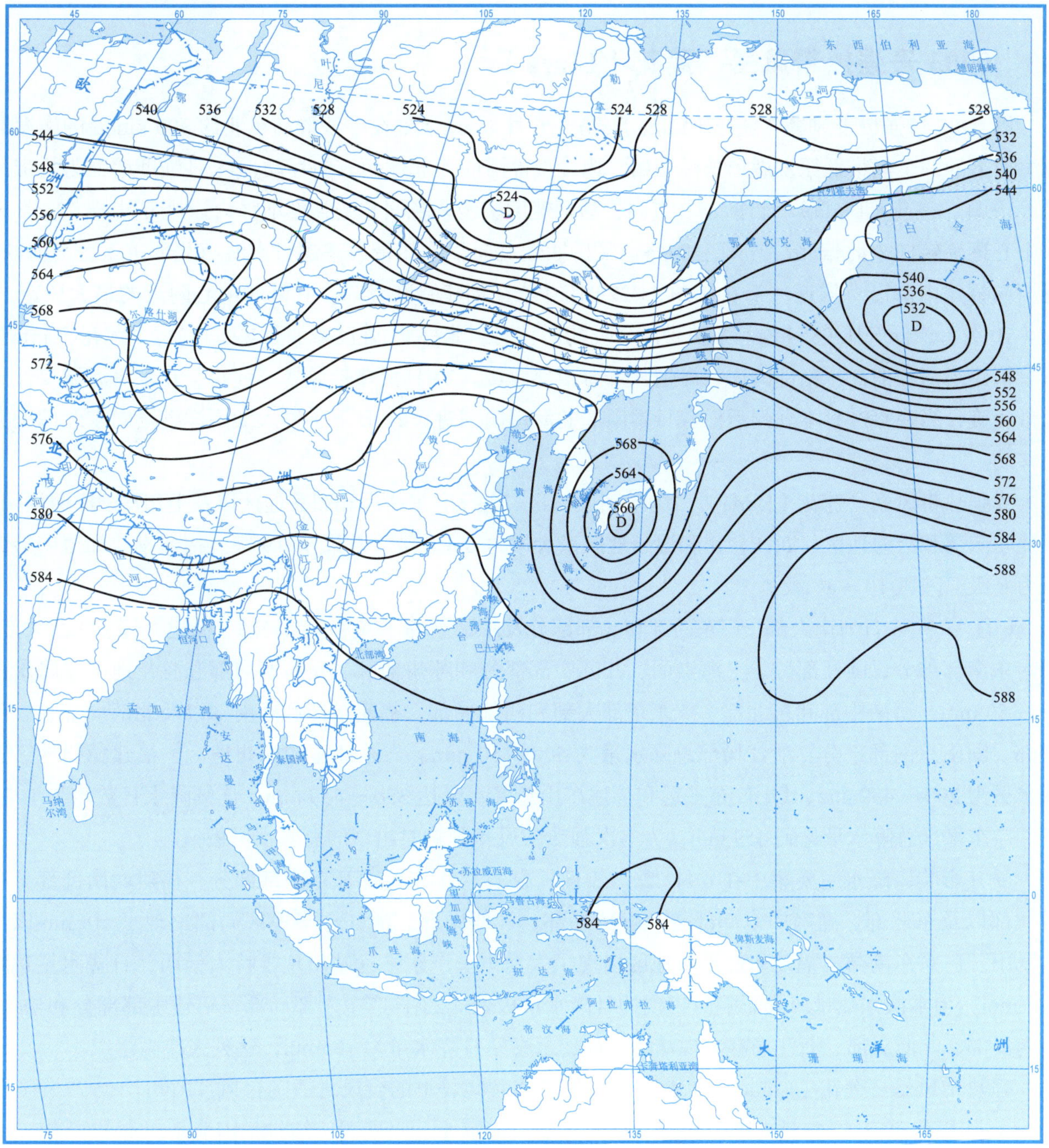

图 2.2.4　2009 年 5 月 7 日 14 时 500 hPa 高度场图（dagpm）

2.3　0903 号强热带风暴“莲花（Linfa）”

第 0903 号强热带风暴“莲花（Linfa）”是于 6 月 17 日下午在中沙群岛东北约 300 km 处的南海北部海面上的一个热带低压发展形成。初始它迴旋或停滞向西北偏西方向移动，18 日强度增强为热带风暴。19 日“莲花（Linfa）” 折向偏北方向，移动速度缓慢，晚间它的强度增强为强热带风暴。20 日风暴中心逐渐转向东北偏北，21 日它的路径又折回偏北向，强热带风暴越过南海东北部进入台湾海峡，逐渐向福建南部沿海靠近，于 6 月 21 日 22 时 50 分在福建晋江登陆，登陆时中心附近的最大风速 26 m/s(10 级),最低气压 985 hPa。强热带风暴登陆后转向东北移动,强度减弱为热带风暴。“莲花(Linfa)”沿着福建东部和浙江东南部海岸入海进入东海西部海域。23 日强热带风暴“莲花”在东海海域变性为温带气旋，当晚穿过日本九州后沿着日本南部的海岸向前进，24 日下午进入太平洋继续向东北偏东方向移动。

受强热带风暴“莲花（Linfa）” 影响，6 月 21—23 日广东清远和韶关地区以及上川岛、广西梧州、福建东南部和沿海地区、浙江台州和温州地区最大风力 6 ~ 7 级，阵风 7 ~ 9 级。福建崇武和厦门最大风力 8 级，阵风 10 ~ 11 级。

6 月 17—23 日海南大部、广东西部和北部部分及东部局部、广西东部局部、福建大部、江西大部、湖南东南部部分、浙江部分、上海崇明、江苏中部部分和苏州地区、安徽西南部和滁州地区总降水量 10 ~ 50 mm。海南中部和东北部、广东东部大部和西部局部、福建东部和西南部以及北部局部、江西中部、湖南东南部部分、浙江局部总降水量为 50 ~ 150 mm。广东汕尾和梅州地区、福建漳州地区总降水量为 200 ~ 459 mm,其中广东平远和福建东山总降水量达 350 ~ 459 mm。连续降水日数均为 1 ~ 3 天。广东平远总降水量达到 459 mm，为本次强热带风暴影响时出现的总降水量极值。

受其影响，降水主要集中在 6 月 22—23 日。22 日广东东北部和东南部部分、福建西南部部分和西北部以及东北部、湖南中东部部分和南部局部、江西中部、浙江金华地区局部出现了 50 mm 以上的暴雨。广东东南部、福建东部沿海地区出现了大暴雨。广东平远站出现了特大暴雨，日降水量达到 427 mm，为本次强热带风暴影响时出现的日降水量极值。23 日广东东部局部、福建中部部分和松溪、湖南局部、江西局部、浙江局部出现暴雨。福建永泰站日降水量为 105mm，达到大暴雨量级。

强热带风暴“莲花（Linfa）”是在我国福建登陆时间较早的台风之一（台风“Ruth” 1977 年 6 月 16 日登陆福建惠安）。它具有路径曲折、移向多变，范围小、强度弱，结构呈南北不对称的特点。强热带风暴带来的大风暴雨，造成广东、福建两省部分地区出现暴雨洪涝和山体滑坡等灾害。广东省梅州、潮州和福建省厦门、漳州等地损失较重。强热带风暴“莲花（Linfa）”在广东、福建、浙江 3 省引发了不同程度灾情，共造成受灾人口 59.31 万人，紧急转移安置人口 15.74 万人，死亡 6 人，失踪 1 人；农作物受灾面积 54.64 千公顷,成灾面积 34.15 千公顷,绝收面积 5.61 千公顷；倒塌房屋 0.61 万间，直接经济损失 14.46 亿元。但强热带风暴“莲花”也给两省沿海部分地区带来大量的水资源，增加了水库蓄水（详见表 2.3.2）。

表 2.3.1 是强热带风暴“莲花（Linfa）”的中心位置和强度。表 2.3.2 是强热带风暴“莲花（Linfa）”在广东、福建、浙江三省引发的灾情。图 2.3.1 ~ 2.3.4 分别是强热带风暴“莲花（Linfa）”路径图、

总降水量图、大风分布图、总降水日数图，图 2.3.5 ~ 2.3.7 分别是 2009 年 6 月 21—23 日的日降水量图，图 2.3.8 ~ 2.3.9 分别是强热带风暴“莲花（Linfa）”大风区域演变图、2009 年 6 月 20 日 14 时 500 hPa 高度场图。

表 2.3.1 强热带风暴“莲花（Linfa）”中心位置和强度

（3）6 月 17 日—6 月 25 日

年	月	日	时	中心位置		中心最低气压（hPa）	中心最大风速（m/s）
				北纬（°N）	东经（°E）		
2009	6	17	14	17.4	116.7	1002	13
		17	20	17.7	116.6	1002	13
		18	02	17.8	116.4	1002	15
		18	08	17.9	116.1	1000	18
		18	14	17.5	116.3	995	18
		18	20	17.3	116.6	995	18
		19	02	17.4	116.9	995	18
		19	08	17.8	117.2	995	20
		19	14	18.4	117.3	990	23
		19	20	19.1	117.3	990	25
		20	02	19.6	117.2	990	25
		20	08	20.1	117.2	985	28
		20	14	20.6	117.4	980	30
		20	20	21.2	117.8	980	30
		21	02	21.9	118.1	980	30
		21	08	22.9	118.3	980	30
		21	14	23.8	118.4	980	28
		21	20	24.4	118.5	980	28
		22	02	25.1	118.8	990	23
		22	08	25.9	119.4	995	20
		22	14	27.4	120.3	995	18
		22	20	28.3	121.4	998	13
		23	02	29.1	122.4	1000	13
		23	08	29.7	123.4	1000	13
△		23	14	30.1	125.4	1000	15

（续表）

年	月	日	时	中心位置		中心最低气压（hPa）	中心最大风速（m/s）
				北纬（°N）	东经（°E）		
2009	6	23	20	31.7	129.1	998	15
		24	02	33.2	133.4	998	13
		24	08	34.0	137.4	998	13
		24	14	35.6	142.0	1000	13
		24	20	37.3	145.8	1000	13
		25	02	39.0	149.0	1002	13
		25	08	40.1	152.3	1002	13
				移出			

表 2.3.2　强热带风暴“莲花（Linfa）”在广东、福建、浙江三省引发的灾情

省份	受灾人口（万人）	紧急转移安置人口（万人）	死亡人口（人）	失踪人口（人）	倒塌房屋（万间）	农作物面积（千公顷）			直接经济损失（亿元）
						受灾	成灾	绝收	
福建	47.48	13.75	1	1	0.05	49.99	31.27	5.30	6.50
广东	9.58	1.99	5		0.56	3.56	2.36	0.31	7.53
浙江	2.25					1.09	0.52		0.43

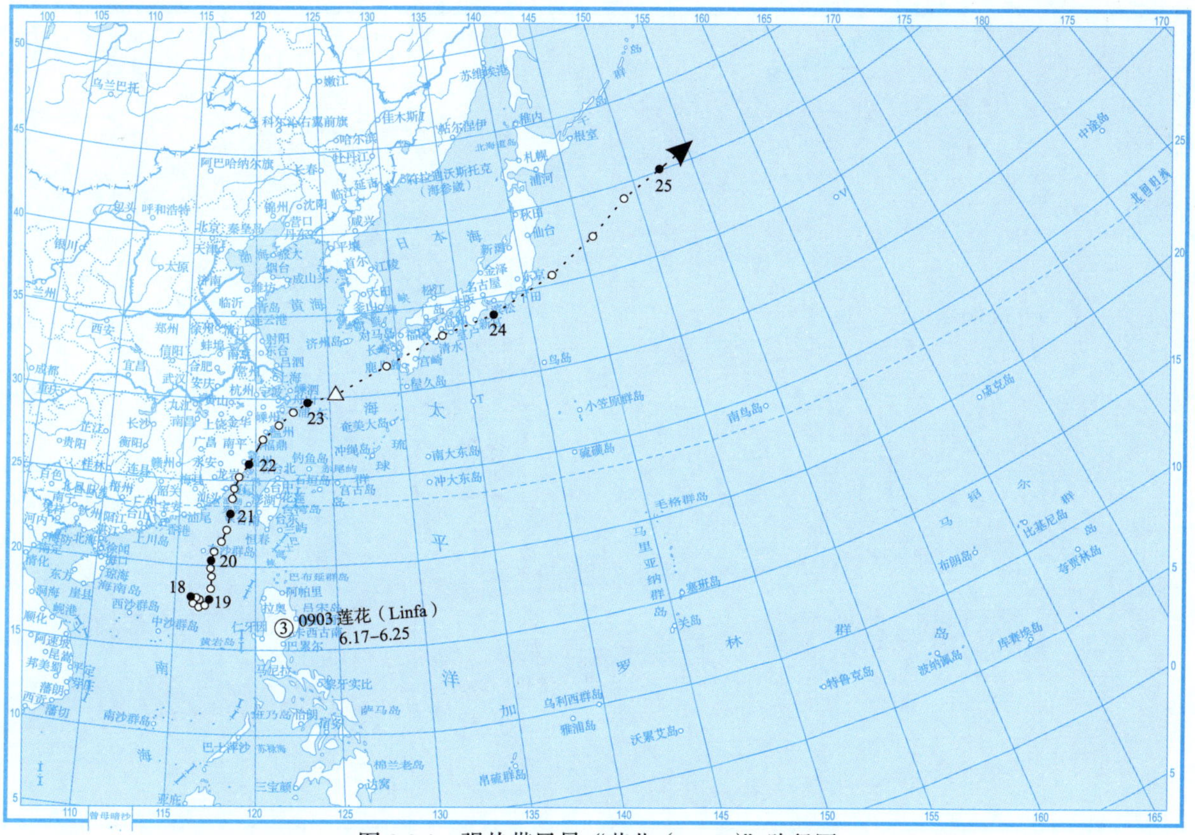

图 2.3.1 强热带风暴“莲花（Linfa）”路径图

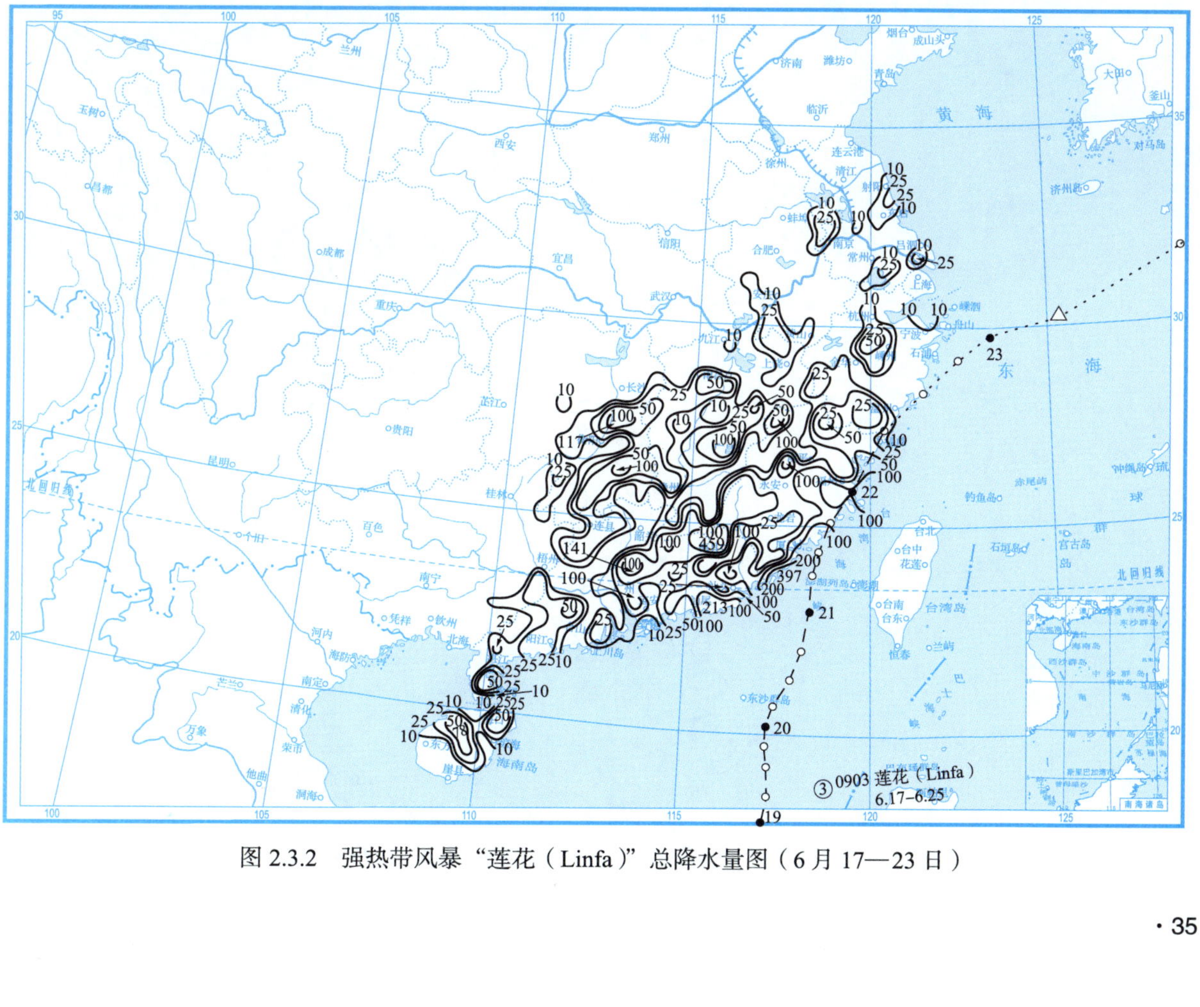

图 2.3.2 强热带风暴“莲花（Linfa）”总降水量图（6 月 17—23 日）

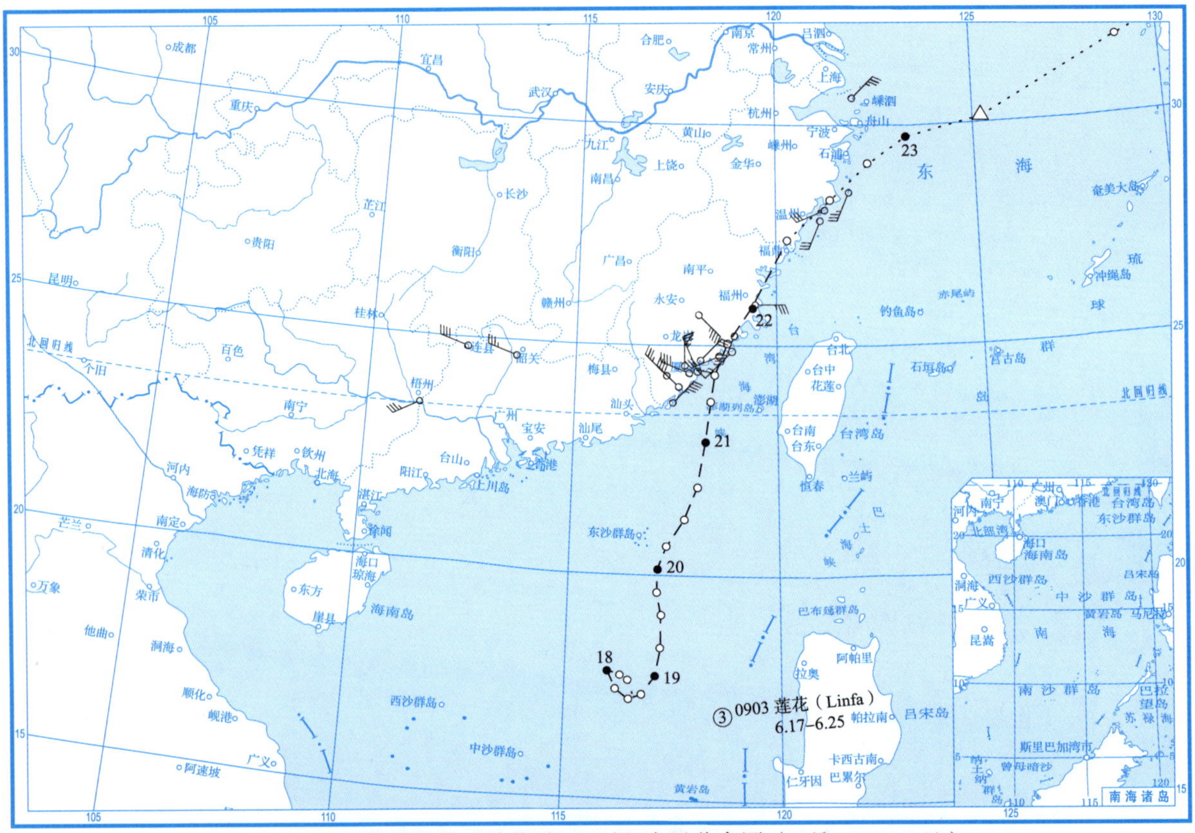

图 2.3.3 强热带风暴“莲花（Linfa）”大风分布图（6 月 21—23 日）

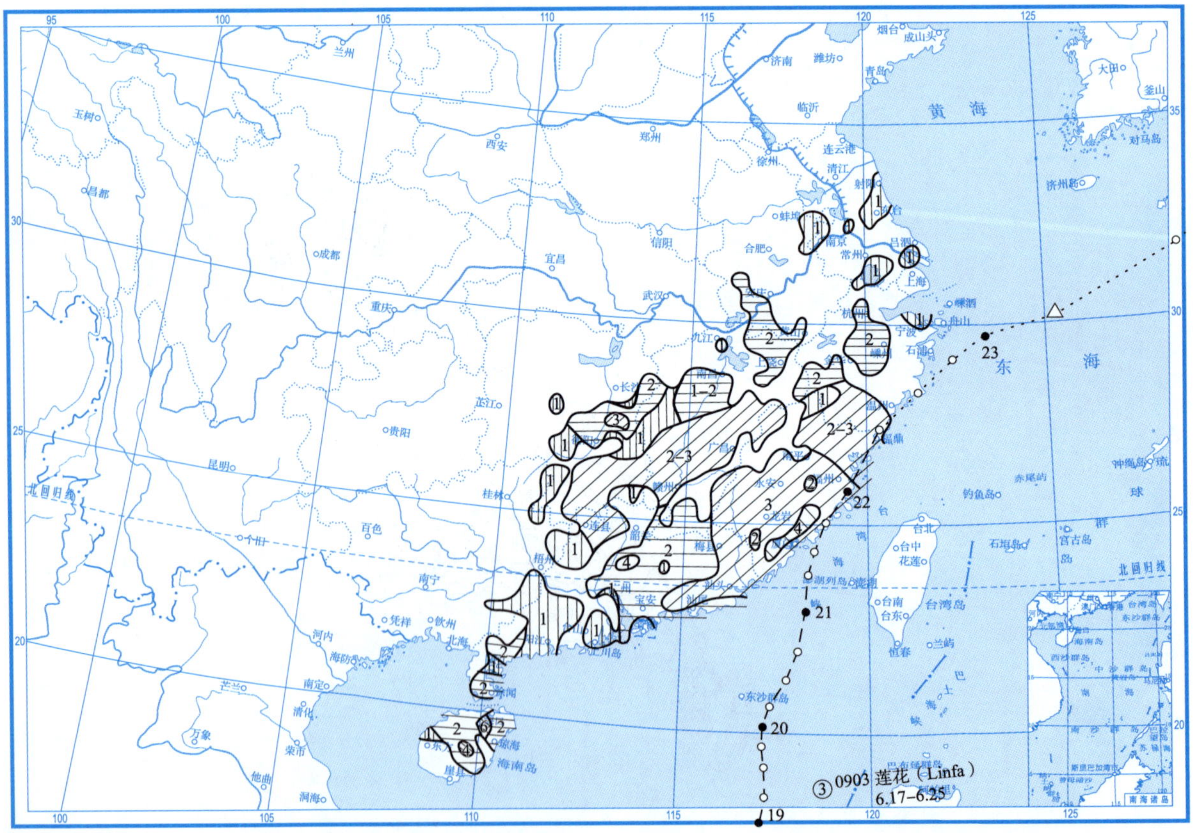

图 2.3.4 强热带风暴“莲花（Linfa）”总降水日数图（6 月 17—23 日）

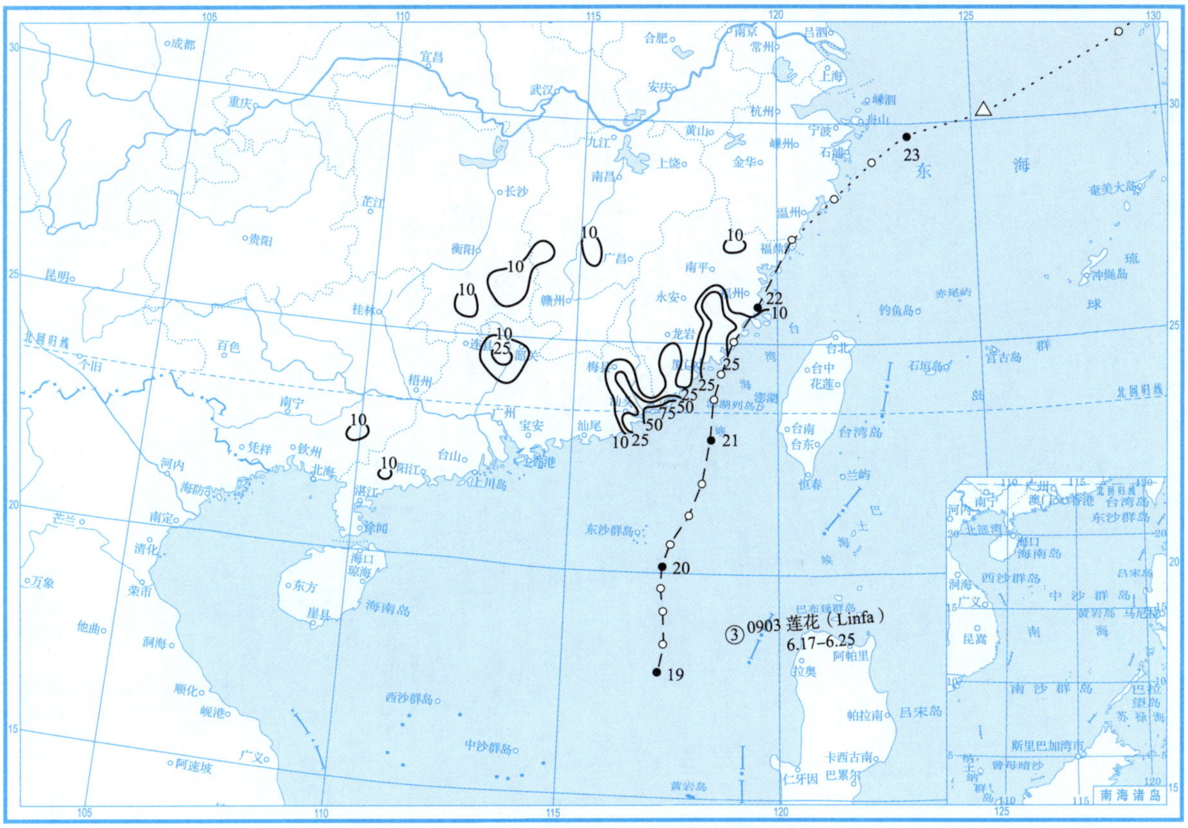

图 2.3.5　2009 年 6 月 21 日的日降水量图（mm）

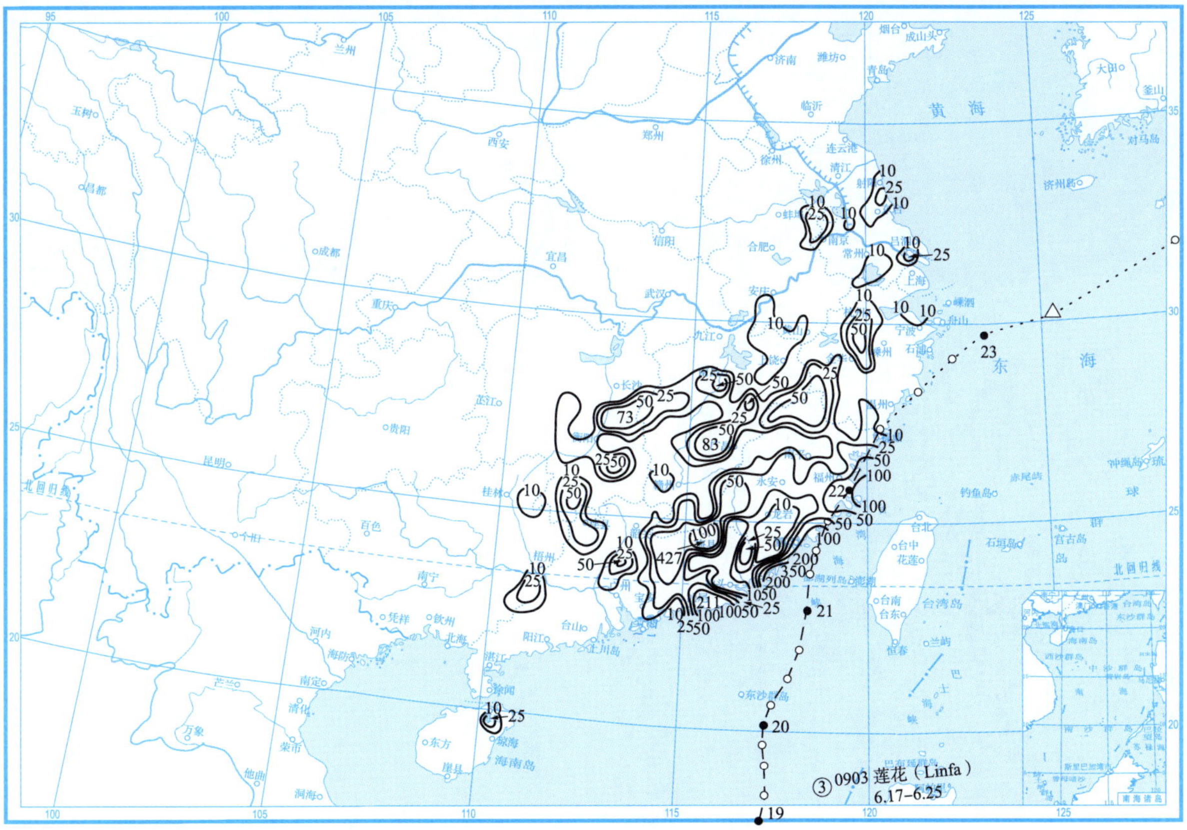

图 2.3.6　2009 年 6 月 22 日的日降水量图（mm）

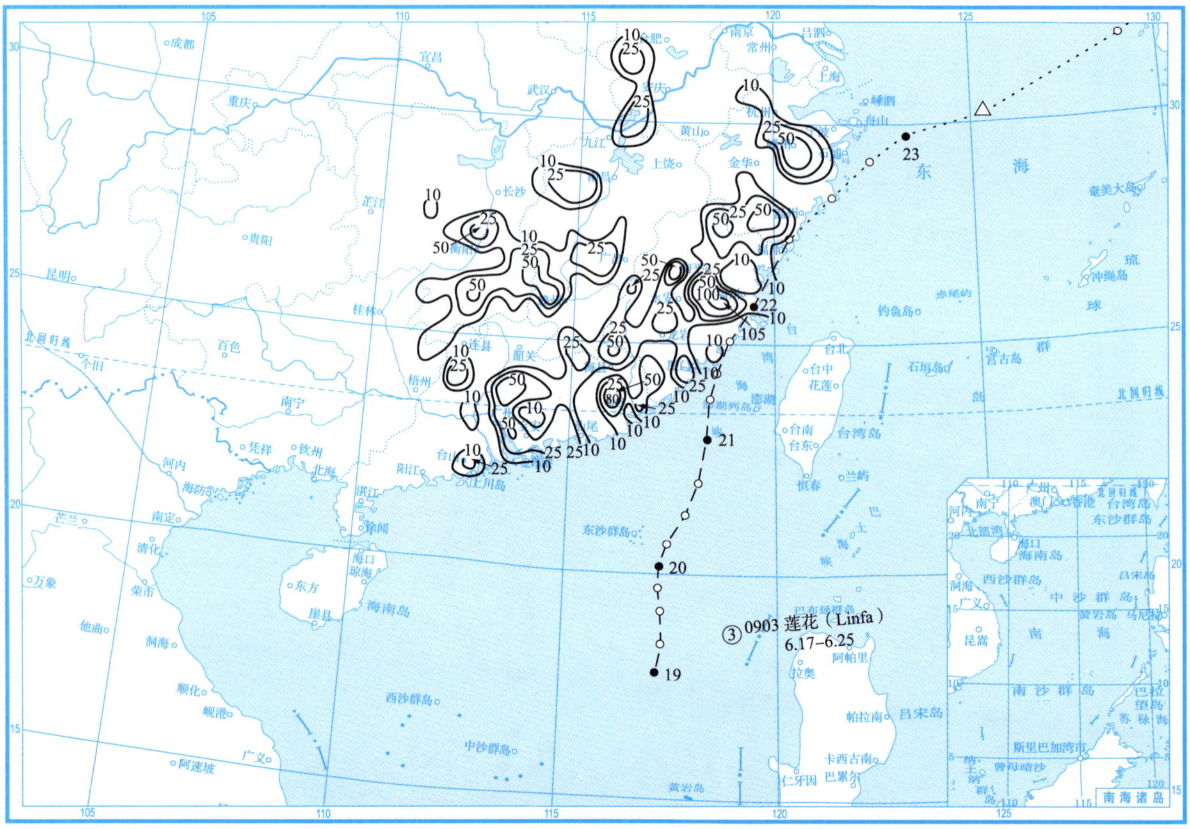

图 2.3.7 2009 年 6 月 23 日的日降水量图（mm）

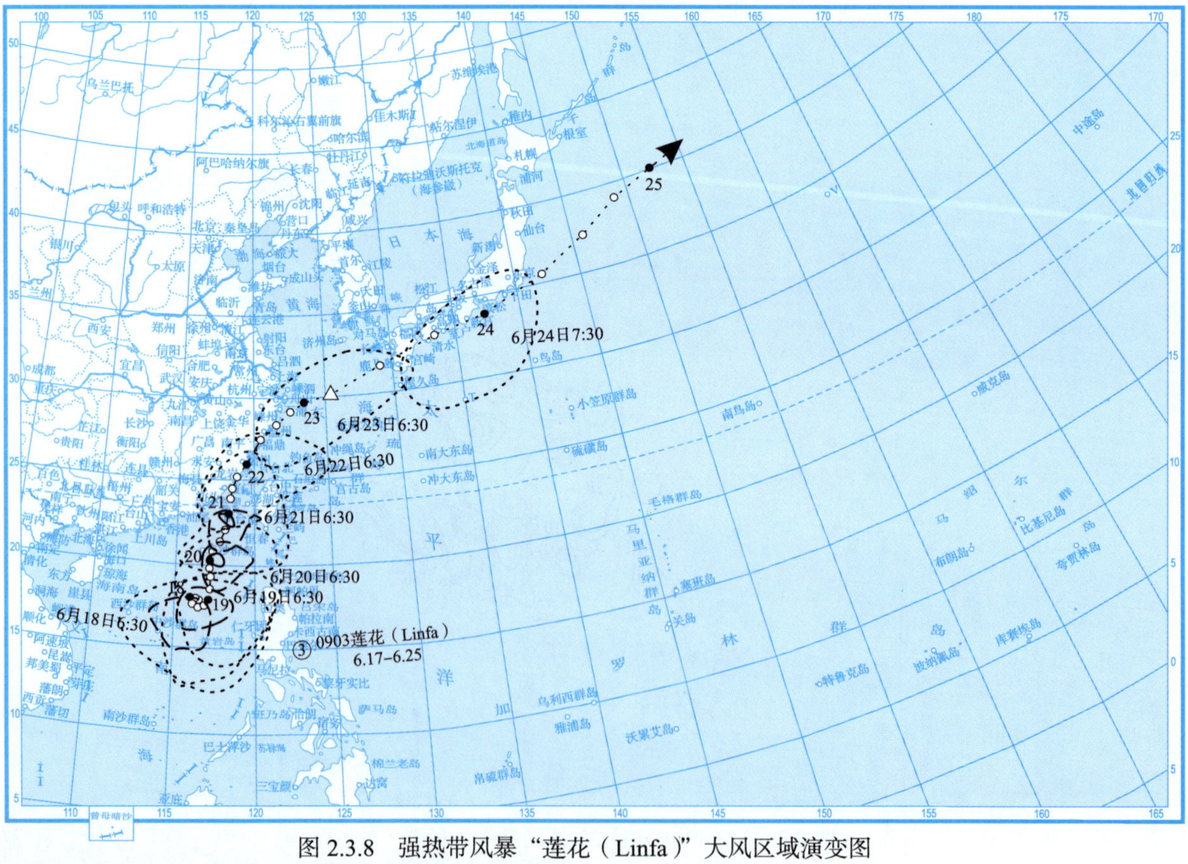

图 2.3.8 强热带风暴“莲花（Linfa）”大风区域演变图

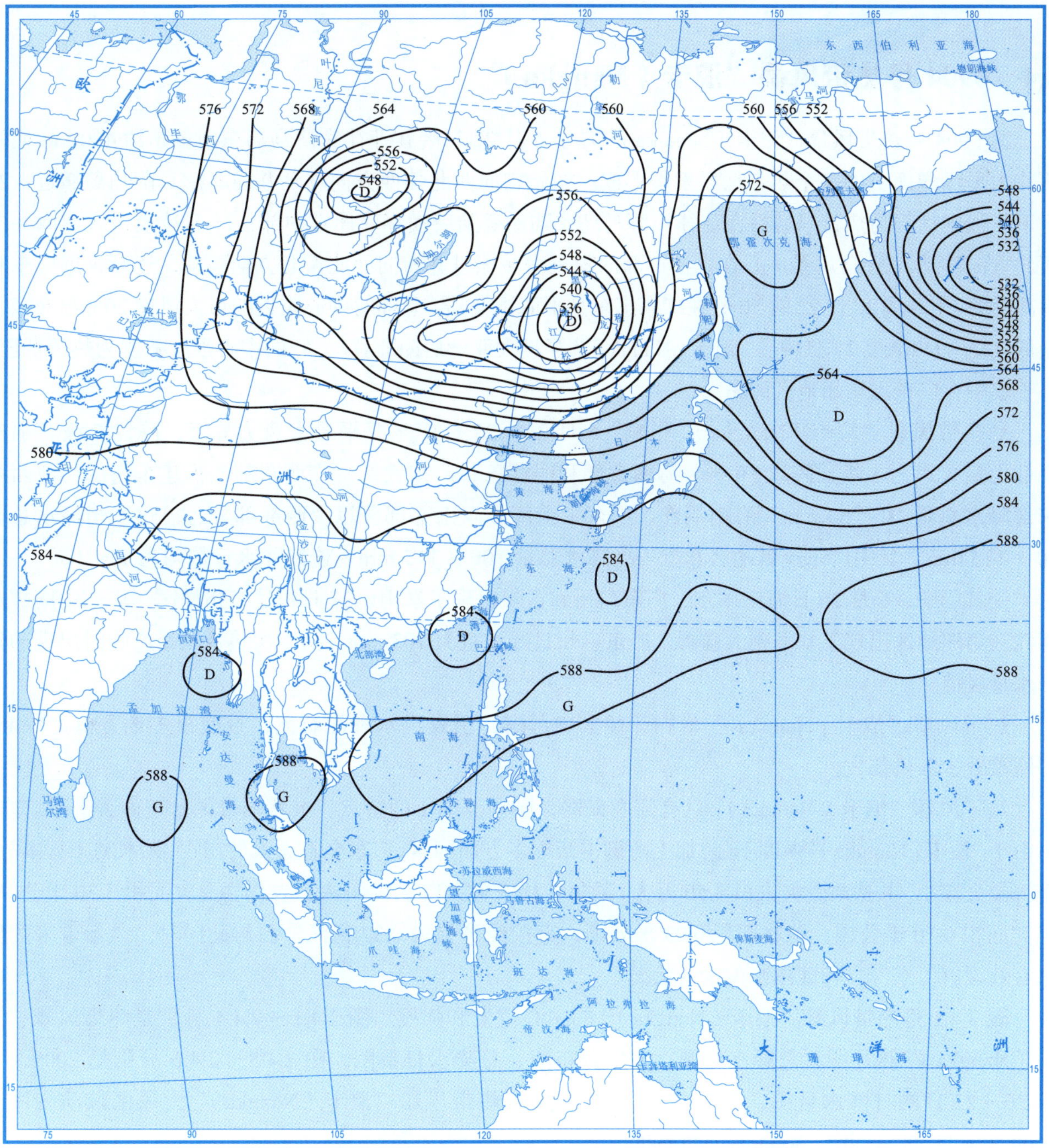

图 2.3.9　2009 年 6 月 20 日 14 时 500 hPa 高度场图（dagpm）

2.4　0904 号热带风暴“浪卡（Nangka）”

第 0904 号热带风暴“浪卡（Nangka）”是于 6 月 22 日晚在菲律宾萨马岛东南偏东约 400 km 处的西北太平洋洋面上的一个热带低压发展形成。初始它向西北偏西方向移动并向菲律宾萨马岛靠近，23 日下午强度加强为热带风暴后在菲律宾萨马岛登陆，登陆后横穿菲律宾中部，25 日凌晨进入南海并向西北方向移动。26 日风暴中心在东沙群岛的附近海域擦过并转向西北偏北方向移动，逐渐移近广东东南部沿海，于 6 月 26 日 22 时 50 分在广东惠东县平海镇登陆。登陆时中心附近的最大风速 20 m/s（8 级），最低气压 994 hPa。27 日凌晨“浪卡（Nangka）”穿过大亚湾后向北移动，它的中心强度减弱为热带低压，并于上午在广东省惠州地区消失。

受热带风暴“浪卡（Nangka）”影响，6 月 26—27 日广东开平最大风力 6 级，阵风 7 级。福建九仙山最大风力 8 级，阵风 10 级。海南大部和西沙岛、广东大部、广西东部、福建东南部、江西西南部降水总量 10～50 mm。海南局部、广东中南部和东南部部分以及西部部分、福建漳州降水总量 50～115 mm，其中广东茂名地区和上川岛降水总量 100～115 mm。连续降水日数均为 1～2 天。

受其影响，6 月 26 日海南乐东、广东高州和雷州出现了暴雨。27 日福建漳州地区、广东中南部及珠江三角洲地区出现了暴雨到大暴雨。广东惠州日降水量为 103 mm，为本次热带风暴影响时出现的日降水量极值。

热带风暴“浪卡（Nangka）”横扫菲律宾中部时，引发洪水和泥石流，致使很多地方电力中断，房屋被毁，人员伤亡。

热带风暴“浪卡（Nangka）”具有强度偏弱，影响范围小的特点。虽然热带风暴正面袭击了广东，但由于“浪卡（Nangka）”强度不强，加上防御得当等多方面因素，广东全省无人员伤亡，无水利工程事故，经济损失较小，共造成受灾人口 3.50 万人，紧急转移安置人口 2.17 万人；农作物受灾面积 3.30 千公顷，成灾面积 0.10 千公顷，绝收面积 0.03 千公顷，直接经济损失 0.37 亿元。而与此同时，风暴带来的降水有效缓解了东江、韩江雨水偏少的状况。

表 2.4.1 是热带风暴“浪卡（Nangka）”的中心位置和强度。图 2.4.1～2.4.4 分别是热带风暴“浪卡（Nangka）”路径图、总降水量图、大风分布图、总降水日数图，图 2.4.5～2.4.6 分别是 2009 年 6 月 26—27 日的日降水量图，图 2.4.7～2.4.8 分别是热带风暴“浪卡（Nangka）”大风区域演变图、2009 年 6 月 25 日 20 时 500 hPa 高度场图。

表 2.4.1　热带风暴“浪卡（Nangka）”中心位置和强度

（4）6 月 22 日—6 月 27 日

年	月	日	时	中心位置		中心最低气压（hPa）	中心最大风速（m/s）
				北纬（° N）	东经（° E）		
2009	6	22	20	10.9	129.2	1002	13
		23	02	11.0	128.0	1002	15
		23	08	11.5	126.4	1000	15
		23	14	12.0	125.6	995	18
		23	20	12.2	124.4	995	18
		24	02	12.4	123.1	995	20
		24	08	12.7	122.3	995	20
		24	14	13.3	121.3	995	20
		24	20	13.6	120.5	995	20
		25	02	14.2	119.7	995	20
		25	08	14.9	118.9	995	20
		25	14	16.1	118.3	995	20
		25	20	17.4	117.7	996	20
		26	02	18.4	116.9	996	20
		26	08	19.2	116.3	996	20
		26	14	20.7	115.7	990	23
		26	20	22.1	115.0	988	23
		27	02	22.8	114.5	995	16
		27	08	23.3	114.4	1000	10
				消失			

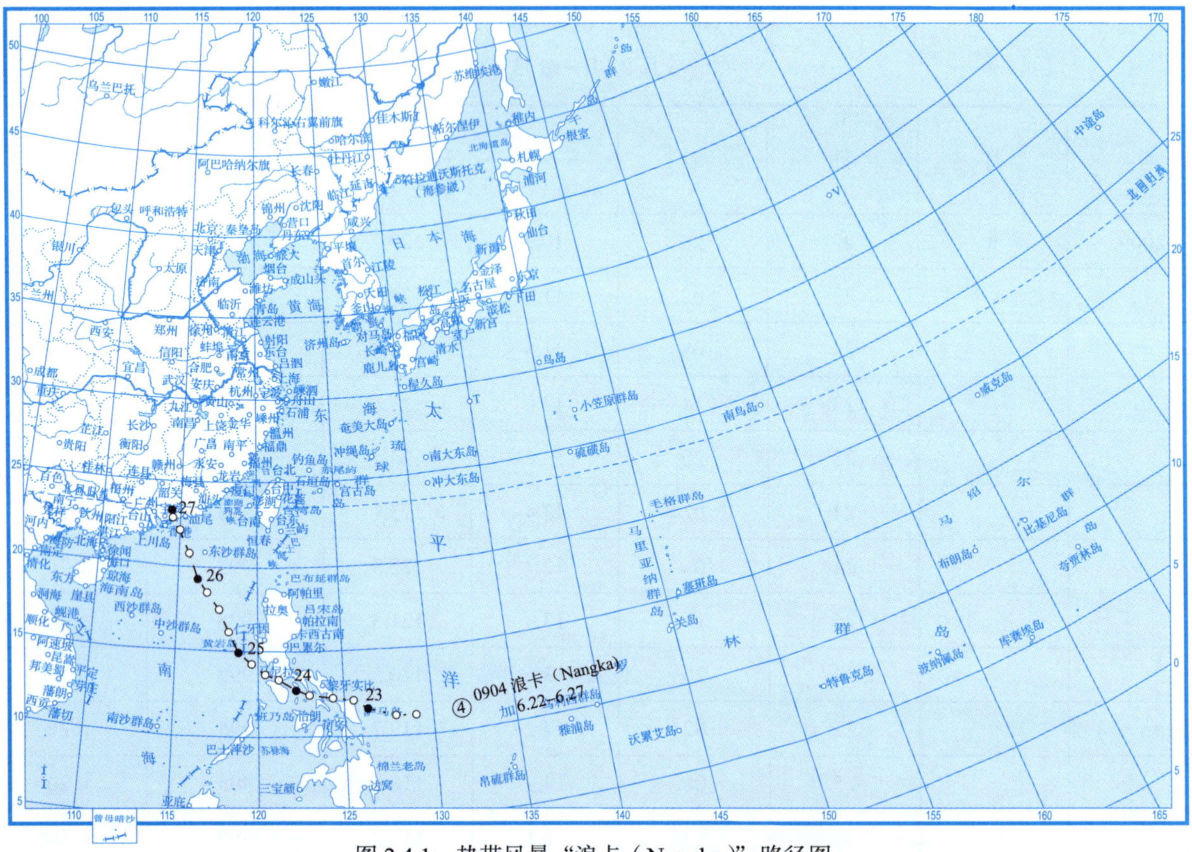

图 2.4.1　热带风暴“浪卡（Nangka）”路径图

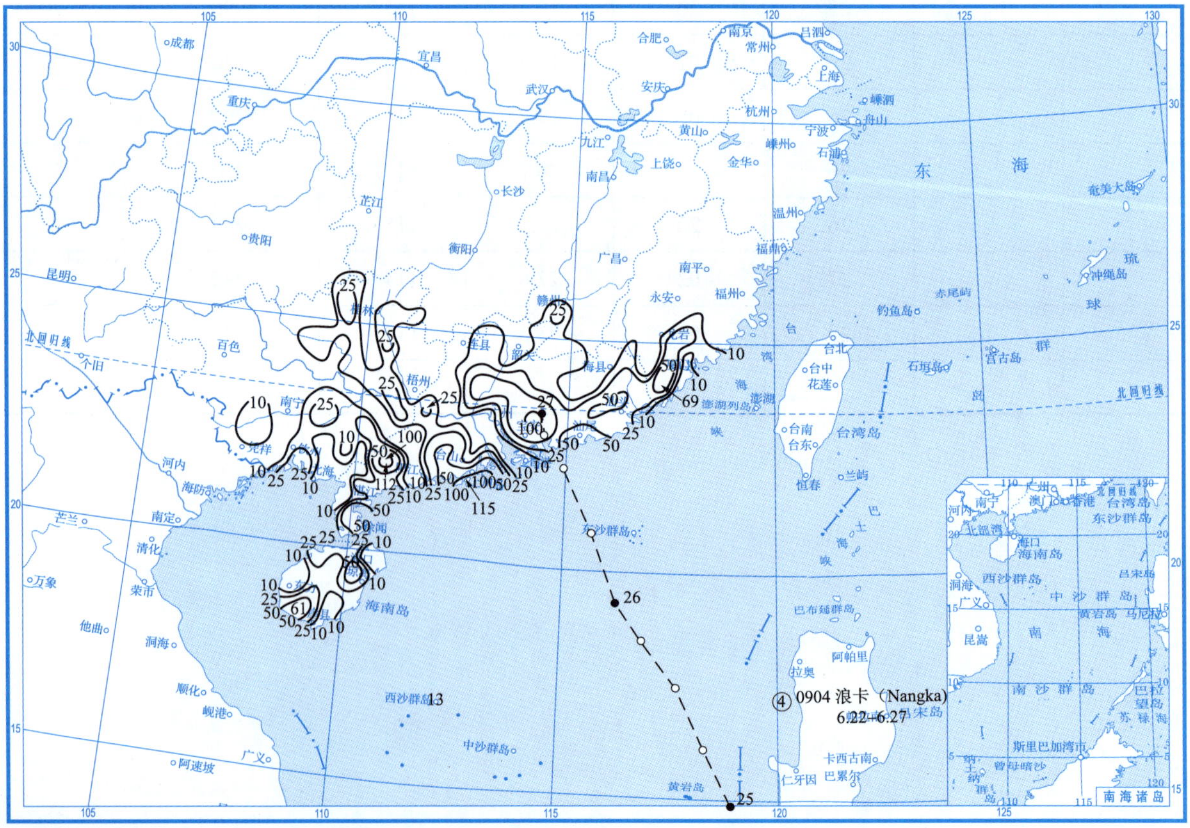

图 2.4.2　热带风暴“浪卡（Nangka）”总降水量图（6 月 26—27 日）

图 2.4.3 热带风暴“浪卡（Nangka）”大风分布图（6 月 26—27 日）

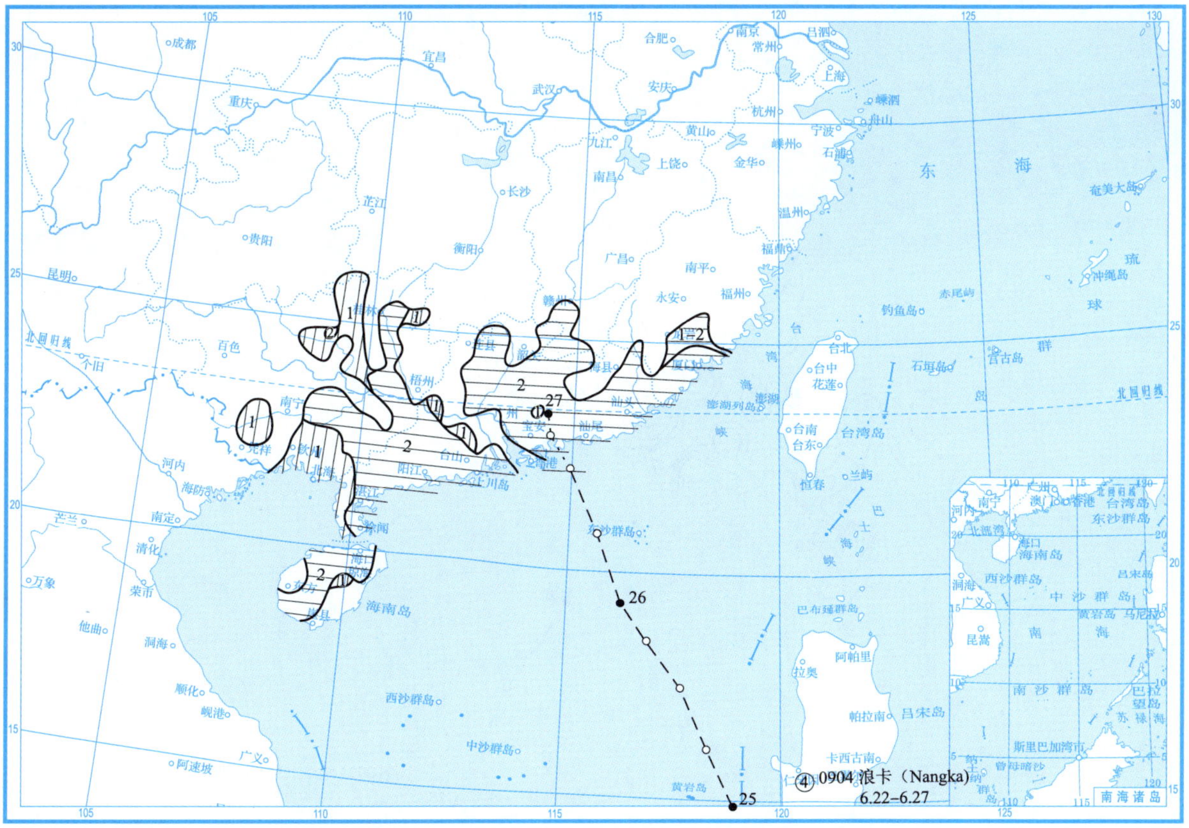

图 2.4.4 热带风暴“浪卡（Nangka）”总降水日数图（6 月 26—27 日）

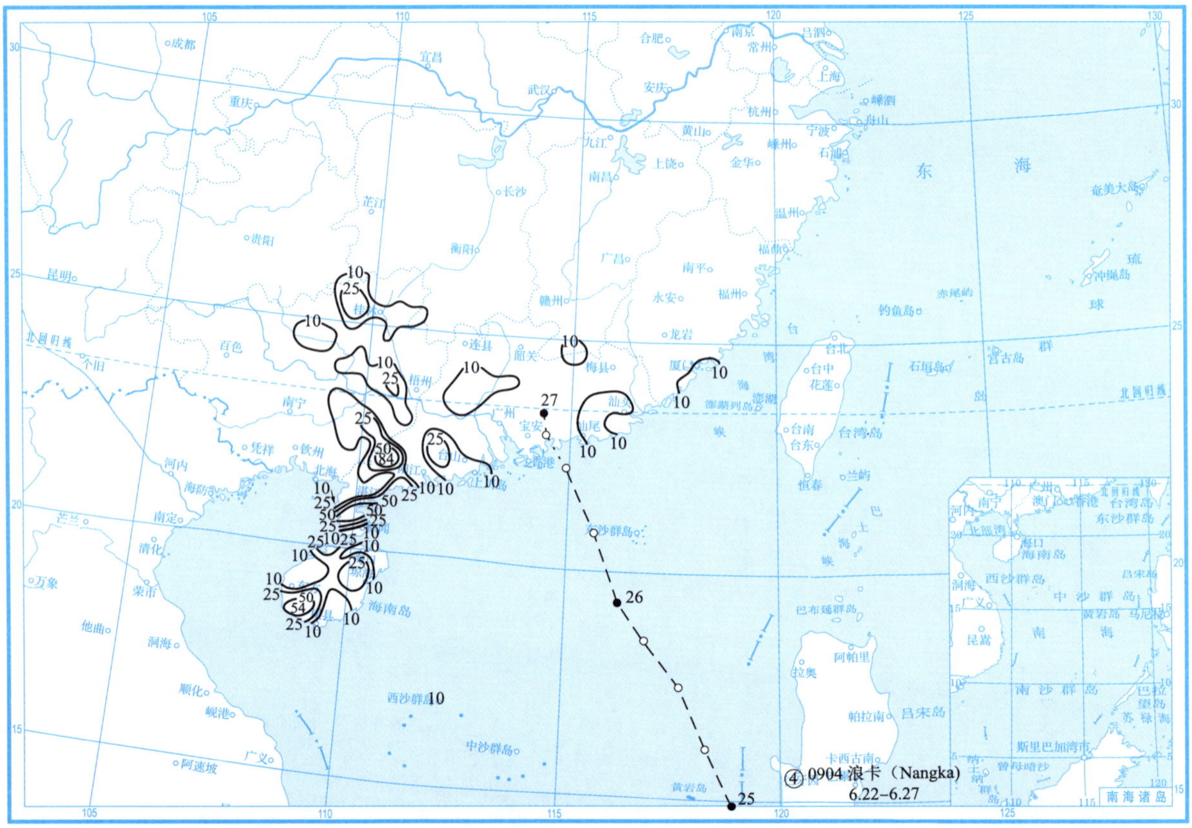

图 2.4.5　2009 年 6 月 26 日降水量图

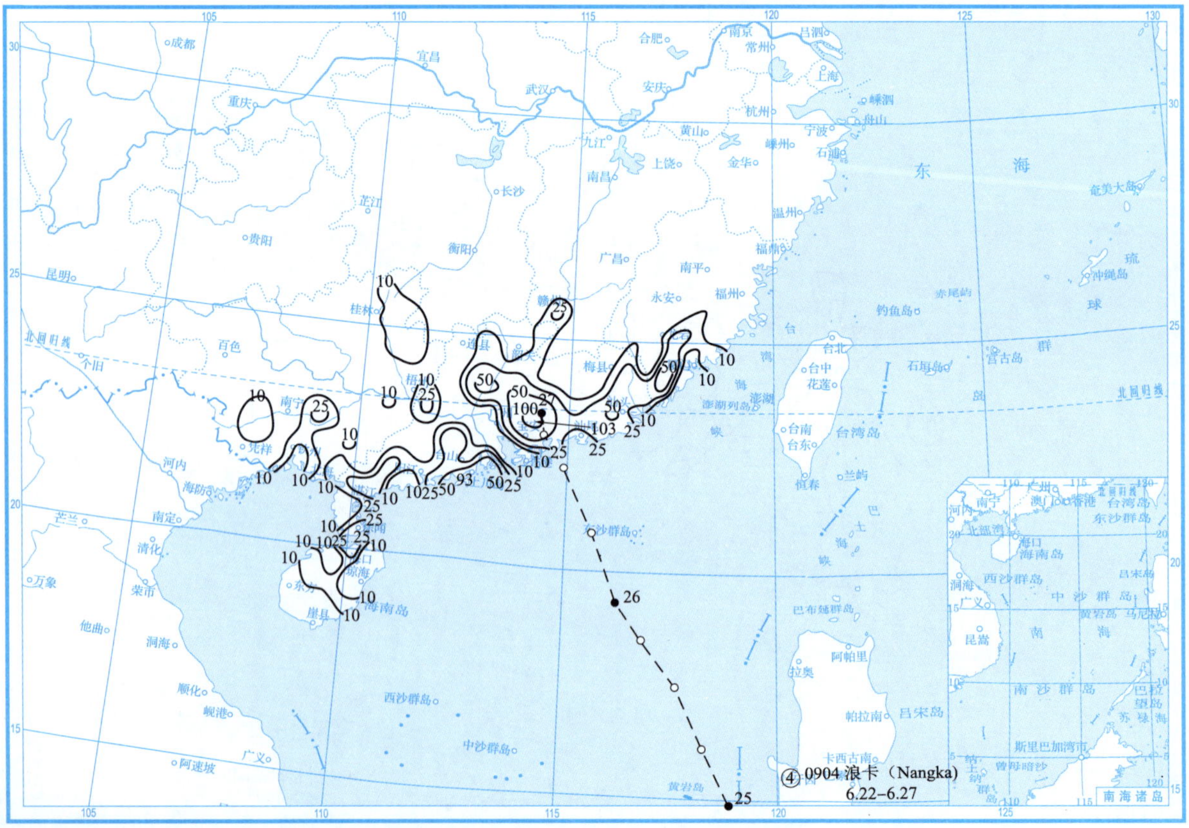

图 2.4.6　2009 年 6 月 27 日降水量图

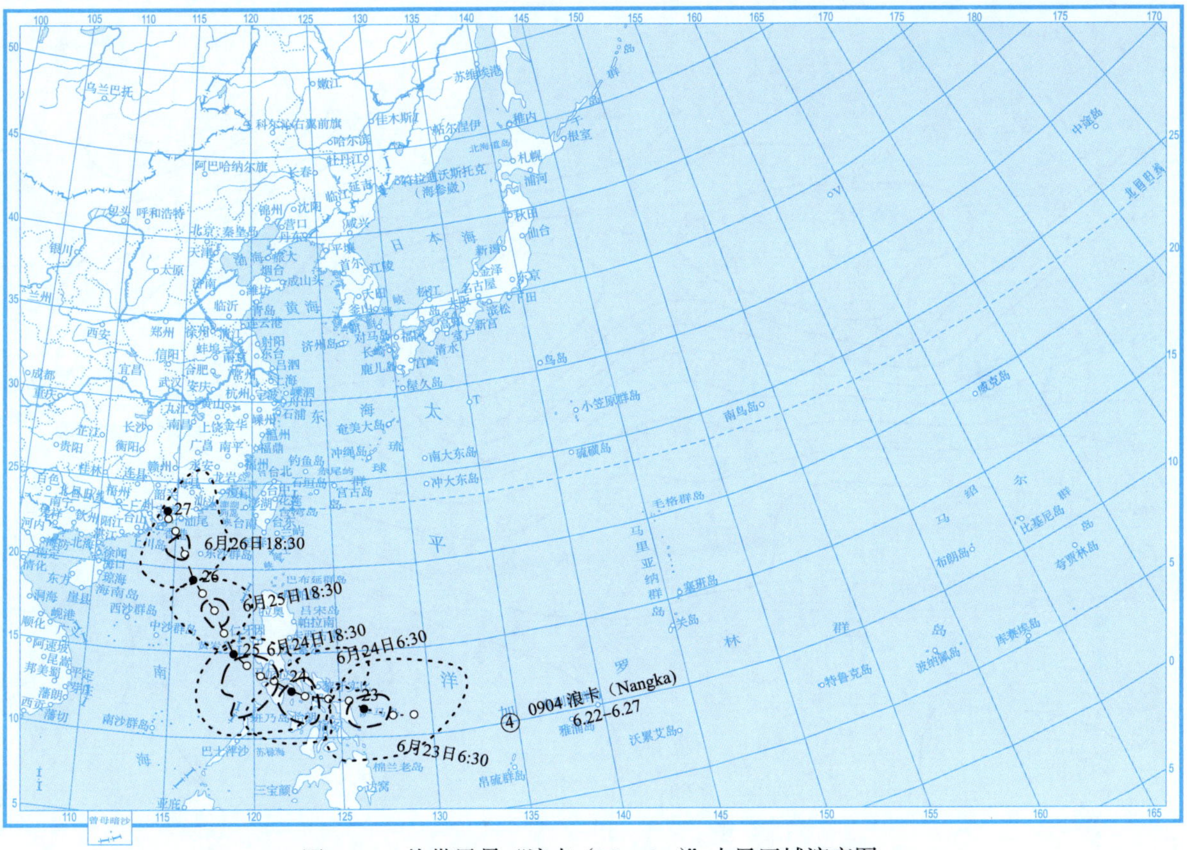

图 2.4.7　热带风暴“浪卡（Nangka）”大风区域演变图

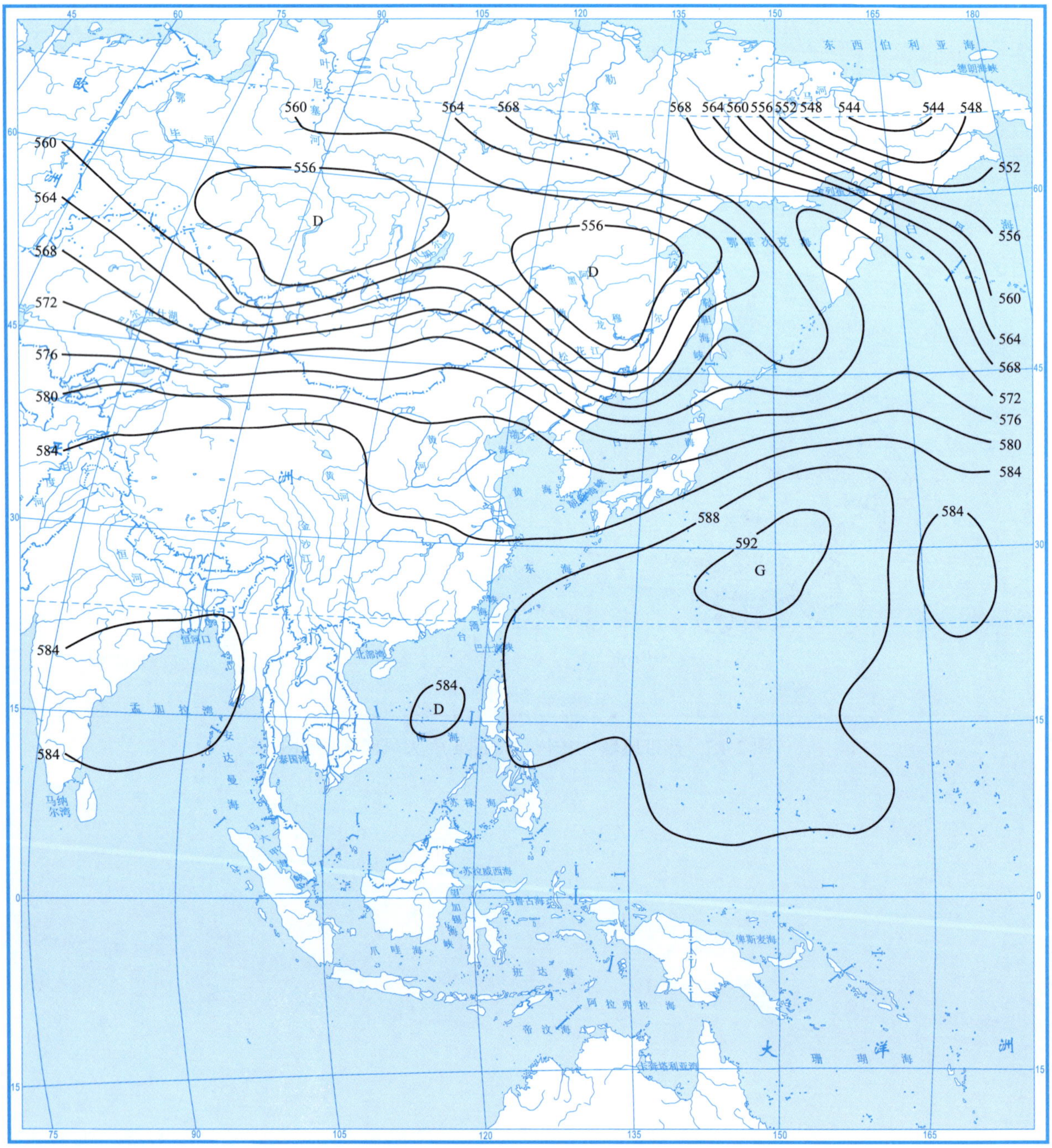

图 2.4.8　2009 年 6 月 25 日 20 时 500 hPa 高度场图（dagpm）

2.5　0905 号热带风暴“苏迪罗（Soudelor）”

第 0905 号热带风暴“苏迪罗（Soudelor）”于 7 月 10 日凌晨在菲律宾北部巴布延群岛附近海面上的一个热带低压发展形成。初始它向偏西方向移动，10 日下午进入南海，11 日它的中心强度加强为热带风暴，之后它沿着北纬 20 度线向西移动，逐渐靠近海南岛。“苏迪罗（Soudelor）”于 7 月 12 日 05 时 30 分在海南省文昌市龙楼镇登陆。登陆时中心附近的最大风速 18 m/s（8 级），最低气压 994 hPa。登陆后在琼州海峡向西移动，从琼州海峡与雷州半岛中间擦角而过，随后于 7 月 12 日 08 时 20 分在广东徐闻再次登陆。登陆时中心附近的最大风速 18 m/s（8 级），最低气压 994 hPa。登陆后热带风暴“苏迪罗（Soudelor）”很快地进入北部湾并向西北偏西移动。12 日晚第三次在越南北部广宁省登陆。登陆后强度迅速减弱为热带低压，并继续西移减弱。13 日凌晨在越南北部消失。

受热带风暴“苏迪罗（Soudelor）”影响，7 月 10—12 日海南三亚、广东西部和东部及沿海地区、广西北海地区和涠洲岛最大风力 6 ~ 7 级，阵风 7 ~ 9 级。广东上川岛最大风速 14.6 m/s，五华站出现阵风 22.3 m/s，为本次台风影响时出现的风极值。

7 月 10—13 日海南西南部、广东大部、广西东部局部和南部局部及西部部分、涠洲岛、福建华安、江西南部部分、湖南局部、贵州西部、四川攀枝花地区、云南大部降水总量 10 ~ 50 mm。海南大部、广西防城港地区、贵州安顺地区、云南中部和西南部总降水量 50 ~ 119 mm。连续降水日数为 1 ~ 3 天。

受其影响，7 月 12 日海南北部和东南部地区普降暴雨到大暴雨。贵州局部和云南局部出现暴雨。海南临高站日降水量 119 mm，为本次热带风暴影响时出现的日降水极值。13 日海南琼中和云南景洪出现暴雨。

热带风暴“苏迪罗（Soudelor）”具有移动路径稳定、强度弱、寿命短、影响范围小的特点。风暴带来的降水有效增加了土壤含水量，缓解了部分地区的旱情，对缓解海南和广东大部的高温天气有利。热带风暴“苏迪罗（Soudelor）”共造成广东省受灾人口 5.25 万人，紧急转移安置人口 9.17 万人；农作物受灾面积 1.05 千公顷，成灾面积 0.45 千公顷；倒塌房屋 0.03 万间，直接经济损失 0.46 亿元。

表 2.5.1 是热带风暴“苏迪罗（Soudelor）”的中心位置和强度。图 2.5.1 ~ 2.5.4 分别是热带风暴“苏迪罗（Soudelor）”路径图、总降水量图、大风分布图、总降水日数图，图 2.5.5 ~ 2.5.7 分别是 2009 年 7 月 11—13 日的日降水量图，图 2.5.8 ~ 2.5.9 分别是热带风暴“苏迪罗（Soudelor）”大风区域演变图、2009 年 7 月 11 日 08 时 500 hPa 高度场图。

表 2.5.1　热带风暴“苏迪罗（Soudelor）”中心位置和强度

（5）7 月 10 日—7 月 13 日

年	月	日	时	中心位置		中心最低气压（hPa）	中心最大风速（m/s）
				北纬（°N）	东经（°E）		
2009	7	10	02	18.6	122.0	1002	13
		10	08	18.8	120.7	1000	15
		10	14	19.1	119.9	1000	15

（续表）

年	月	日	时	中心位置		中心最低气压（hPa）	中心最大风速（m/s）
				北纬（°N）	东经（°E）		
2009	7	10	20	19.3	118.2	998	15
		11	02	19.5	116.8	996	15
		11	08	19.7	115.5	995	18
		11	14	20.0	114.0	995	18
		11	20	20.0	112.7	995	18
		12	02	20.0	111.7	995	18
		12	08	20.3	110.1	994	18
		12	14	20.7	108.7	994	18
		12	20	21.2	106.5	998	15
		13	02	20.8	105.0	1000	13
				消失			

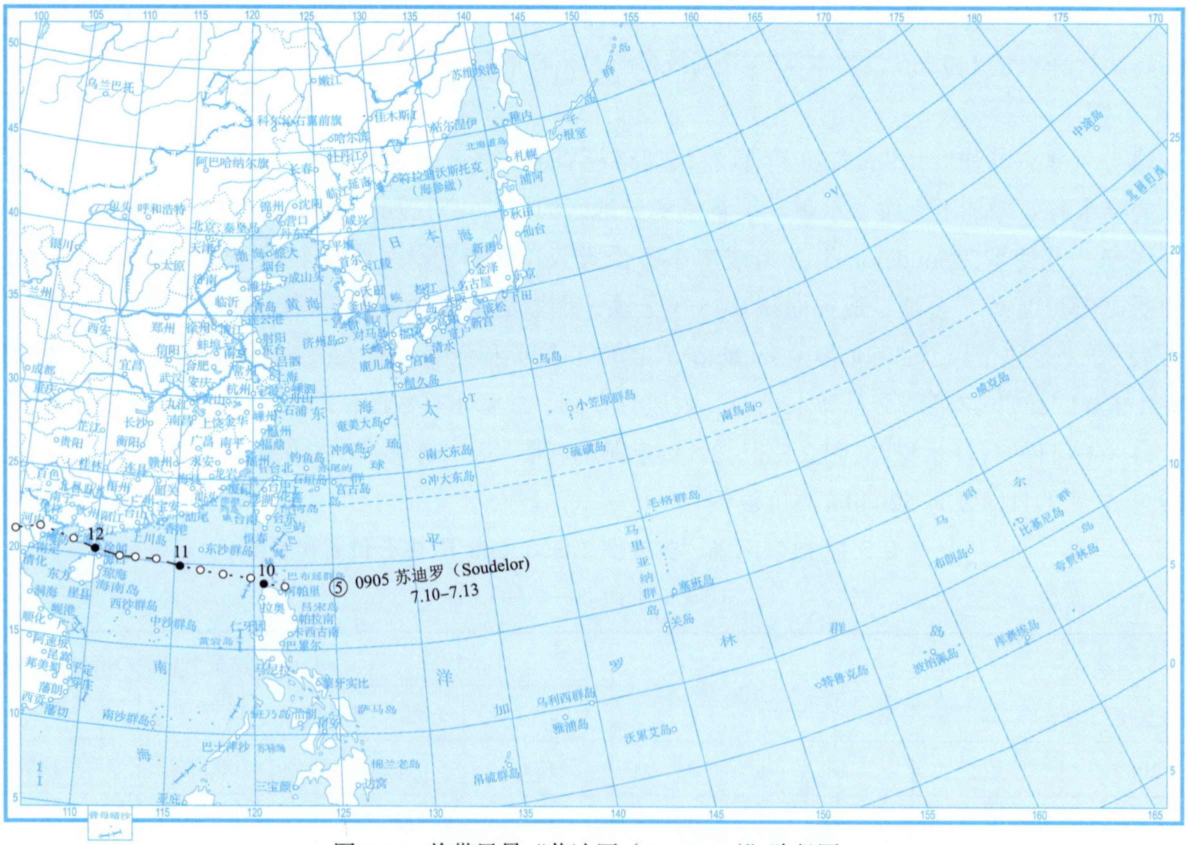

图 2.5.1 热带风暴“苏迪罗（Soudelor）”路径图

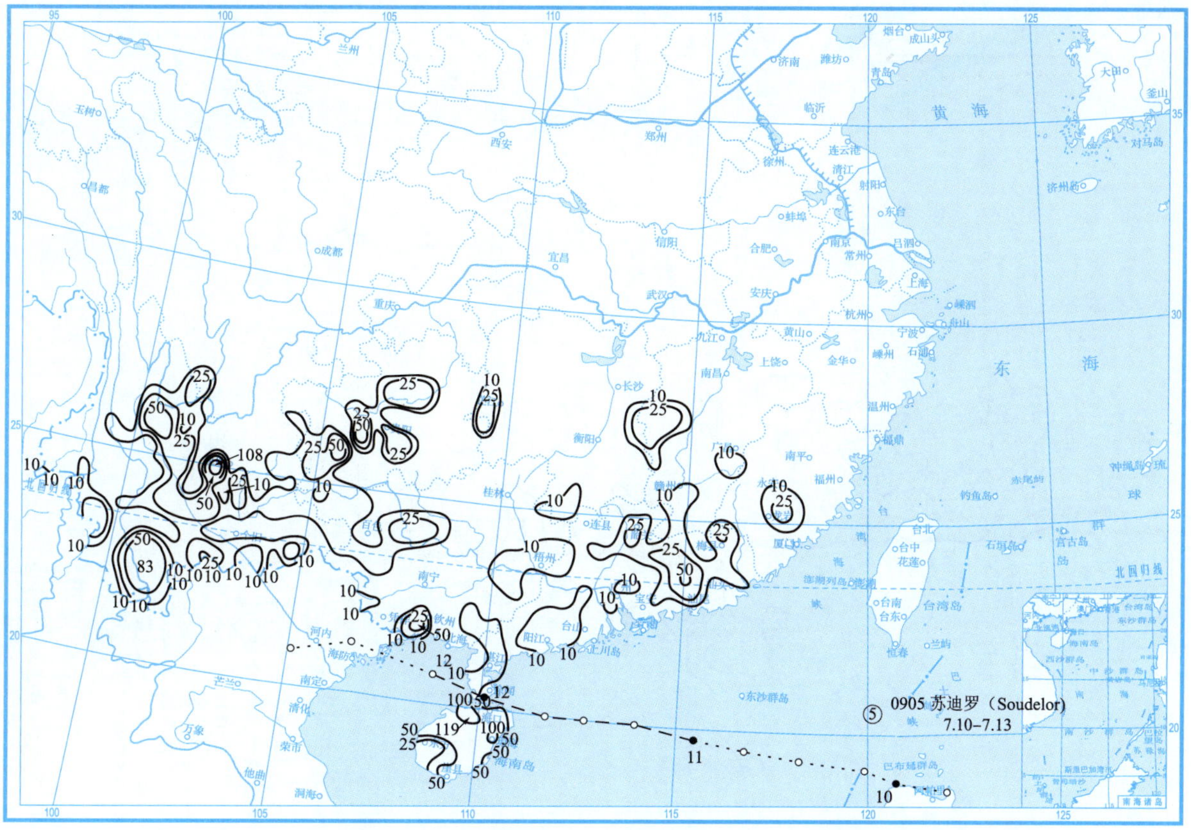

图 2.5.2 热带风暴“苏迪罗（Soudelor）”总降水量图（7 月 10—13 日）

图 2.5.3 热带风暴“苏迪罗（Soudelor）”大风分布图（7 月 10—12 日）

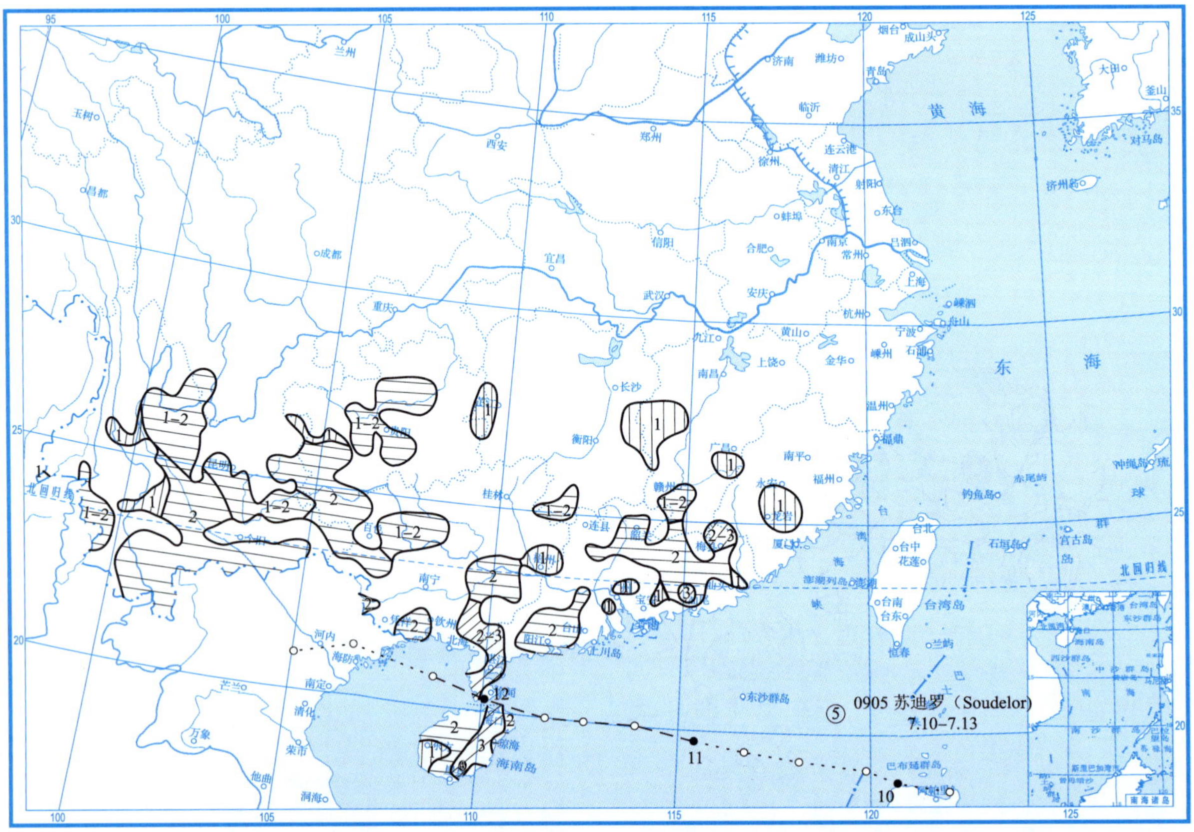

图 2.5.4 热带风暴“苏迪罗（Soudelor）”总降水日数图（7 月 10—13 日）

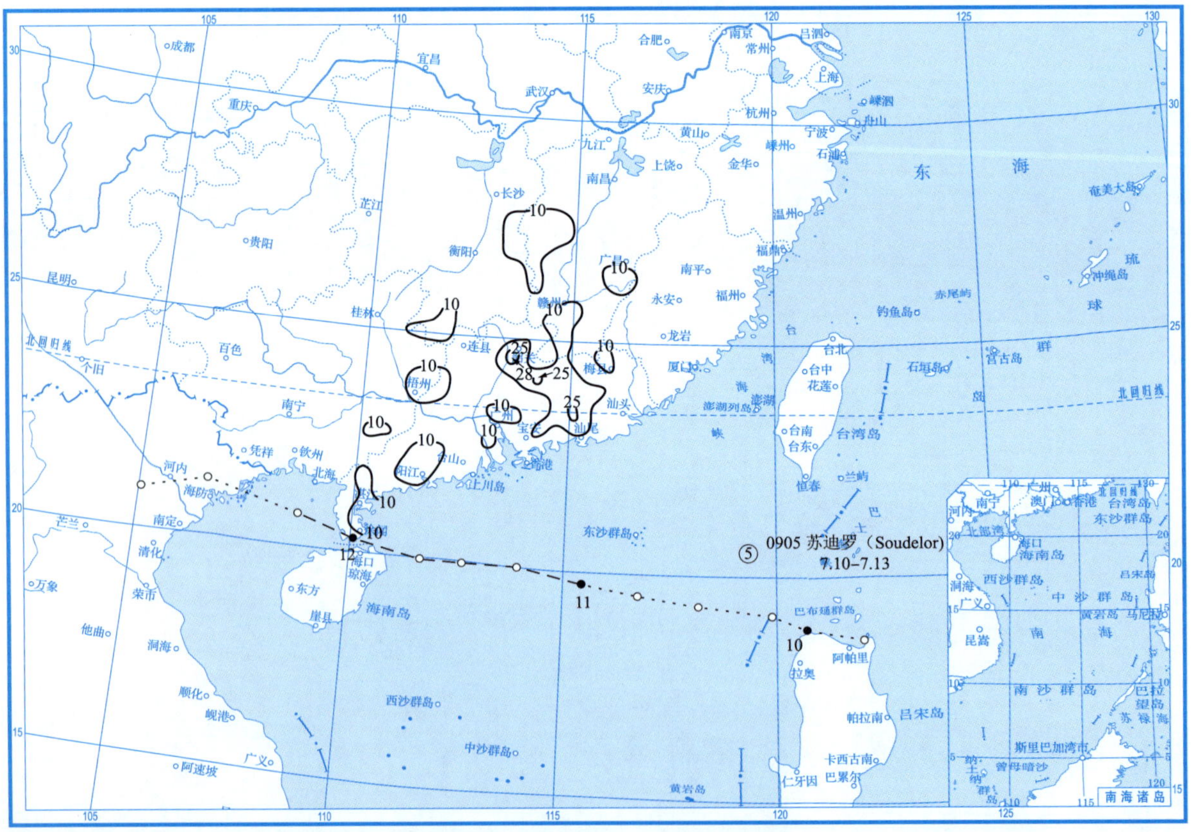

图 2.5.5 2009 年 7 月 11 日降水量图

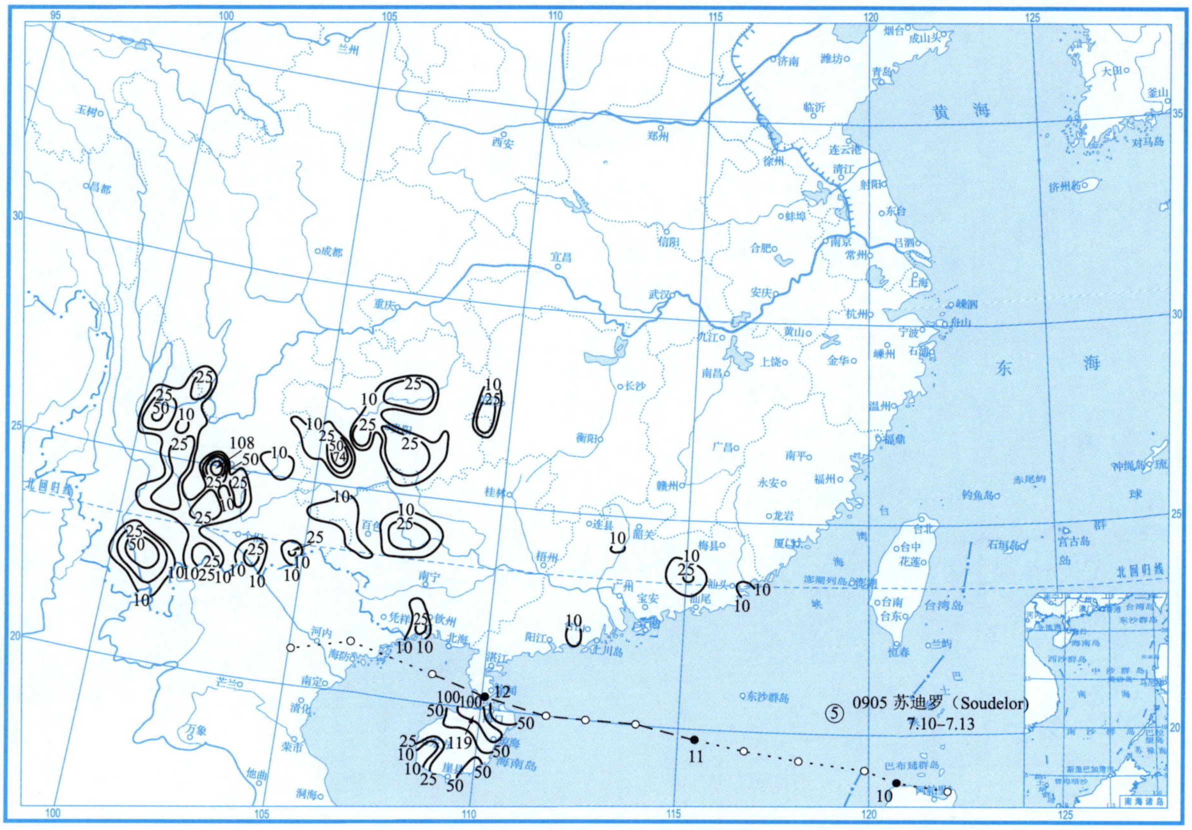

图 2.5.6 2009 年 7 月 12 日降水量图

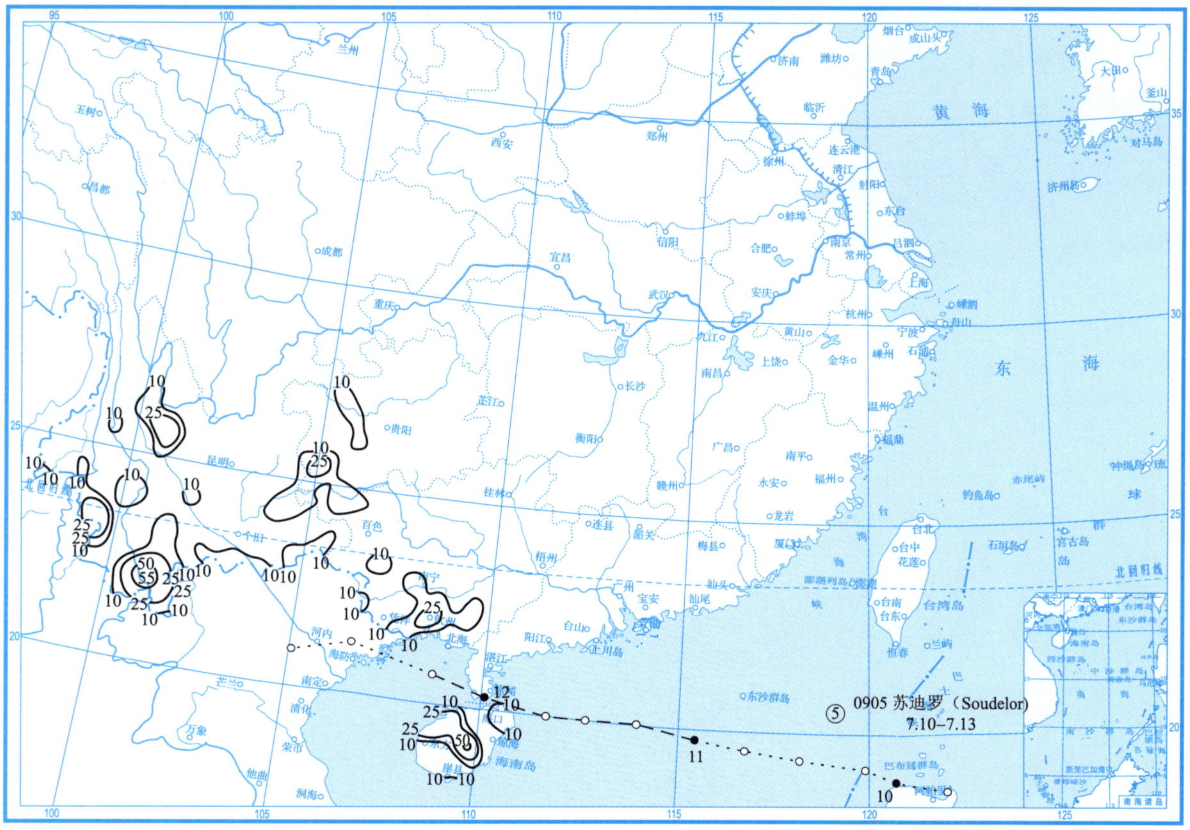

图 2.5.7 2009 年 7 月 13 日降水量图

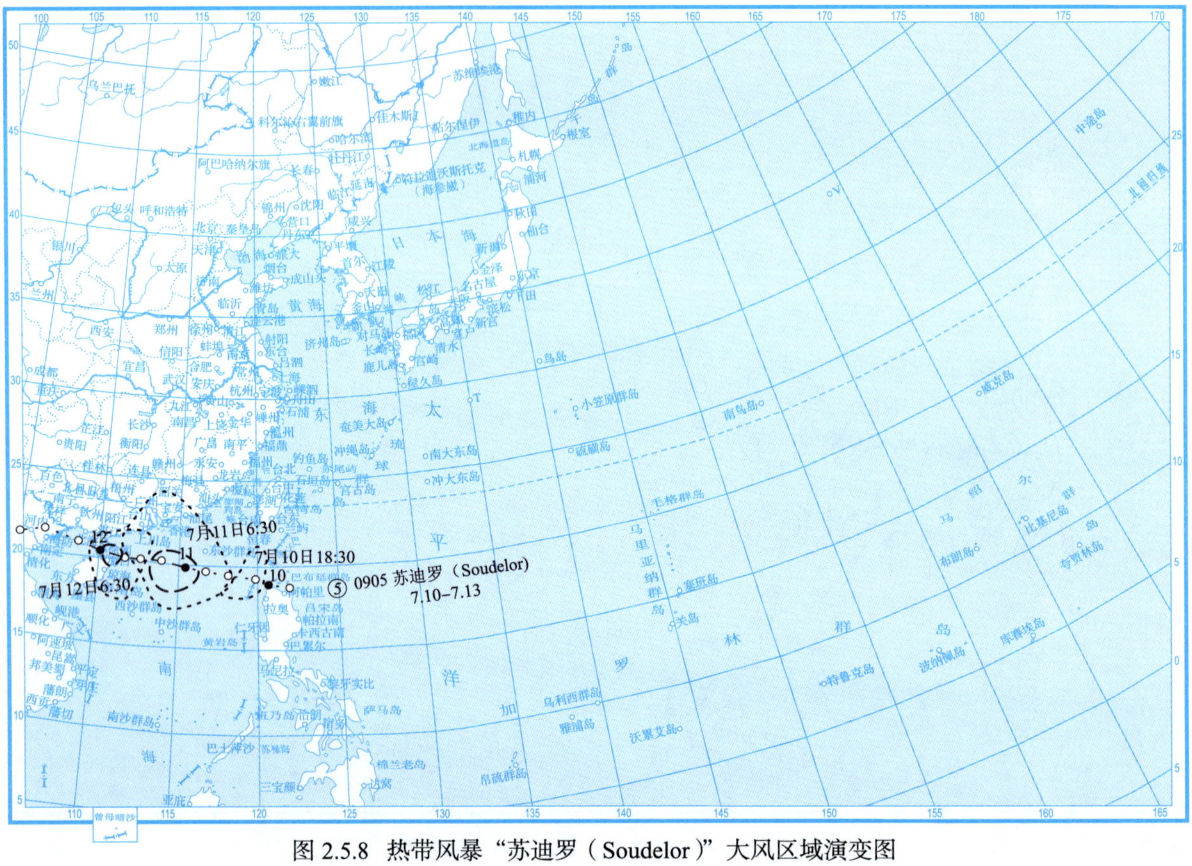

图 2.5.8　热带风暴“苏迪罗（Soudelor）”大风区域演变图

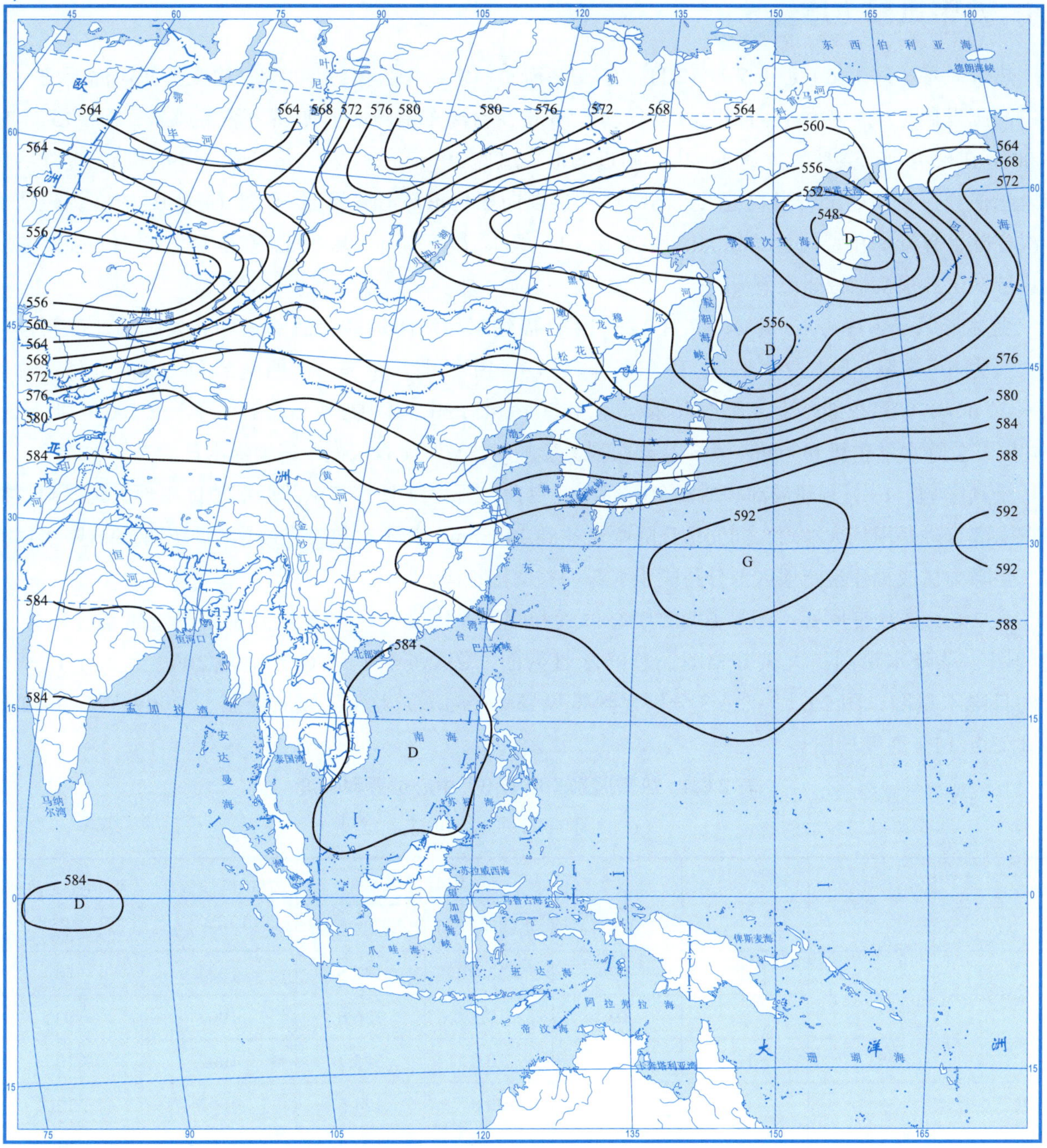

图 2.5.9 2009年7月11日08时500 hPa高度场图（dagpm）

2.6 热带风暴（序号 6）

热带风暴（序号 6）是于 7 月 12 日上午在菲律宾吕宋岛帕拉南约 500 km 的太平洋洋面上的一个热带低压发展形成。初始它向西北方向移动，13 日在台湾东南洋面上加强为热带风暴，7 月 13 日 18 时 00 分在台湾台东县登陆。登陆时中心附近的最大风速 20 m/s（8 级），最低气压 995 hPa。登陆后热带风暴横穿过台湾南部，当晚进入台湾海峡并逐渐向福建东部沿海靠近。7 月 14 日 04 时在福建莆田再次登陆，登陆时中心附近的最大风速 20 m/s（8 级），最低气压 998 hPa。登陆后它的中心强度减弱为热带低压并很快在福州市消失。

受热带风暴（序号 6）影响，7 月 12—14 日福建东部沿海地区、浙江玉环和大陈岛、江西会昌最大风力 6 ~ 7 级，阵风 7 ~ 8 级。广东东部、福建北部、浙江东部、江西南部和北部局部降水总量 10 ~ 50 mm，广东东部局部、福建南部降水总量 50 ~ 145 mm，其中福建东南部总降水量 100 ~ 145 mm。福建同安总降水量达到 145 mm，为本次热带风暴影响时的总降水量极值。连续降水日数为 1 ~ 2 天。

受其影响，13 日福建局部和浙江东南部出现中到大雨。14 日广东东部局部地区出现大到暴雨，福建东南部普降暴雨到大暴雨，同安站日降雨量达到 144 mm，为本次热带风暴影响时出现的日降水量极值。强降雨造成福建泉州地区部分路段积水，一些商铺被淹。

表 2.6.1 是热带风暴（序号 6）的中心位置和强度。图 2.6.1 ~ 2.6.4 分别是热带风暴（序号 6）路径图、总降水量图、大风分布图、总降水日数图，图 2.6.5 ~ 2.6.6 分别是 2009 年 7 月 13—14 日的日降水量图，图 2.6.7 ~ 2.6.8 分别是热带风暴（序号 6）大风区域演变图、 2009 年 7 月 13 日 08 时 500 hPa 高度场图。

表 2.6.1 热带风暴（序号 6）中心位置和强度

（6）7 月 12 日—7 月 14 日

年	月	日	时	中心位置		中心最低气压（hPa）	中心最大风速（m/s）
				北纬（°N）	东经（°E）		
2009	7	12	02	18.4	127.5	1002	10
		12	08	19.2	126.6	1002	10
		12	14	20.0	125.7	1002	10
		12	20	20.8	124.5	1002	12
		13	02	21.5	123.4	1000	15
		13	08	22.2	122.4	998	18
		13	14	22.8	121.4	995	20
		13	20	23.5	119.8	995	20
		14	02	24.2	119.4	995	20
		14	08	25.9	118.7	1000	15
				消失			

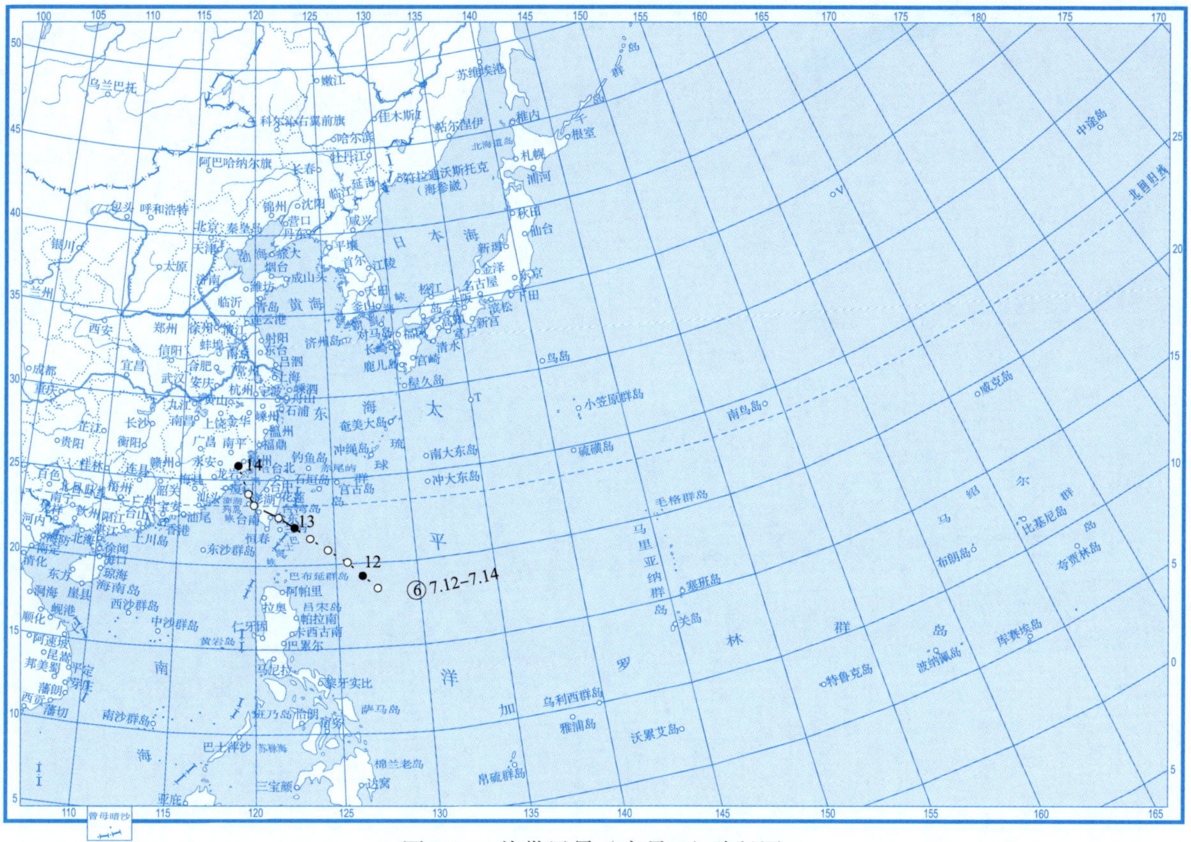

图 2.6.1 热带风暴（序号 6）路径图

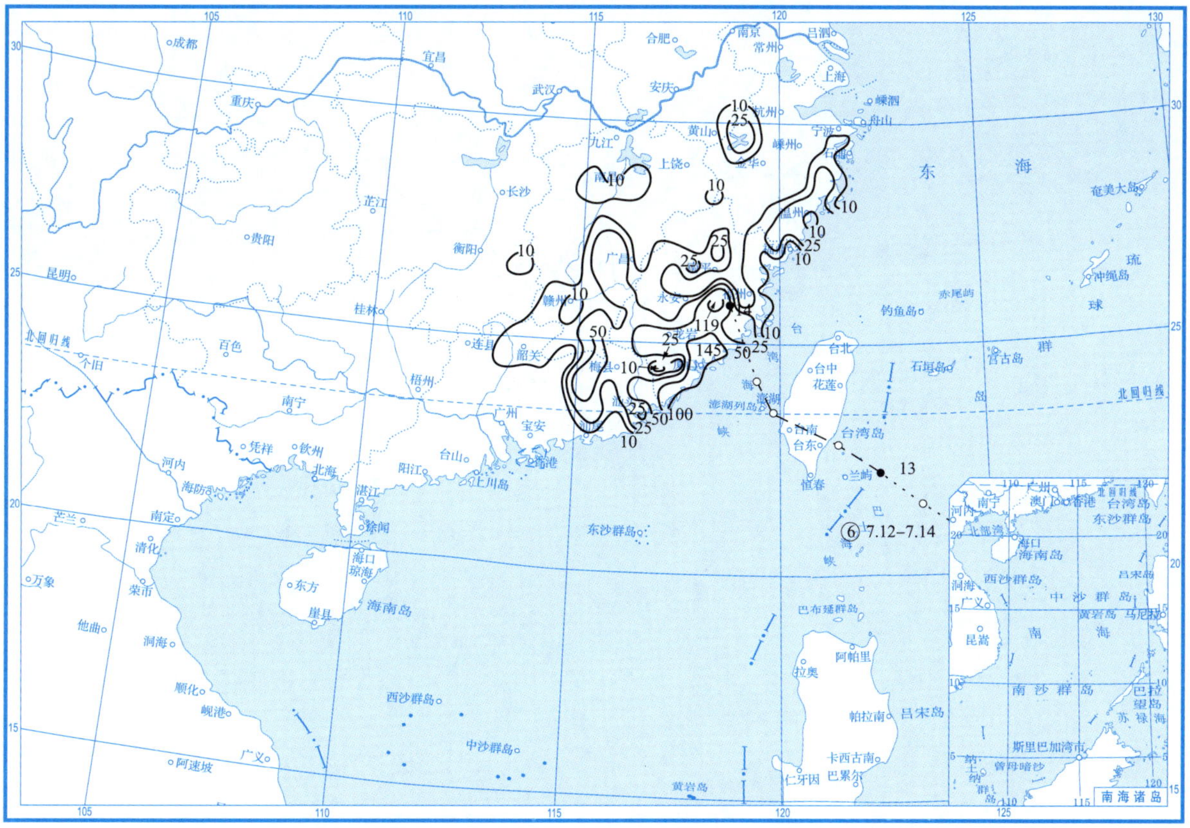

图 2.6.2 热带风暴（序号 6）总降水量图（7 月 13—14 日）

图 2.6.3　热带风暴（序号 6）大风分布图（7 月 12—14 日）

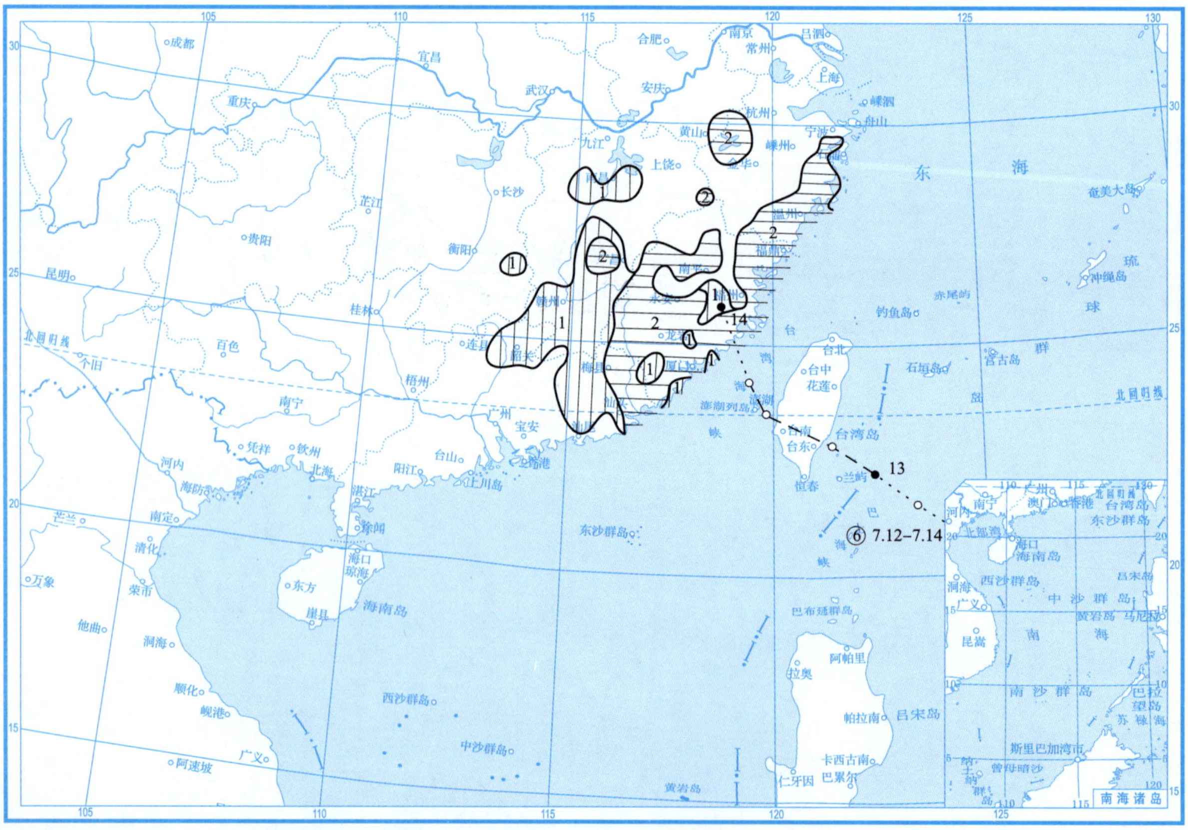

图 2.6.4　热带风暴（序号 6）总降水日数图（7 月 13—14 日）

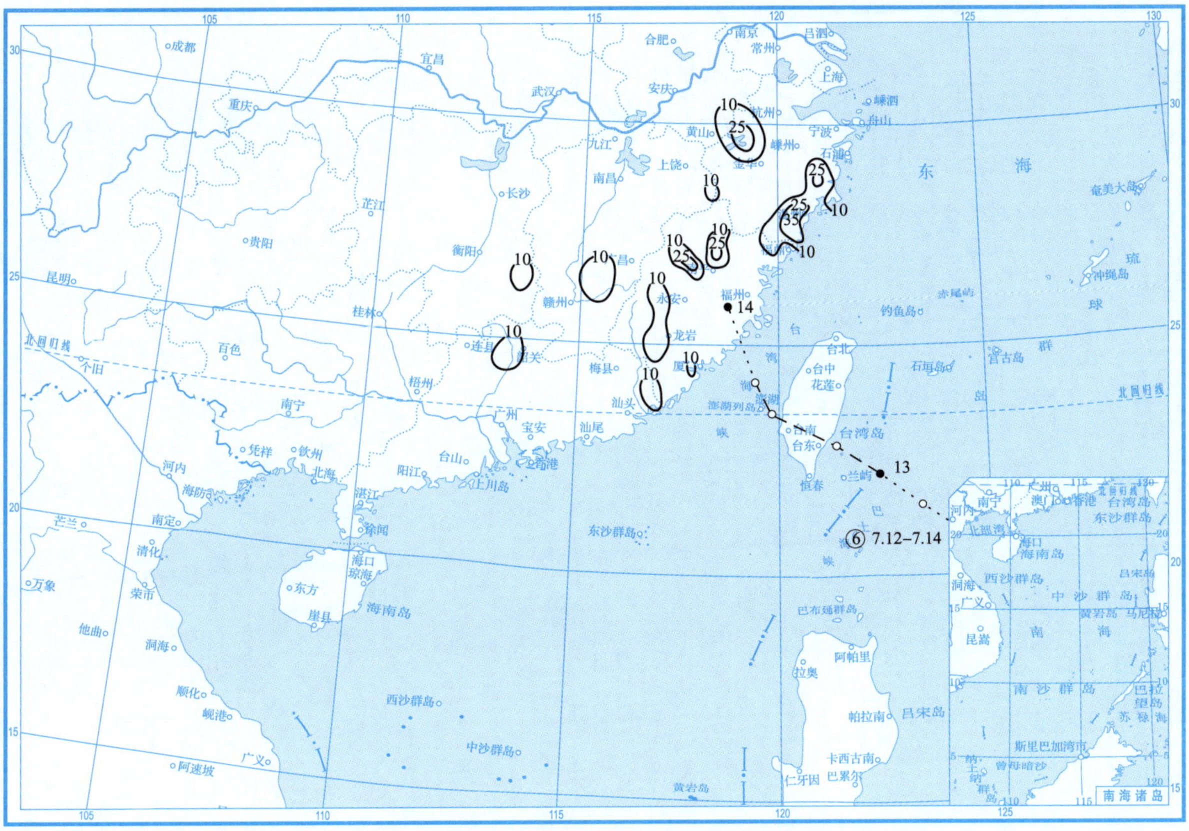

图 2.6.5 2009 年 7 月 13 日降水量图

图 2.6.6 2009 年 7 月 14 日降水量图

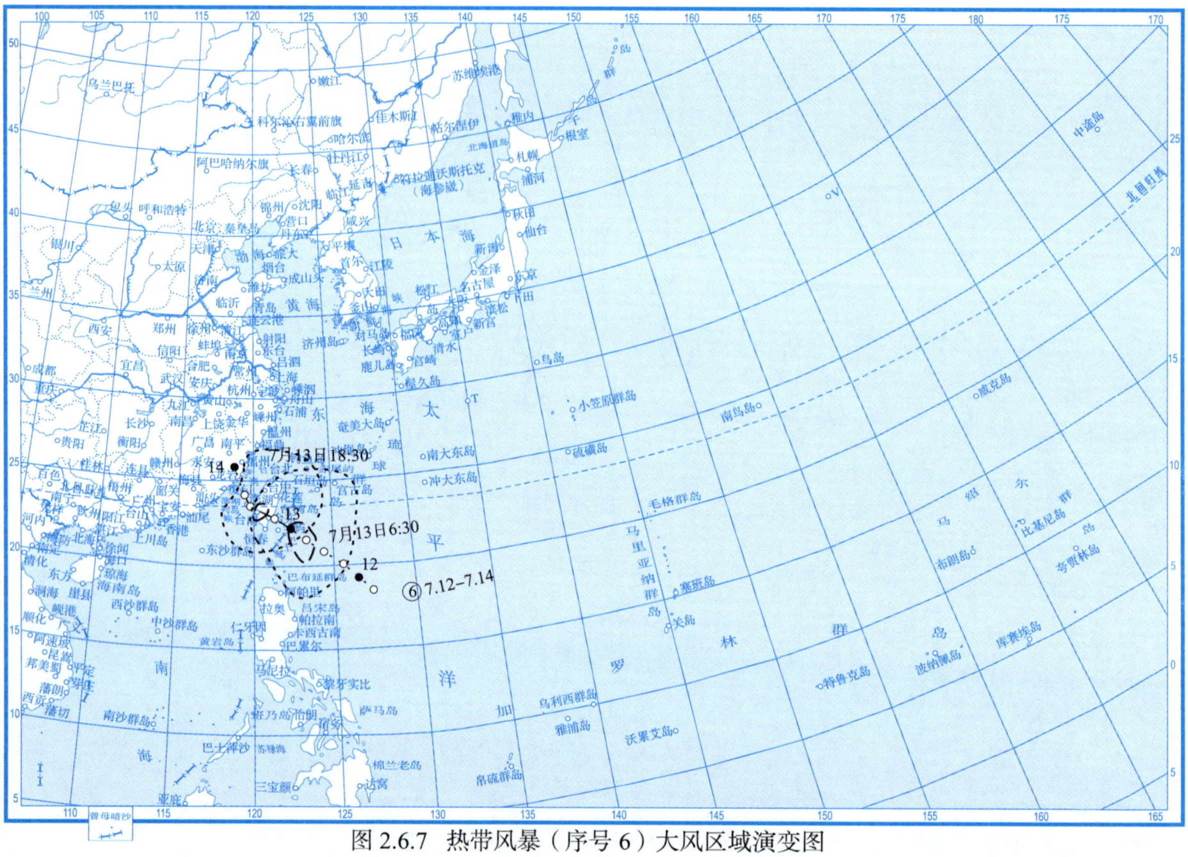

图 2.6.7 热带风暴（序号 6）大风区域演变图

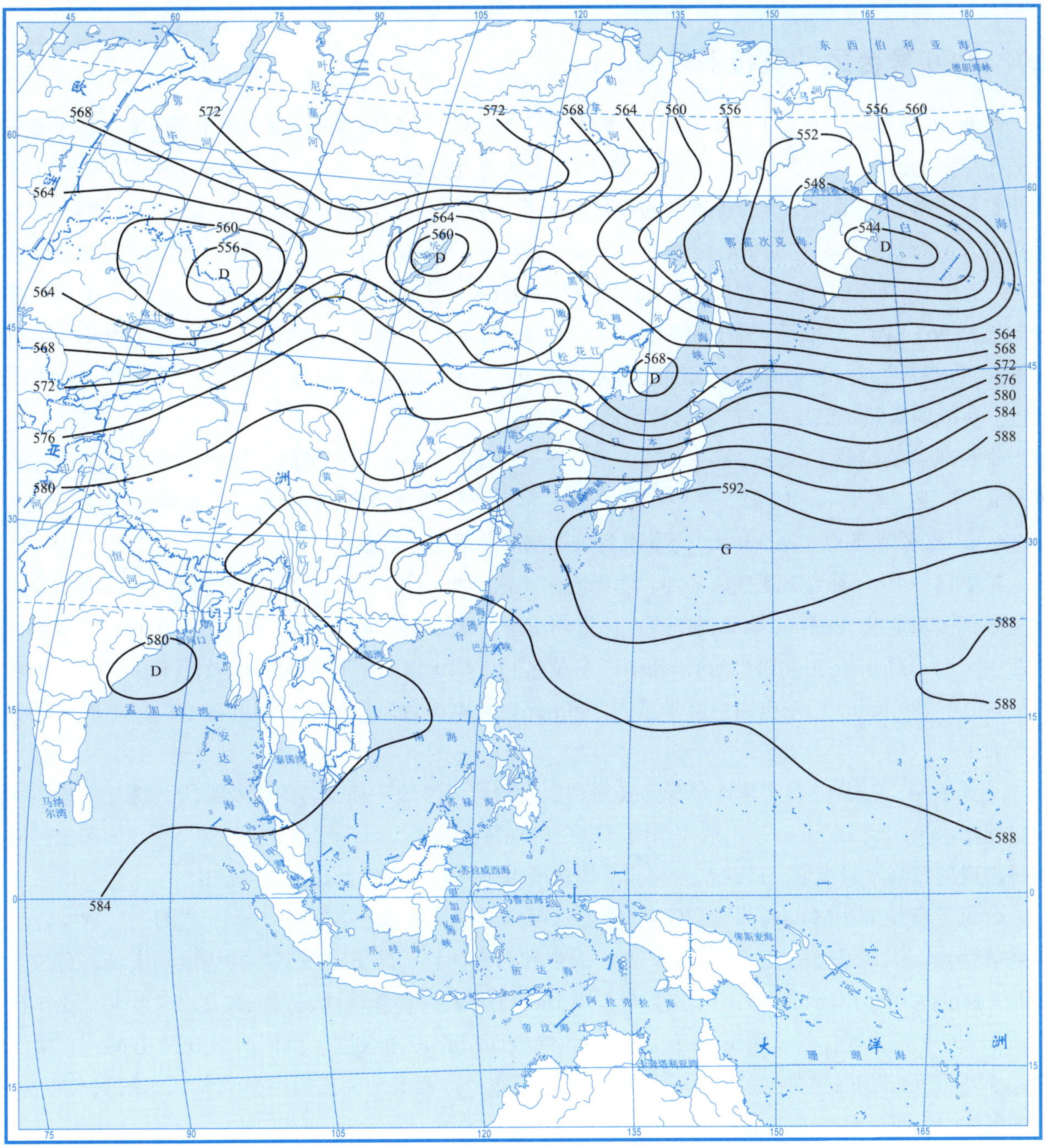

图 2.6.8　2009 年 7 月 13 日 08 时 500 hPa 高度场图（dagpm）

2.7 0906 号台风“莫拉菲（Molave）”

第 0906 号台风“莫拉菲（Molave）”是于 7 月 15 日上午在菲律宾萨马岛东北约 400 km 处的西北太平洋洋面上的一个热带低压发展形成。初始它向西北方向移动，16 日下午加强为热带风暴，17 日在菲律宾吕宋岛东北偏北的洋面上增强为强热带风暴，夜间“莫拉菲（Molave）”横过巴士海峡。18 日凌晨进入南海东北部后它的中心强度进一步发展成台风，并继续向西偏北移动，逐渐向广东南部沿海靠近。7 月 19 日 00 时 50 分在广东深圳大鹏半岛登陆。登陆时中心附近的最大风速 38 m/s（13 级），最低气压 965 hPa。登陆后 19 日 04 时“莫拉菲（Molave）”又穿过大鹏湾进入深圳市境内并继续向西北偏西方向移动，同时它的中心强度减弱为热带风暴。19 日 14 时离开广东进入广西梧州市，之后强度进一步减弱为热带低压并在广西的柳州地区消失。

受台风“莫拉菲（Molave）”影响，7 月 17—19 日广东中部和东南部、福建漳州和泉州地区最大风力 6～7 级，阵风 8～10 级，其中广东陆丰、惠来、深圳地区阵风 10 级。广东深圳站最大风速为 15.7 m/s，惠来站阵风达 26.3 m/s，为本次台风影响时出现的风极值。

7 月 18—19 日香港出现狂风暴雨。海南陵水、广东惠州和湛江地区以及北部地区、广西部分、福建南部及福州地区、江西东南部、湖南局部、贵州玉屏、浙江南部局部总降水量 10～50 mm。广东南部、广西中东部总降水量 50～280 mm，其中广东茂名和江门地区、罗定和珠海以及海丰，广西玉林降水总量 150～280 mm。广东电白总降水量为 280 mm，为本次台风影响时出现的降水极值。连续降水日数均为 1～2 天。

受其影响，7 月 19 日广东南部普降暴雨到大暴雨，云浮地区和茂名地区及吴川、珠江三角洲和海丰出现降水量达到 100 mm 以上的大暴雨，电白出现特大暴雨，日降水量达到 280 mm。为本次台风影响时出现的日降水量极值。广西东南大部出现暴雨，玉林站日降水量达到 154 mm。

台风“莫拉菲（Molave）”具有路径稳定、强度强、移速快、发展快、云系范围大、后期降水比较强等特点。大风暴雨引发了广东、广西、云南和海南四省（区）出现了不同程度的灾情，台风“莫拉菲（Molave）” 共造成四省（区）受灾人口 160.45 万人，紧急转移安置人口 22.85 万人，农作物受灾面积 57.94 千公顷，成灾面积 39.15 千公顷，绝收面积 6.40 千公顷，倒塌房屋 0.11 万间，直接经济损失 5.78 亿元。但台风带来的降水也一度缓解了广东、广西等地的高温炎热天气，对增加水库蓄水、晚稻备耕以及缓解华南电力负荷紧张状况有利。

受“莫拉菲”的影响，菲律宾首都马尼拉 17 日普降暴雨，菲律宾全国救灾协调委员会 18 日发表声明：台风“莫拉菲”日前过境菲律宾北部地区，恶劣天气导致至少 4 人死亡、1 人受伤。

表 2.7.1 是台风“莫拉菲（Molave）”的中心位置和强度。表 2.7.2 是台风“莫拉菲（Molave）”在广东、广西、云南和海南四省（区）引发的灾情。图 2.7.1～2.7.4 分别是台风“莫拉菲（Molave）”路径图、总降水量图、大风分布图、总降水日数图，图 2.7.5～2.7.6 分别是 2009 年 7 月 18—19 日的日降水量图，图 2.7.7～2.7.8 分别是台风“莫拉菲（Molave）”大风区域演变图、2009 年 7 月 18 日 02 时 500 hPa 高度场图。

表 2.7.1 台风“莫拉菲（Molave）”中心位置和强度

（7）7 月 15 日—7 月 19 日

年	月	日	时	中心位置		中心最低气压（hPa）	中心最大风速（m/s）
				北纬（°N）	东经（°E）		
2009	7	15	08	14.1	128.6	1004	15
		15	14	14.4	127.8	1002	15
		15	20	14.9	127.1	1000	15
		16	02	15.4	126.4	998	15
		16	08	16.0	125.6	998	15
		16	14	16.6	125.1	998	18
		16	20	17.4	124.6	995	18
		17	02	17.9	124.1	995	20
		17	08	18.6	123.4	992	23
		17	14	19.5	122.6	990	25
		17	20	20.6	121.3	980	30
		18	02	21.0	119.6	975	33
		18	08	21.4	118.3	975	33
		18	14	21.7	117.2	970	35
		18	20	22.3	116.0	965	38
		19	02	22.6	114.4	975	33
		19	08	22.9	112.9	987	20
		19	14	23.3	111.2	990	18
		19	20	23.8	109.6	996	13
				消失			

2.7.2 台风“莫拉菲（Molave）”在广东、广西、云南和海南四省（区）引发的灾情

省份	受灾人口（万人）	紧急转移安置人口（万人）	倒塌房屋（万间）	农作物面积（千公顷）			直接经济损失（亿元）
				受灾	成灾	绝收	
广东	104.63	22.63	0.04	42.40	29.56	2.44	4.65
广西	50.75	0.22	0.07	11.69	7.56	1.72	0.89
云南	5.07			3.85	2.03		0.24
海南						2.24	

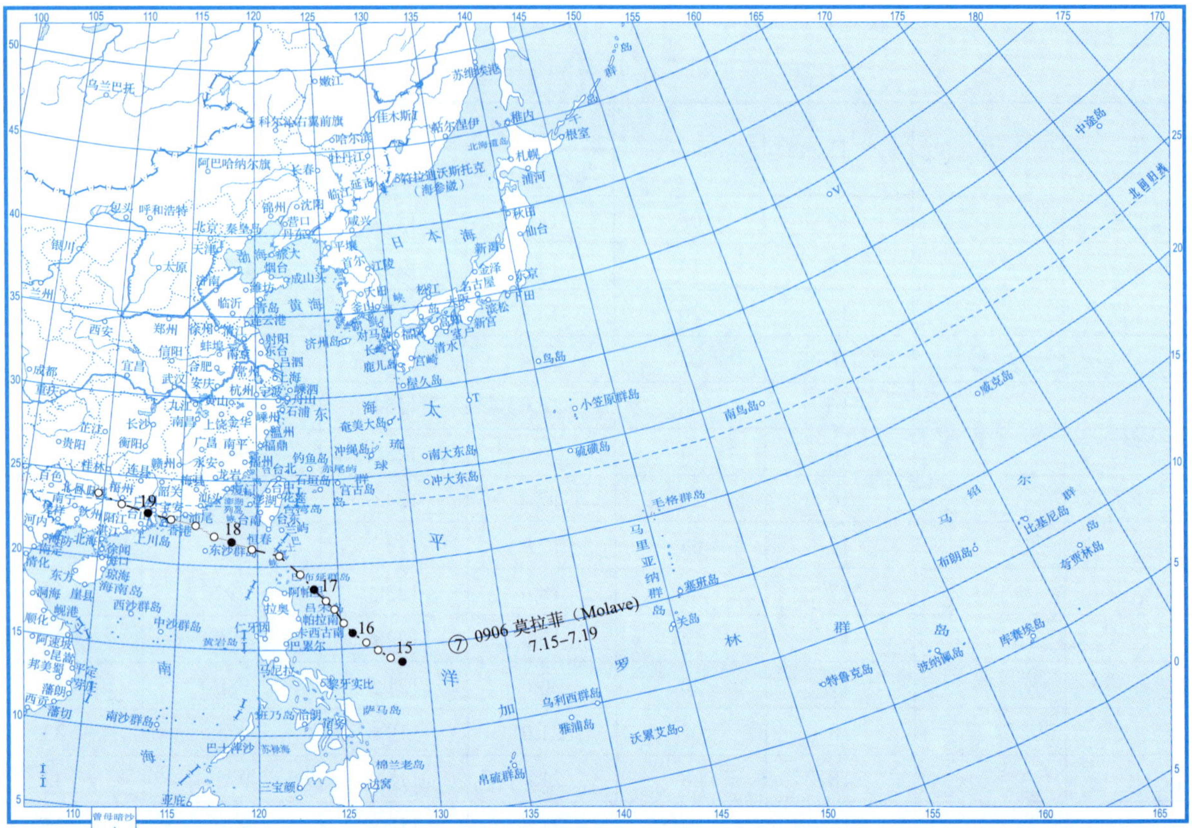

图 2.7.1 台风“莫拉菲（Molave）”路径图

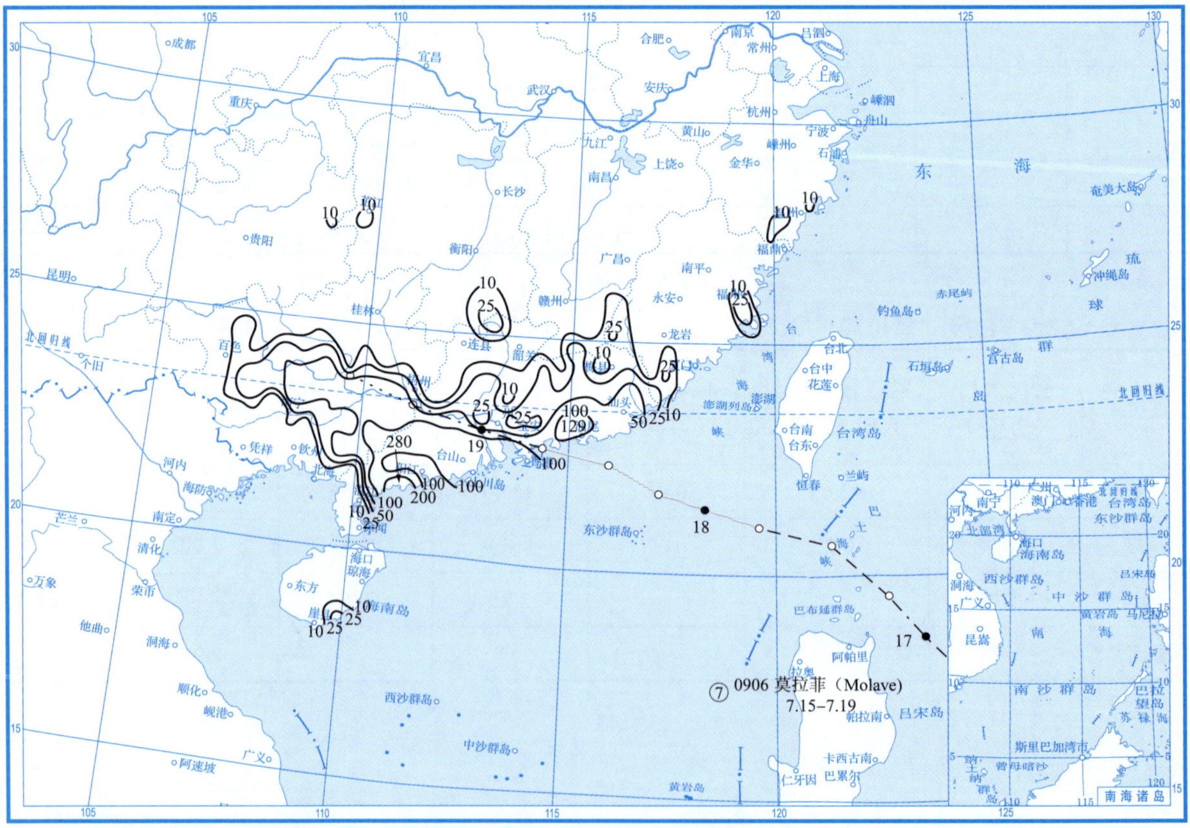

图 2.7.2 台风“莫拉菲（Molave）”总降水量图（7 月 18—19 日）

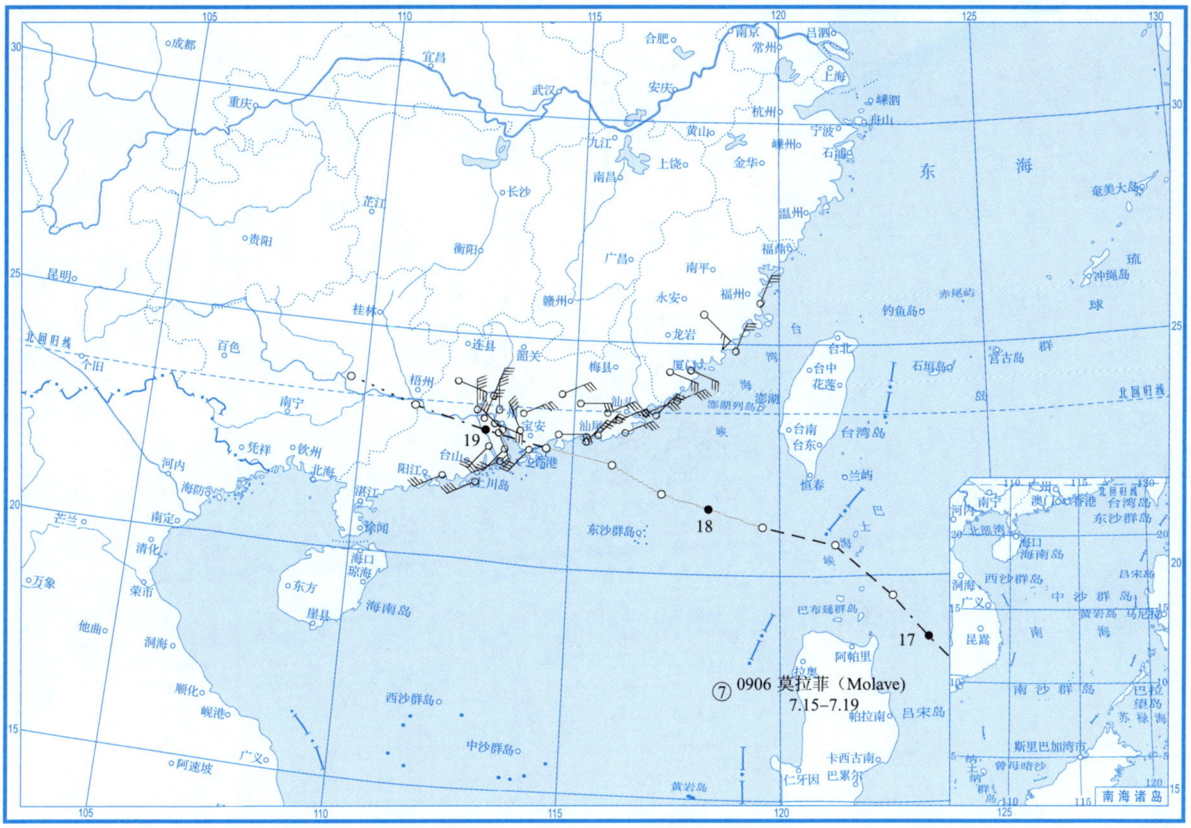

图 2.7.3　台风“莫拉菲（Molave）”大风分布图（7 月 17—19 日）

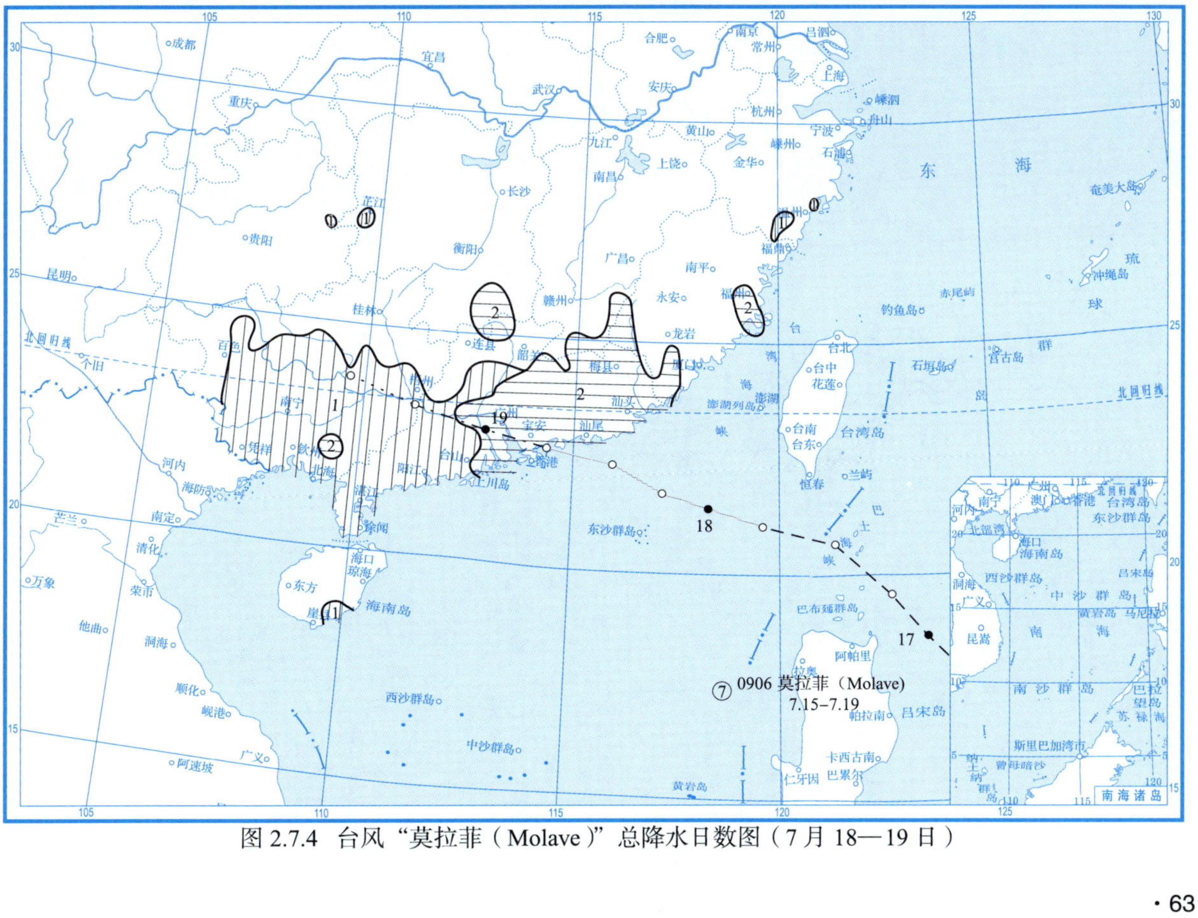

图 2.7.4　台风“莫拉菲（Molave）”总降水日数图（7 月 18—19 日）

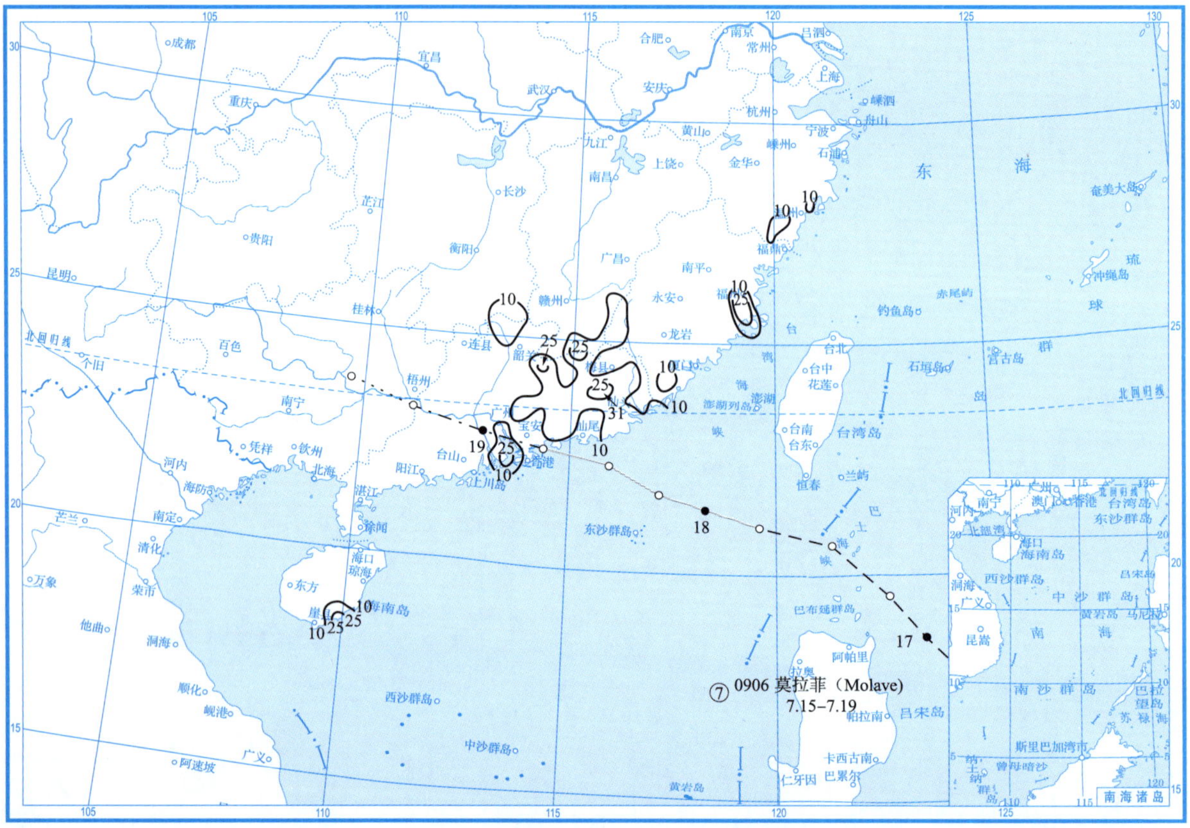

图 2.7.5 2009 年 7 月 18 日降水量图

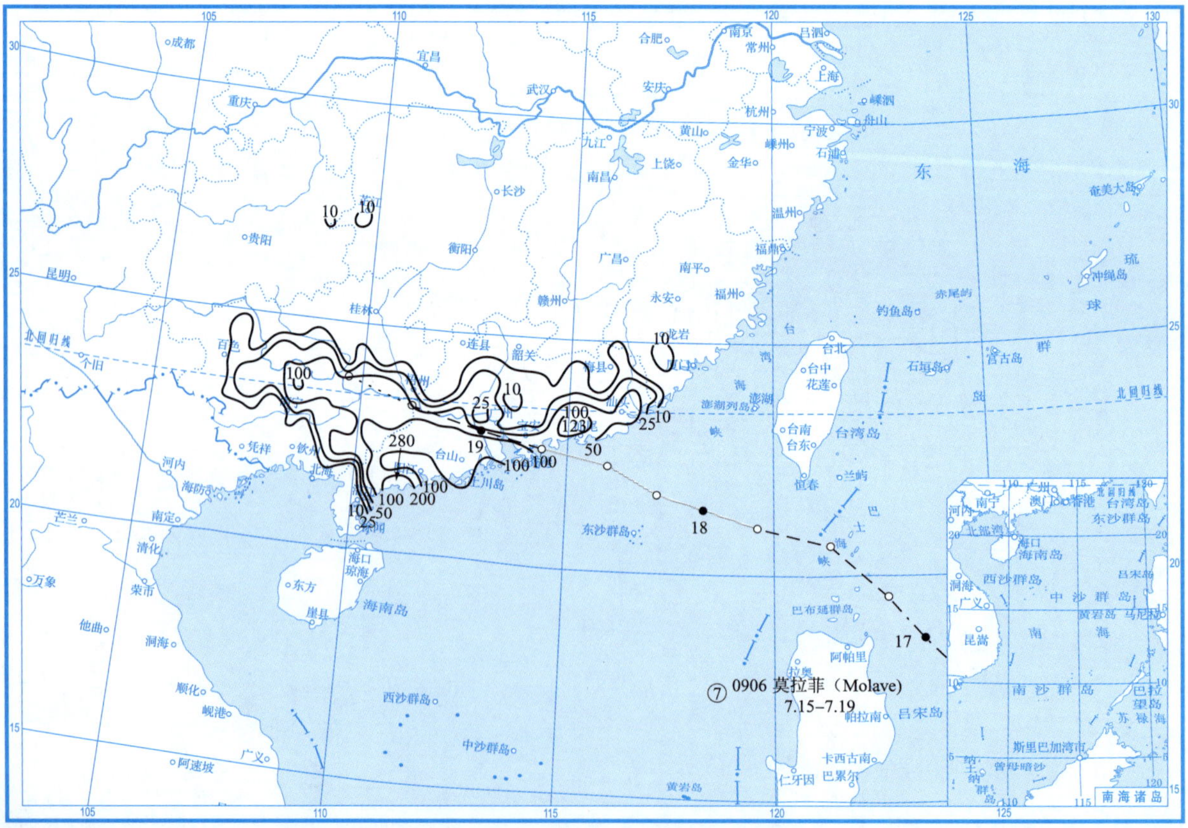

图 2.7.6 2009 年 7 月 19 日降水量图

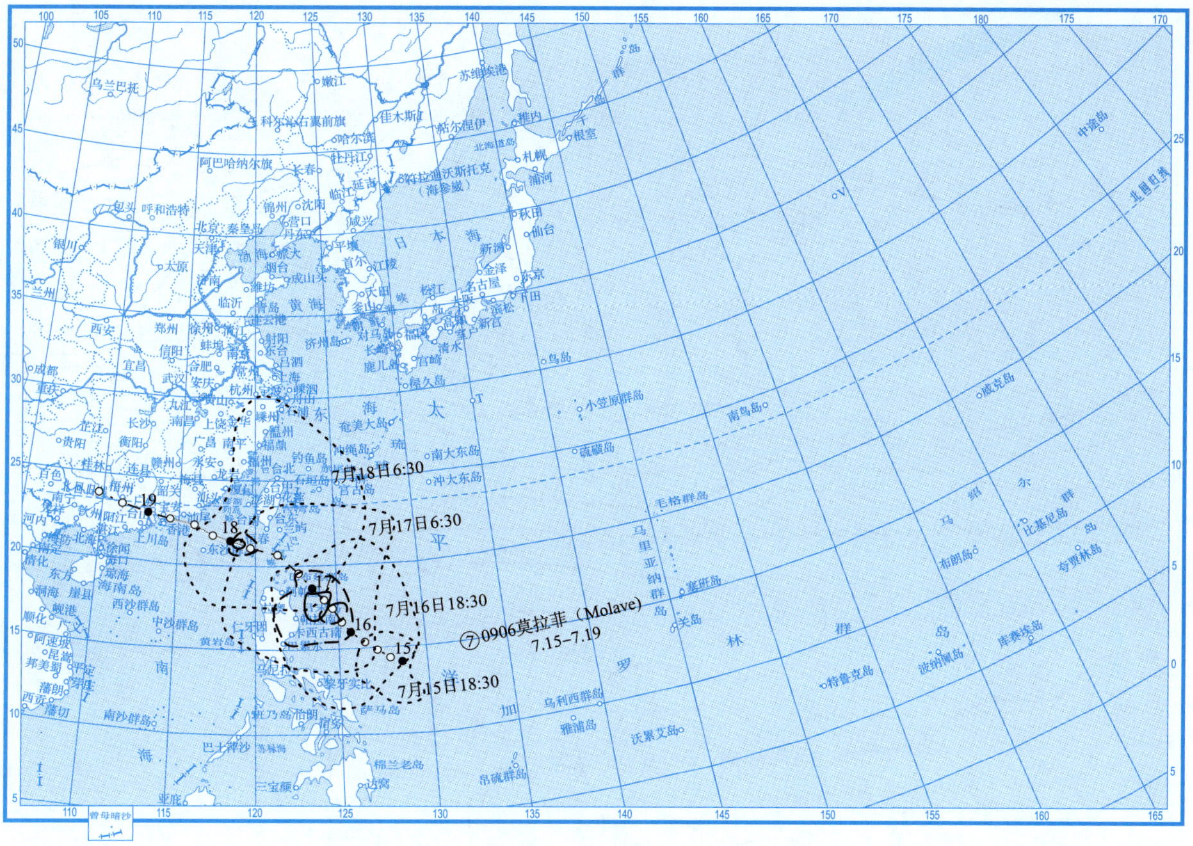

图 2.7.7　台风“莫拉菲（Molave）”大风区域演变图

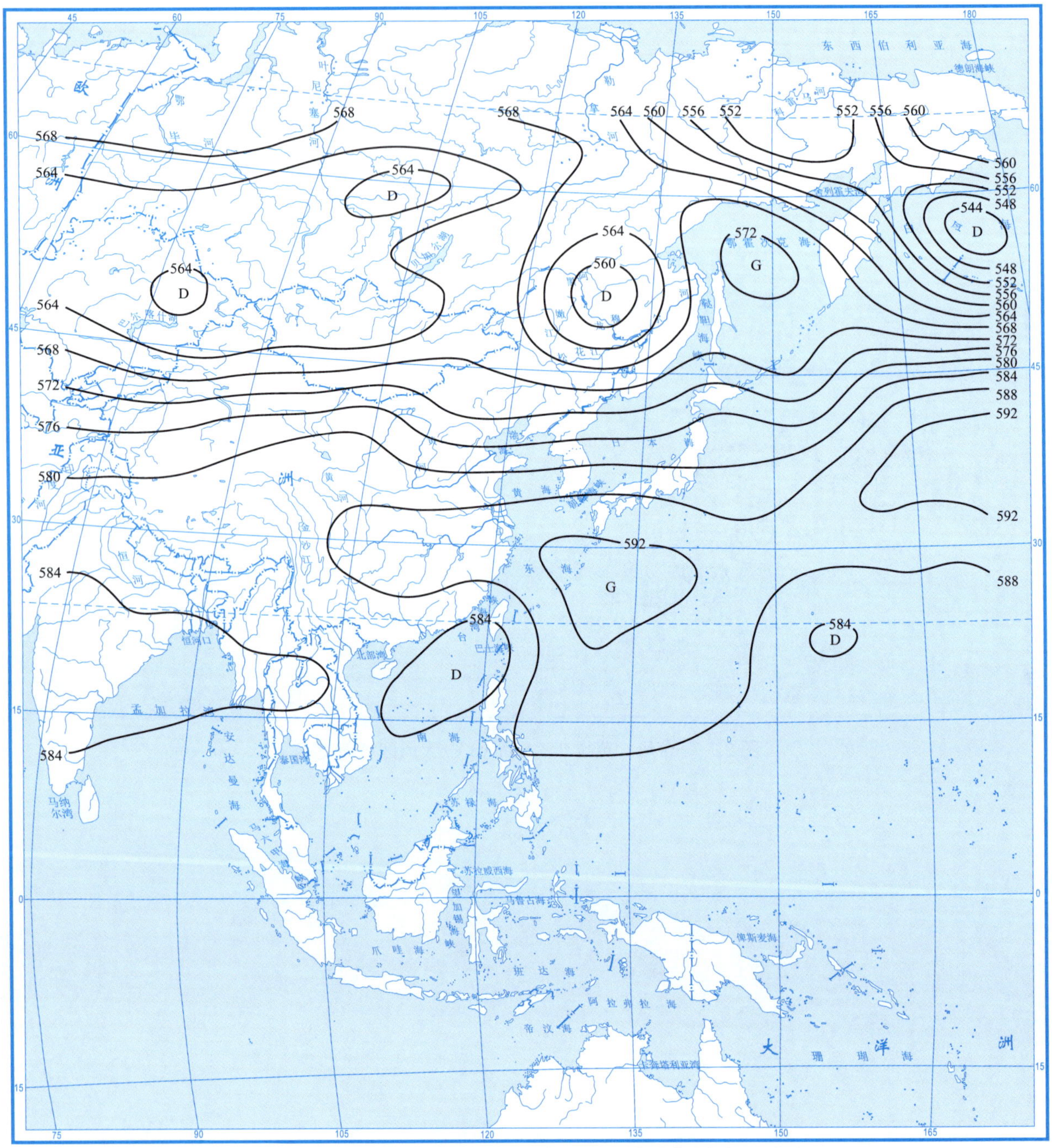

图 2.7.8　2009 年 7 月 18 日 02 时 500 hPa 高度场图（dagpm）

2.8 0907 号强热带风暴“天鹅（Goni）”

第 0907 号强热带风暴“天鹅（Goni）”是于 7 月 31 日晚在菲律宾萨马岛东北约 600 km 处的西北太平洋洋面上的一个热带低压发展形成。初始它快速地向偏西方向移动并向菲律宾吕宋岛靠近。8 月 1 日夜间“天鹅（Goni）”登陆吕宋岛，并横过吕宋岛北部进入南海北部，2 日上午它的中心强度加强为热带风暴，而后移速减慢。3 日凌晨“天鹅（Goni）” 转向西北方向移动，逐渐向广东南部沿海靠近。4 日下午增强为强热带风暴，并向西北偏西方向移动。“天鹅（Goni）”于 8 月 5 日 09 时 10 分在广东台山海宴镇登陆，登陆时中心附近的最大风速 25 m/s（10 级），最低气压 980 hPa。登陆后向西移动，6 日它的中心转向西南移动穿过雷州半岛，7 日 08 时在雷州半岛西部沿海强度再次增强为强热带风暴，并进入北部湾海面继续向西南方向移动，午后折向南，夜间在海南岛西北部附近的海面上减弱为热带风暴，8 日向南移动，当晚风暴中心又折向东移动，9 日凌晨在海南岛西南海面上进一步减弱为热带低压，下午在海南岛东部海面上消失。

受强热带风暴“天鹅（Goni）”影响，8 月 3—9 日海南西沙岛和三亚、广东西部、广西涠洲岛最大风力 6～7 级，阵风 8～9 级。海南东方、广东上川岛最大风力 9 级，阵风 10～12 级。8 月 5 日广东上川岛最大风力 9 级（23.3 m/s），阵风 12 级（36.5 m/s），为本次强热带风暴影响时出现的风极值。

8 月 1—9 日海南西沙岛和东南部、广东部分、广西大部、福建大部、浙江东南部部分、江西大部、湖南东部部分和西南部、贵州毕节地区和黔西南州、云南局部降水总量 10～50 mm。海南东部部分、广东中部部分、广西南部部分、福建福州和南平地区以及漳州地区、浙江文成、江西抚州和吉安地区及宜春、湖南南部和益阳降水总量 50～100 mm。海南西部和北部部分、广东西部和珠江三角洲、广西南部沿海地区和涠洲岛、浙江局部、江西局部降水总量 100～300 mm。海南西北部、广东湛江、茂名和江门地区以及阳江降水总量 300～587 mm。海南昌江降水总量达 587 mm，为本次强热带风暴影响时出现的降水极值。连续降水日数均为 1～6 天。

受“天鹅”和西南季风的共同影响，8 月 4 日福建福州地区、广东局部、广西梧州地区、江西南部局部出现暴雨。广东茂名地区出现暴雨到大暴雨，化州日降水量达到 154 mm；5 日福建漳浦、广东湛江地区、广西南宁地区局部以及北海地区、湖南东南部局部、江西西南部局部出现暴雨。广东阳江和珠江三角洲地区出现暴雨到大暴雨，上川岛出现特大暴雨，日降水量达到 255 mm；6 日福建光泽、江西抚州地区、湖南南岳和桃江、广西北海出现暴雨。江西庐山、海南东北部、广东珠江三角洲地区和西部出现暴雨到特大暴雨。阳江站最大日降水量 329 mm；7 日广东茂名地区和湛江地区、广西北海、湖南南部局部出现暴雨。海南西北部、广东徐闻、广西涠洲岛出现了大暴雨。尤其海南临高和昌江站日降雨量达到 300 mm 以上，昌江站日降雨量 393 mm，为本次强热带风暴影响时出现的日降水极值；8 日广西防城港出现暴雨、海南昌江和东方出现大暴雨到特大暴雨。东方站最大日降水量 260 mm；9 日广东雷州半岛、海南西部出现暴雨。

强热带风暴“天鹅（Goni）”具有路径复杂多变、云团结构不对称、影响时间长、降雨强度大等特点。“天鹅（Goni）”在袭击菲律宾期间，带来泥石流倾泻及水浸，导致最少 8 人死亡、4 人失踪。在影响香港期间，狂风暴雨致使 4 人死亡、10 人受伤，香港国际机场有 4 个航班取消及 17 个航班延误。

虽然“天鹅（Goni）”强度不是很强，但它的移动速度缓慢，强度稳定，强热带风暴于8月5日在台山登陆后，在广东滞留长达2天之久，并一直保持着热带风暴级的强度，这在广东的历史上台风登陆滞留时间之长是不多见的。强热带风暴“天鹅（Goni）”围绕着海南省的近海岸行进，致使海南北部和西部地区出现持续性的强降水天气。造成广东和海南两省部分地区房屋倒塌，农田被淹，水利、交通、通讯设施遭受破坏，并造成人员伤亡。据统计，两省共造成受灾人口252.22万人，紧急转移安置人口29.13万人，死亡8人，失踪12人；农作物受灾面积180.65千公顷，成灾94.44千公顷，绝收10.88千公顷；倒塌房屋0.24万间，直接经济损失14.28亿元（详见表2.8.2）。

强热带风暴“天鹅（Goni）”在海南北部和西部发生的强降水，对海南省农业生产有弊也有利。不利方面是造成海南省大部分低洼地区的水稻田、菜田受淹；不利于橡胶的乳胶形成，容易造成雨冲胶，使海南大部分地区橡胶停割；另一方面，海南省的荔枝正处于夏梢抽发期，由于前期连续的高温造成叶片灼伤，对夏梢产生不利影响。但“天鹅（Goni）”带来较多雨水，起到了降温的作用，而且可以改变土壤墒情，促进荔枝的夏梢抽发；还有利于水库的蓄水。

表2.8.1是强热带风暴“天鹅（Goni）”的中心位置和强度。表2.8.2是强热带风暴“天鹅（Goni）”在广东、海南两省引发的灾情。图2.8.1～2.8.4分别是强热带风暴“天鹅（Goni）”路径图、总降水量图、大风分布图、总降水日数图，图2.8.5～2.8.10分别是2009年8月4—9日的日降水量图，图2.8.11～2.8.12分别是强热带风暴“天鹅（Goni）”大风区域演变图、2009年8月2日14时500hPa高度场图。

表2.8.1 强热带风暴“天鹅（Goni）”中心位置和强度

（8）7月31日—8月9日

年	月	日	时	中心位置		中心最低气压（hPa）	中心最大风速（m/s）
				北纬（°N）	东经（°E）		
2009	7	31	20	15.7	129.8	994	15
	8	1	02	16.1	128.0	992	15
		1	08	16.5	126.1	992	15
		1	14	16.9	124.1	992	15
		1	20	17.3	122.5	992	15
		2	02	17.3	120.6	992	15
		2	08	17.6	118.7	992	15
		2	14	18.0	116.9	992	18
		2	20	18.1	116.5	992	18
		3	02	18.3	116.1	992	18
		3	08	18.5	115.9	992	18

（续表）

年	月	日	时	中心位置		中心最低气压（hPa）	中心最大风速（m/s）
				北纬（°N）	东经（°E）		
2009	8	3	14	19.2	115.6	992	18
		3	20	19.8	115.2	990	18
		4	02	20.1	114.7	990	20
		4	08	20.5	114.2	985	23
		4	14	21.0	113.9	980	25
		4	20	21.5	113.5	975	28
		5	02	21.8	113.0	980	25
		5	08	21.8	112.8	980	25
		5	14	22.0	112.5	985	23
		5	20	22.1	112.3	985	20
		6	02	22.1	112.1	985	18
		6	08	22.0	111.4	985	18
		6	14	21.9	111.1	985	18
		6	20	21.3	110.5	983	20
		7	02	20.9	110.2	983	20
		7	08	20.6	109.9	972	25
		7	14	20.2	109.3	972	28
		7	20	19.9	108.9	985	23
		8	02	19.5	108.5	985	20
		8	08	19.1	108.3	985	20
		8	14	18.9	108.2	985	18
		8	20	18.1	108.6	985	18
		9	02	17.7	110.1	990	15
		9	08	17.9	111.2	990	15
		9	14	18.8	112.5	992	13
		9	20	19.3	113.2	994	10
				消失			

表 2.8.2 强热带风暴“天鹅（Goni）”在广东、海南两省引发的灾情

省份	受灾人口（万人）	紧急转移安置人口（万人）	死亡人口（人）	失踪人口（人）	倒塌房屋（万间）	农作物面积（千公顷）			直接经济损失（亿元）
						受灾	成灾	绝收	
广东	88.78	20.98	2		0.14	114.21	47.98	0.88	10.41
海南	163.44	8.15	6	12	0.10	66.44	46.46	10.00	3.87

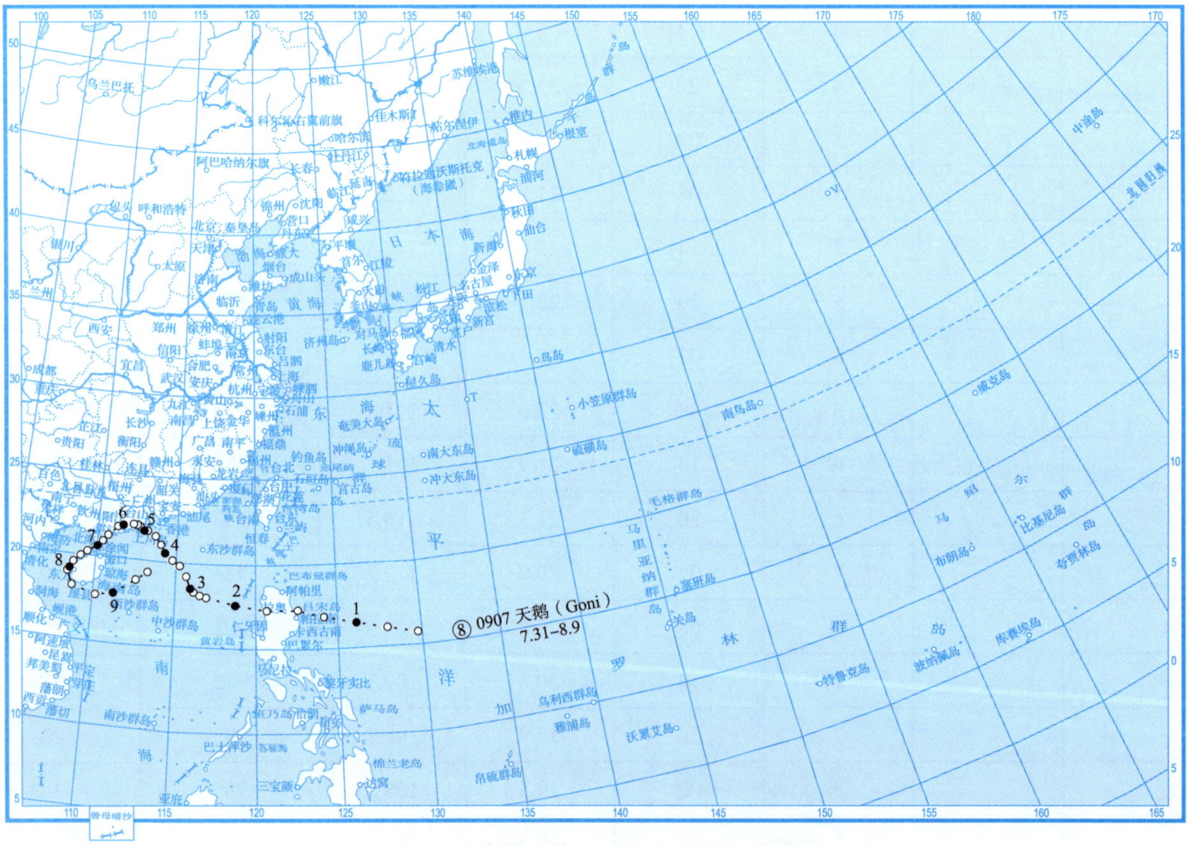

图 2.8.1 强热带风暴“天鹅（Goni）”路径图

图 2.8.2　强热带风暴“天鹅（Goni）”总降水量图（8 月 1—9 日）

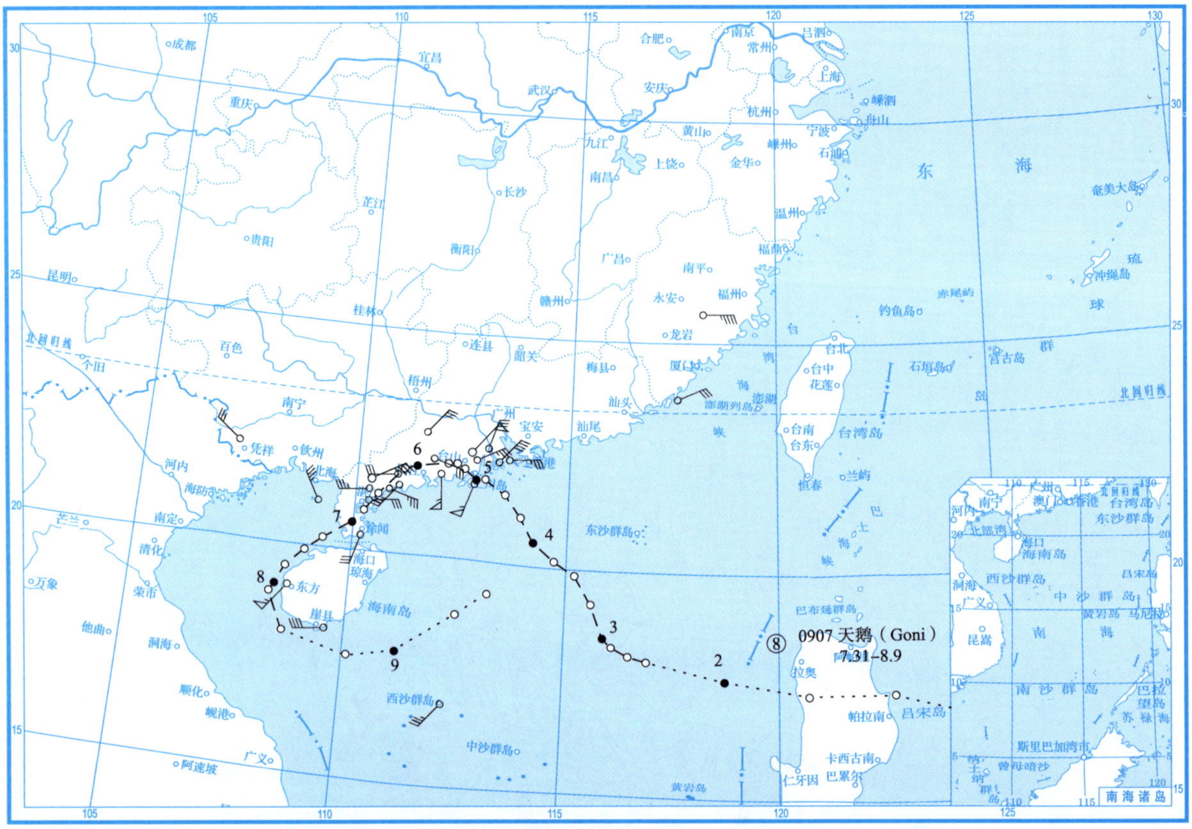

图 2.8.3　强热带风暴“天鹅（Goni）”大风分布图（8 月 3—9 日）

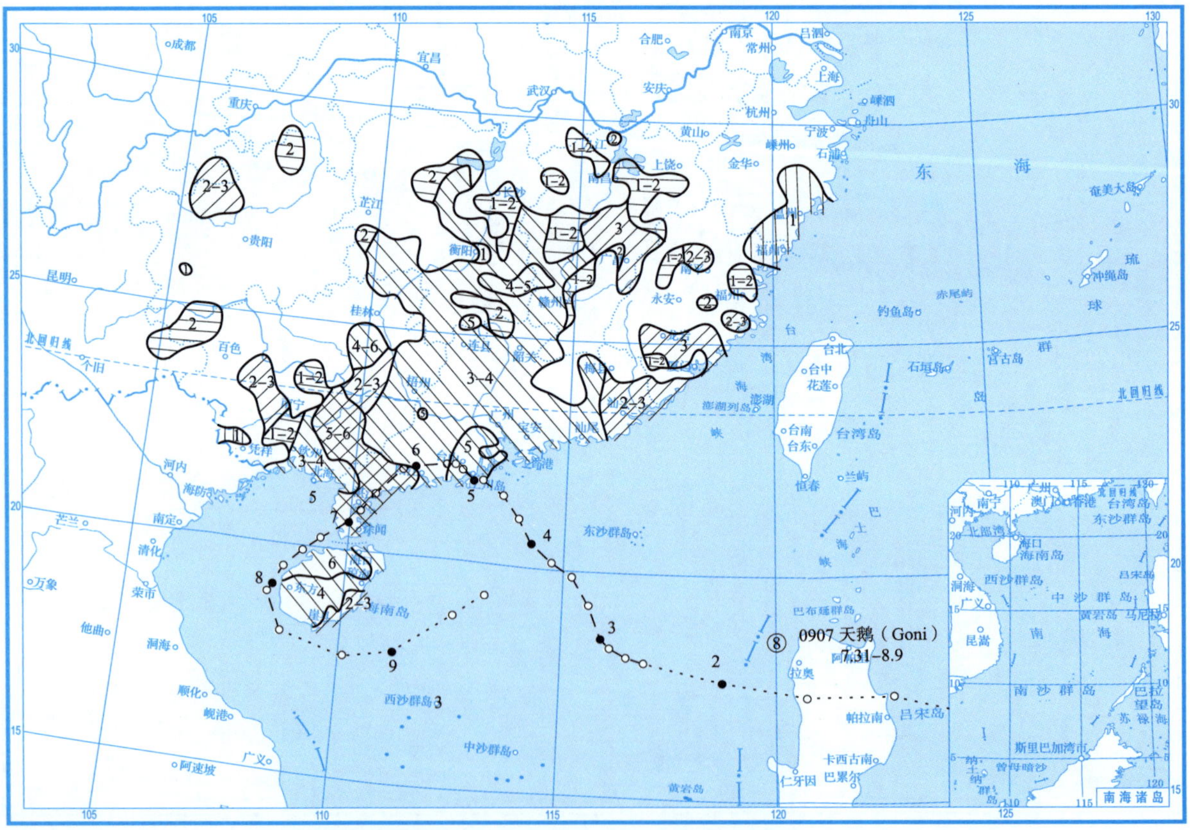

图 2.8.4　强热带风暴“天鹅（Goni）”总降水日数图（8 月 1—9 日）

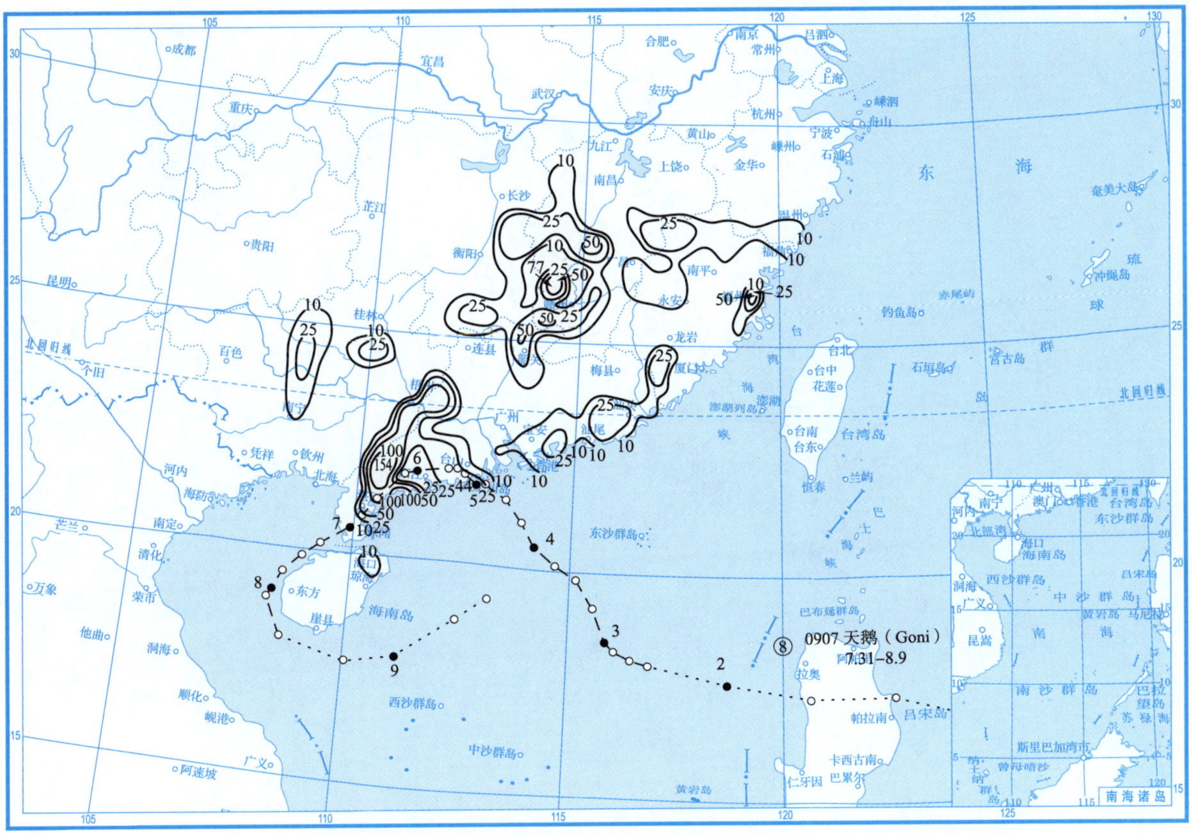

图 2.8.5　2009 年 8 月 4 日降水量图

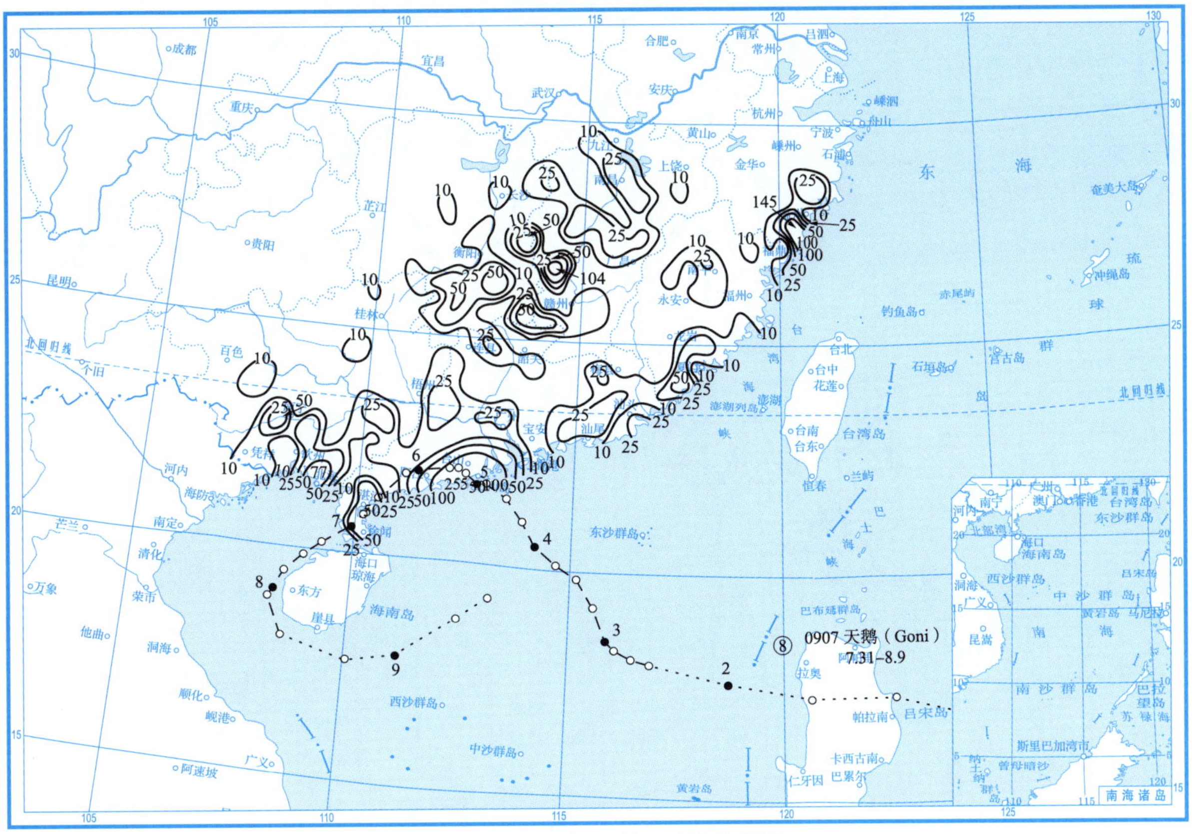

图 2.8.6　2009 年 8 月 5 日降水量图

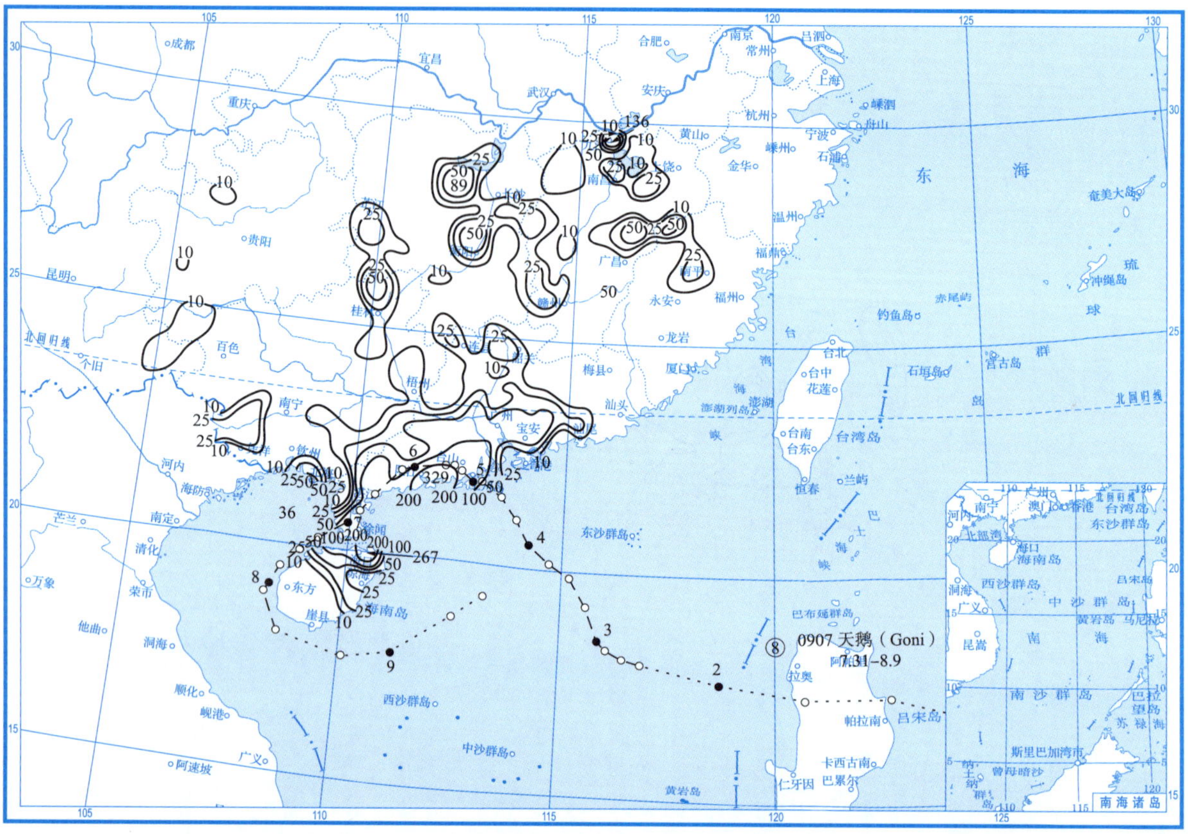

图 2.8.7 2009 年 8 月 6 日降水量图

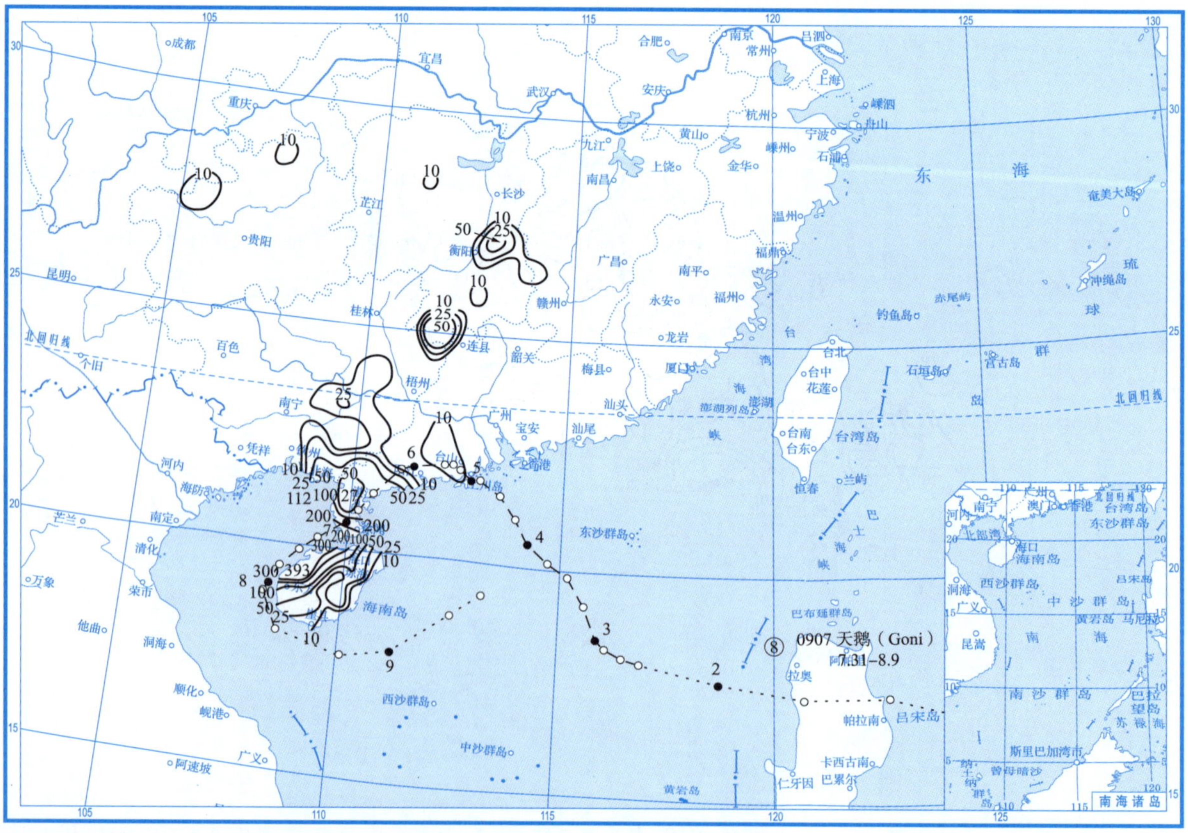

图 2.8.8 2009 年 8 月 7 日降水量图

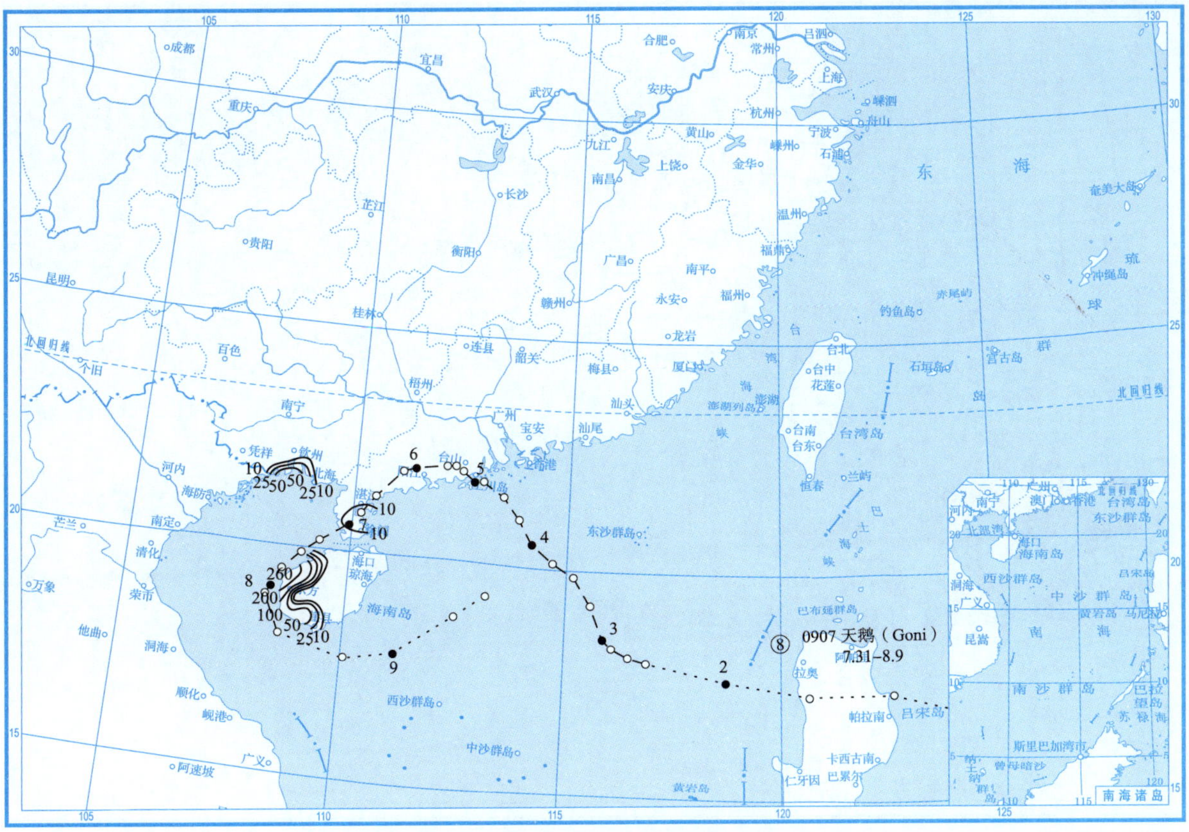

图 2.8.9　2009 年 8 月 8 日降水量图

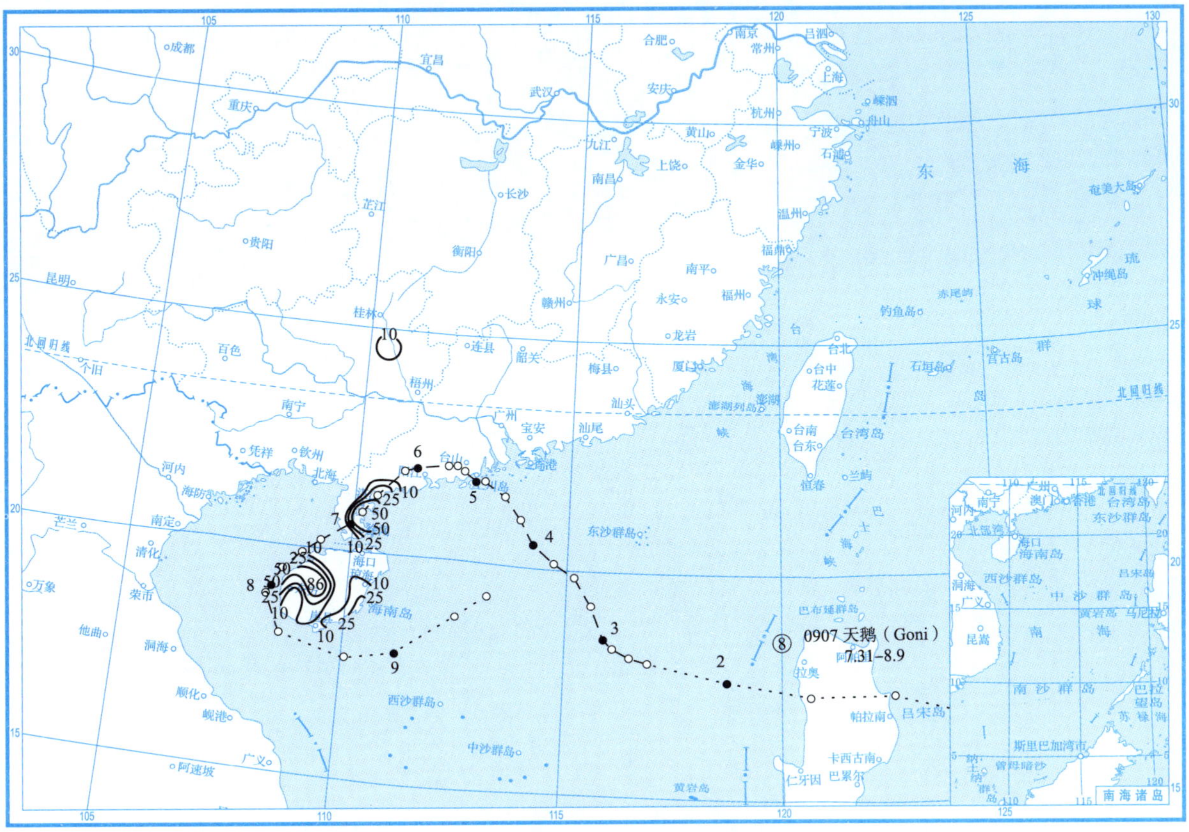

图 2.8.10　2009 年 8 月 9 日降水量图

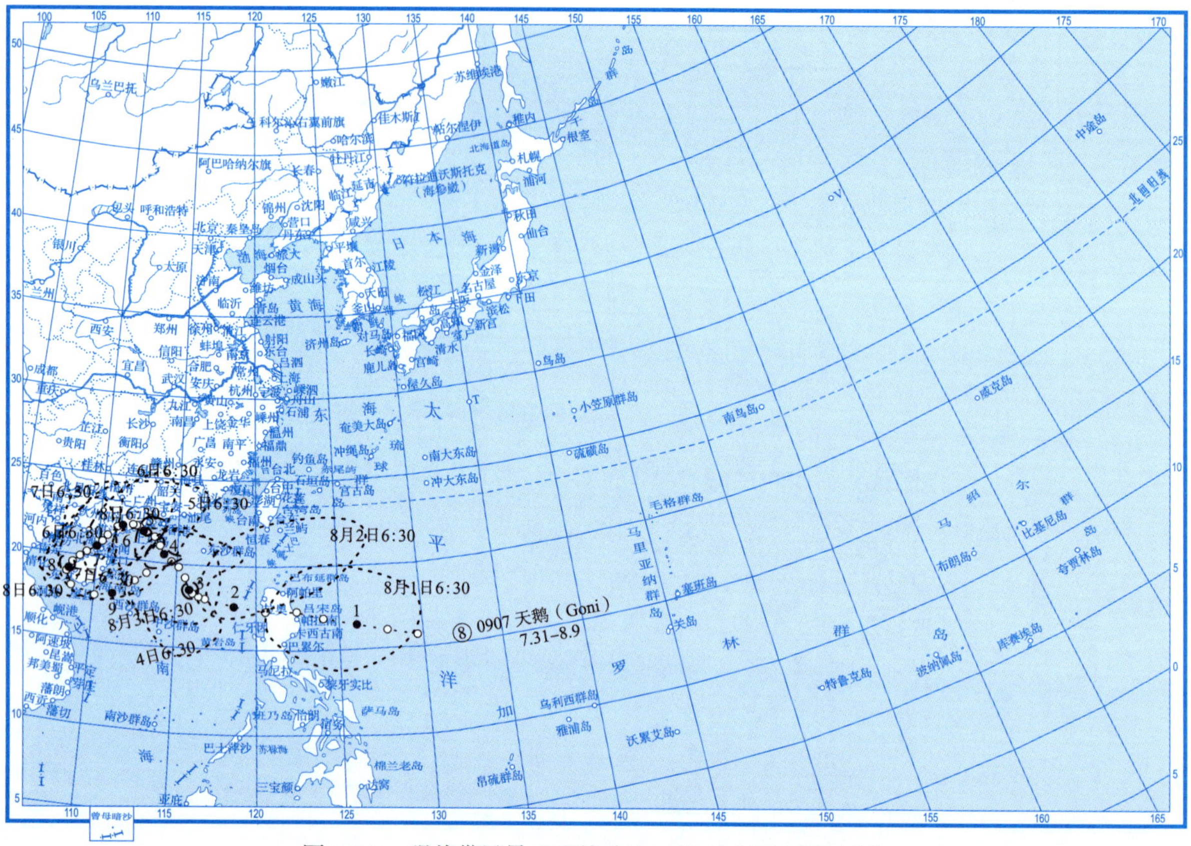

图 2.8.11 强热带风暴“天鹅（Goni）”大风区域演变图

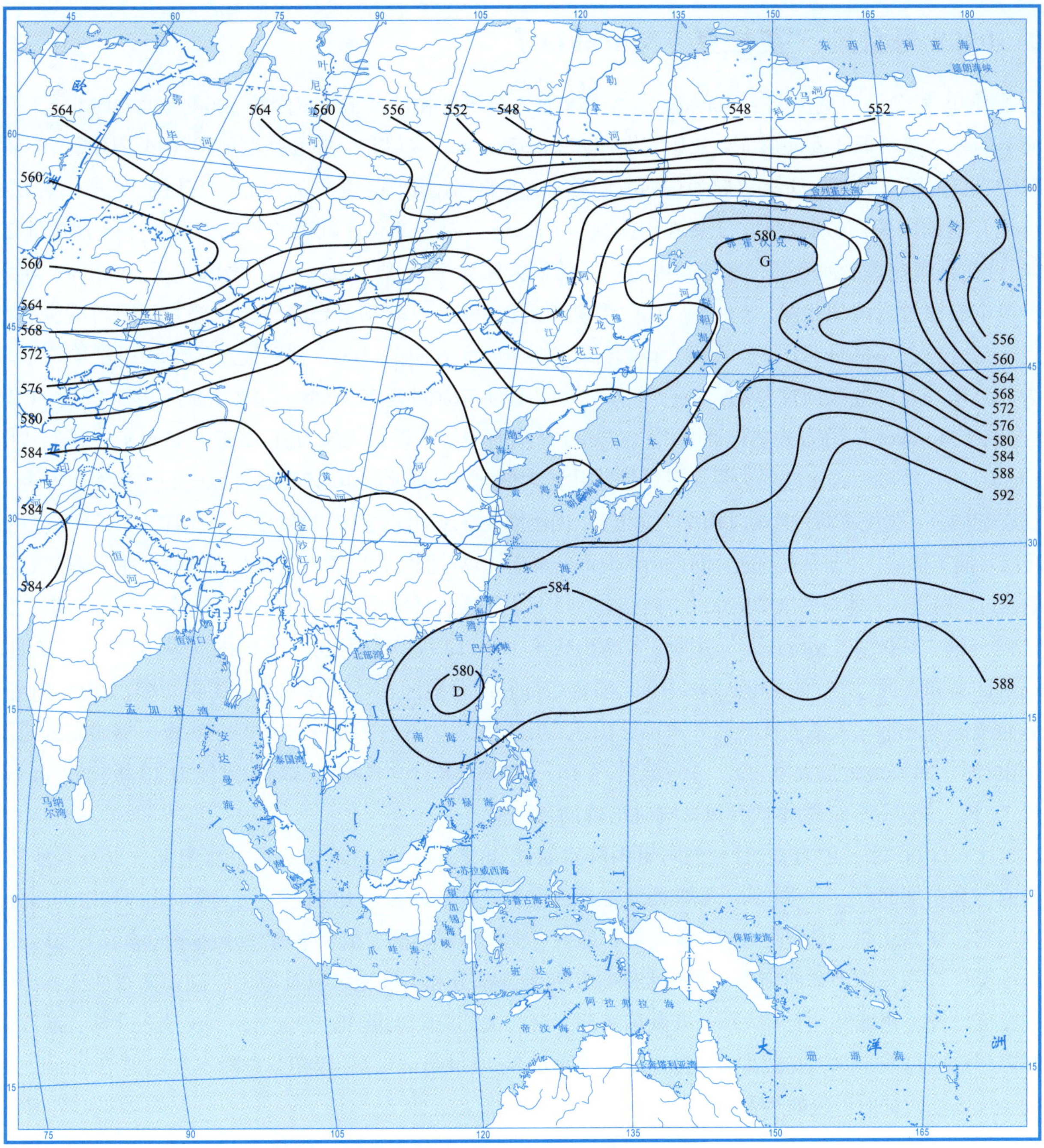

图 2.8.12　2009 年 8 月 2 日 14 时 500 hPa 高度场图（dagpm）

2.9　0908 号台风 “莫拉克（Morakot）”

第 0908 号台风“莫拉克（Morakot）”是于 8 月 3 日下午在冲大东岛东南约 500 km 处的西北太平洋洋面上的一个热带低压发展形成。初始它向偏东北移动。4 日凌晨它的中心强度加强为热带风暴，08 时风暴中心折向西北移动，下午又转为偏西方向移动。5 日强度增强为强热带风暴，其后强度进一步加强为台风并继续向偏西方向移动。7 日在进入台湾东部近海时它的移速减慢并转向西北，于 8 月 7 日 23 时 45 分在台湾花莲沿海登陆，登陆时中心附近的最大风力有 13 级（40 m/s），最低气压 960 hPa。随后其台风中心穿过台湾岛北部，8 日午后从台湾桃园附近移出，9 日横过台湾海峡北部并逐渐向福建沿海靠近。“莫拉克（Morakot）”进入台湾海峡北部海面向西北方向前进时，移动速度缓慢，以平均每小时仅为 5 公里左右的速度向前移动，在台湾海峡海面上维持时间近 30 个小时之久。8 月 9 日 17 时 30 分“莫拉克（Morakot）”在福建省霞浦县再次登陆，登陆时中心附近最大风力有 12 级（33 m/s），最低气压 975 hPa。再次登陆后强度减弱为强热带风暴，并转为偏北方向移动，10 日凌晨台风中心从福建福安进入浙江省泰顺县，强度减弱为热带风暴并继续北上，由南而北穿过浙江，11 日凌晨移出浙江省进入江苏省境内，并转向北偏东移动，下午从盐城进入黄海南部海面并减弱为热带低压，12 日在黄海东部海面变性为温带气旋，随后越过朝鲜进入日本海并继续向东北方向移去，13 日上午横过日本北部进入太平洋并向东北偏北方向移去。

受台风“莫拉克（Morakot）”影响，台湾出现了 10 ~ 12 级，局部 13 ~ 15 级的大风；8 月 6—12 日，海南西沙岛和三亚、广东罗定和惠阳及阳江、福建东部和沿海地区、浙江东部地区、江西北部、上海洋山港、江苏西南部及北部、安徽安庆地区和黄山、山东泰山最大风力 6 ~ 7 级，阵风 8 ~ 10 级，福建霞云浦及九仙山、浙江沿海地区最大风力 8 ~ 10 级，阵风 10 ~ 12 级。8 月 9 日浙江玉环最大风力 10 级（25.4 m/s），阵风 12 级（36.7 m/s），为本次台风影响时出现的风极值。

8 月 6 日 00 时—10 日 05 时台湾阿里山降水量达 2855 mm。8 月 6—12 日，海南部分以及西沙岛、广东南部和东部部分、广西北海、福建西北部和西南部、浙江局部、上海南汇、江西东北部和中部部分、湖南局部、江苏北部、安徽西南部、湖北黄石地区、河南东部局部、山东半岛部分总降水量 10 ~ 50 mm。海南中部、广东东南部和西南部、福建大部、江西中部部分和上饶地区以及庐山、湖南衡东、江苏西南部和东部以及苏州地区、上海大部、安徽东南部、浙江大部总降水量 50 ~ 300 mm。福建东北部、浙江台州和温州地区以及宁海、安徽黄山和九华山总降水量 300 ~ 450 mm，福建柘荣总降水量达到 706 mm，为本次台风影响大陆时出现的降水极值。

受其影响，降水主要集中在 8 月 8—11 日。8 日福建东北部地区、浙江东南局部出现暴雨，局部大暴雨。福建柘荣日降水量达到 218 mm；9 日广东雷州、福建东部、浙江东部普降暴雨，福建福州和宁德地区、浙江东部局部地区出现大暴雨到特大暴雨，福建柘荣日降水量最大，达到 415 mm，为本次台风影响时出现的日降水极值；10 日海南中部和西北部以及东南部、福建局部、浙江北部部分地区、江西庐山、安徽黄山和九华山以及宣州地区、上海部分地区、江苏大部出现暴雨到大暴雨。安徽九华山日降水量达到 223 mm。11 日福建东山、安徽东南部、江苏东部部分地区出现暴雨到大暴雨，安徽九华山日降水量为 153 mm。

台风“莫拉克（Morakot）””具有强度强、路径复杂、移向和移速多变、结构不对称、登陆前移动缓慢、维持时间长、降雨强度大、影响范围广和时间长、强风半径大、风暴增水高等特点。由于“莫拉克”

受热带风暴“天鹅”和热带风暴“艾涛（Etau）”的相互作用影响和相互牵制，导致移向多变，路径复杂。给台风的预报带来了难度。“莫拉克”是 2009 年影响我国范围最广、造成损失最大的台风。浙江、福建、江西、安徽、江苏、上海 6 省（市）发生了不同程度的灾情，共造成受灾人口 1157.45 万人，紧急转移安置人口 150.87 万人，死亡 12 人，失踪 2 人，农作物受灾面积 665.75 千公顷，成灾面积 272.97 千公顷，绝收面积 61.76 千公顷，倒塌房屋 1.03 万间，直接经济损失 128.23 亿元。尤其浙江灾情最为严重，台风给浙江带来大范围持续强降雨，正值天文大潮期间，风暴增水明显。部分河流水位暴涨，杭嘉湖河网水位居高不下，全省多处发生山体滑坡、泥石流等次生灾害。

同时，“莫拉克”重创台湾，台风带来的特大暴雨使降水量刷新了历史记录并引发了台南、高雄、屏东及台东等县重大灾情，铁、公路多处路基流失造成交通中断，多处发生严重泥石流，有 673 人死亡，26 人失踪，农业损失约 195 亿元，造成的灾害是近 50 年来最严重的。

据菲律宾全国救灾协调委员会 8 月 7 日发表公告：受台风“莫拉克”影响，菲律宾北部地区近日发生多起泥石流和洪水灾害，导致 5 千多个家庭受灾，至少 10 人死亡。

表 2.9.1 是台风“莫拉克（Morakot）”的中心位置和强度。表 2.9.2 是台风“莫拉克（Morakot）”在浙江、福建、江西、安徽、江苏、上海六省（市）引发的灾情。图 2.9.1 ~ 2.9.4 分别是台风“莫拉克（Morakot）”路径图、总降水量图、大风分布图、总降水日数图，图 2.9.5 ~ 2.9.10 分别是 2009 年 8 月 7—12 日的日降水量图，图 2.9.11 ~ 2.9.12 分别是台风“莫拉克（Morakot）”大风区域演变图、2009 年 8 月 6 日 14 时 500hPa 高度场图。

表 2.9.1 台风“莫拉克（Morakot）”中心位置和强度

（9）8 月 3 日—8 月 13 日

年	月	日	时	中心位置		中心最低气压（hPa）	中心最大风速（m/s）
				北纬（°N）	东经（°E）		
2009	8	3	14	20.2	133.7	1000	15
		3	20	20.3	134.8	1000	15
		4	02	21.0	135.5	994	18
		4	08	21.7	135.8	994	18
		4	14	22.2	135.4	994	20
		4	20	22.4	134.5	990	23
		5	02	22.5	133.8	990	25
		5	08	22.7	133.2	985	28
		5	14	22.8	132.2	975	33
		5	20	23.0	131.0	970	35
		6	02	23.1	129.5	965	38
		6	08	23.3	128.3	960	40
		6	14	23.3	127.0	960	40

（续表）

年	月	日	时	中心位置		中心最低气压（hPa）	中心最大风速（m/s）
				北纬（°N）	东经（°E）		
2009	8	6	20	23.4	125.4	955	40
		7	02	23.4	124.0	955	40
		7	08	23.6	123.2	950	40
		7	14	23.6	122.4	950	40
		7	20	23.7	122.0	950	40
		8	02	24.0	121.5	960	38
		8	08	24.6	121.5	970	35
		8	14	25.1	121.0	970	35
		8	20	25.3	120.6	970	35
		9	02	25.6	120.5	970	35
		9	08	25.9	120.4	975	33
		9	14	26.3	120.1	975	33
		9	20	26.7	119.8	975	30
		10	02	27.2	119.7	985	25
		10	08	27.7	119.8	987	23
		10	14	28.7	120.0	990	20
		10	20	30.1	120.0	994	20
		11	02	31.2	119.9	995	20
△		11	08	32.4	120.6	995	18
		11	14	32.8	120.8	995	18
		11	20	33.6	121.6	998	15
		12	02	34.4	123.4	998	12
		12	08	35.4	125.4	998	12
		12	14	36.2	127.6	998	12
		12	20	36.8	130.8	998	12
		13	02	38.2	135.4	998	12
		13	08	39.8	138.8	998	12
		13	14	41.2	141.9	998	12
				移出			

表 2.9.2 台风 "莫拉克（Morakot）" 在浙江、福建、江西、安徽、江苏、上海六省（市）引发的灾情

省(市)	受灾人口（万人）	紧急转移安置人口（万人）	死亡人口（人）	失踪人口（人）	倒塌房屋（万间）	农作物面积（千公顷）			直接经济损失（亿元）
						受灾	成灾	绝收	
浙江	768.51	86.03	5	1	0.77	350.45	177.21	37.67	88.43
福建	165.01	52.99	3	1	0.14	95.65	38.45	4.43	19.83
江西	44.06	0.13			0.01	10.84	4.45	1.40	1.57
安徽	104.52	9.66	1		0.05	28.67	16.00	8.96	9.81
江苏	70.72	1.79	3		0.06	163.84	28.86	8.88	5.27
上海	4.63	0.27				16.30	8.00	0.42	3.32

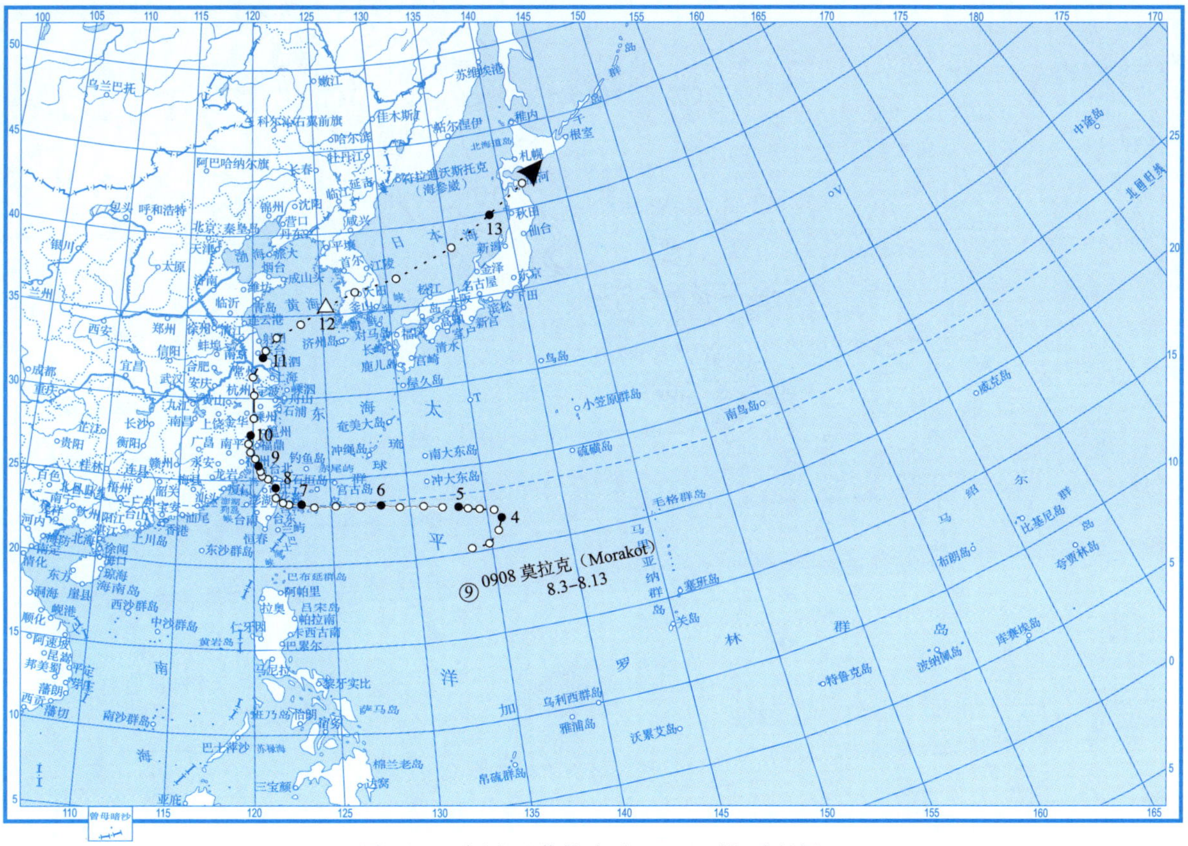

图 2.9.1 台风 "莫拉克（Morakot）" 路径图

图 2.9.2 台风“莫拉克（Morakot）”总降水量图（8 月 6—12 日）

图 2.9.3 台风“莫拉克（Morakot）”大风分布图（8 月 6—12 日）

图 2.9.4 台风“莫拉克（Morakot）”总降水日数图（8 月 6—12 日）

图 2.9.5 2009 年 8 月 7 日降水量图

图 2.9.6　2009 年 8 月 8 日降水量图

图 2.9.7　2009 年 8 月 9 日降水量图

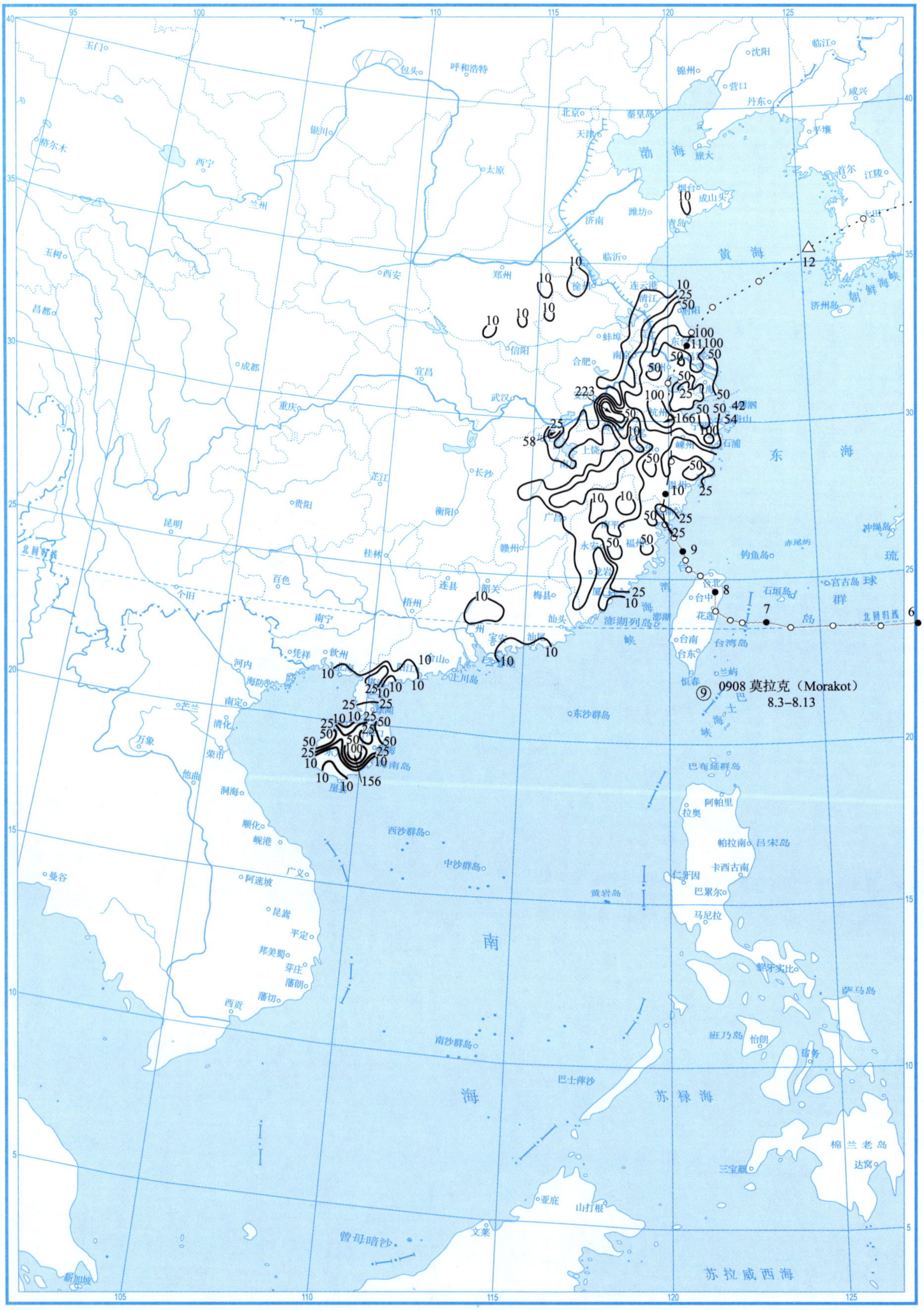

图 2.9.8　2009 年 8 月 10 日降水量图

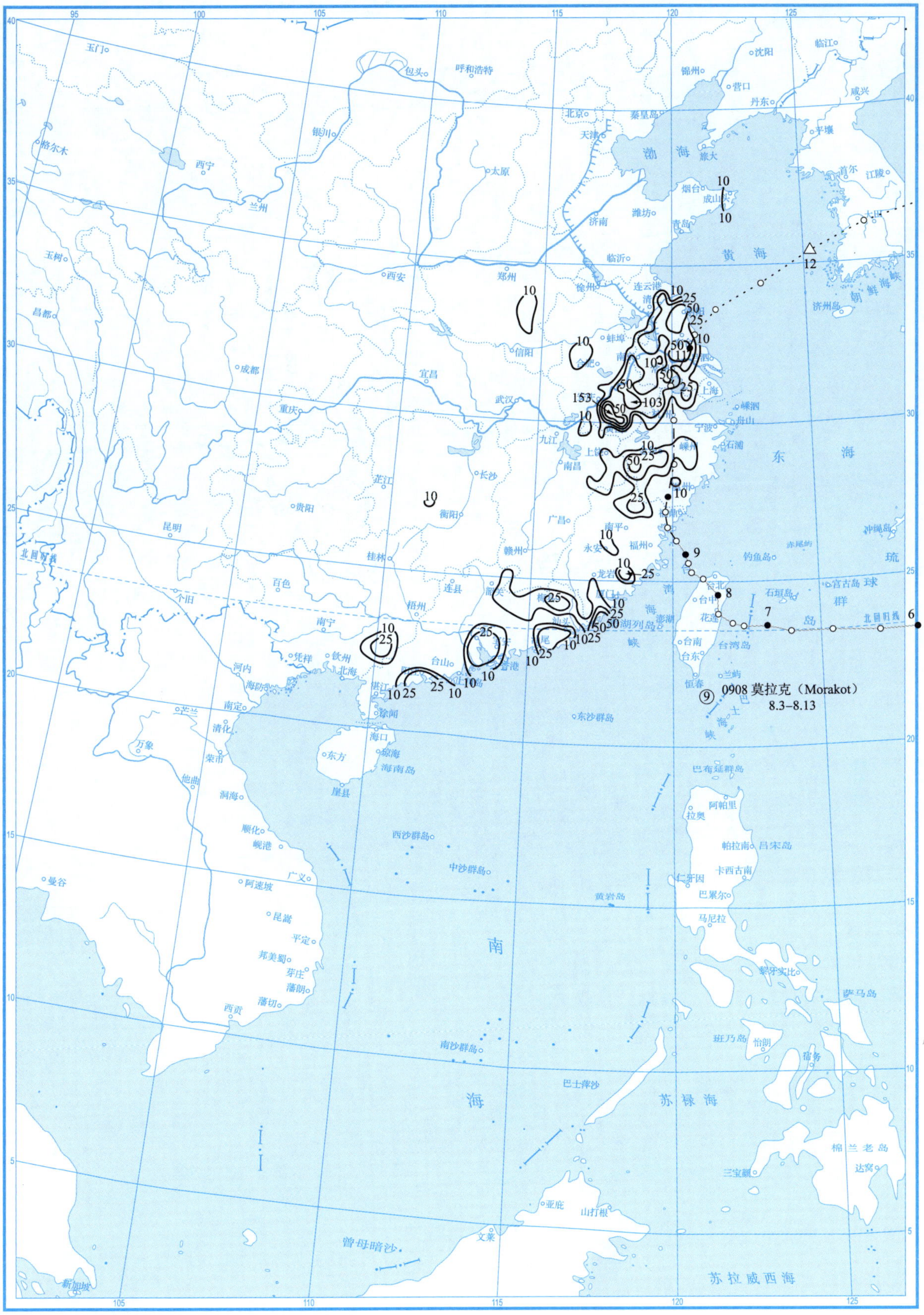

图 2.9.9　2009 年 8 月 11 日降水量图

图 2.9.10　2009 年 8 月 12 日降水量图

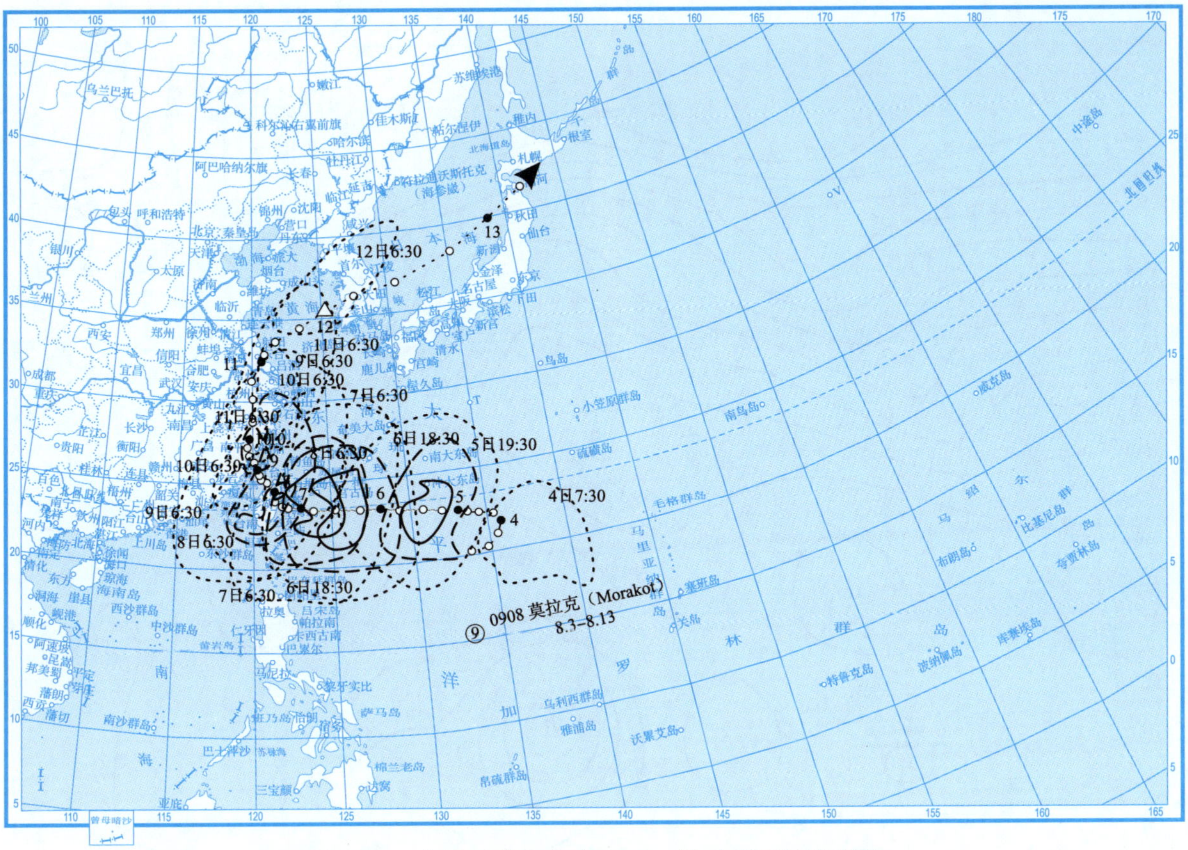

图 2.9.11 台风“莫拉克（Morakot）”大风区域演变图

图 2.9.12 2009 年 8 月 6 日 14 时 500 hPa 高度场图（dagpm）

2.10 0909 号热带风暴“艾涛（Etau）”

第 0909 号热带风暴“艾涛（Etau）”是于 8 月 8 日上午在硫磺岛西南约 230 km 处的西太平洋上的一个热带低压发展形成。初始它向西北方向移动，9 日下午强度加强为热带风暴并转向偏北方向移动。10 日上午“艾涛（Etau）”又转向东北偏北，逐渐向日本南部沿海靠近，11 日转向偏东方向移动，掠过日本南部沿岸海域后移速加快，12 日下午转向东北，夜间折向北移动，13 日下午减弱为热带低压，14 日凌晨再次偏向东北移动，并在日本以东的太平洋上变性成温带气旋并继续向东北方向移动。

受热带风暴“艾涛（Etau）” 影响，日本各地普降暴雨。据报道说，暴雨对日本各地生活和交通造成影响，引发河水泛滥、滑坡和泥石流等一系列灾害，造成至少 13 人死亡，另有 10 人失踪。

表 2.10.1 是热带风暴“艾涛（Etau）”的中心位置和强度。图 2.10.1 ~ 2.10.3 分别是热带风暴“艾涛（Etau）”路径图、大风区域演变图、 2009 年 8 月 9 日 08 时 500hPa 高度场图。

表 2.10.1 热带风暴“艾涛（Etau）”中心位置和强度

（10）8 月 8 日—8 月 14 日

年	月	日	时	中心位置		中心最低气压（hPa）	中心最大风速（m/s）
				北纬（° N）	东经（° E）		
2009	8	8	08	23.0	139.9	1000	15
		8	14	23.8	139.0	998	15
		8	20	24.7	137.9	998	15
		9	02	25.3	137.1	998	15
		9	08	26.0	136.3	998	15
		9	14	27.0	135.2	995	18
		9	20	28.0	134.8	995	18
		10	02	29.1	134.7	995	18
		10	08	30.0	134.7	994	20
		10	14	31.1	135.2	992	20
		10	20	32.0	135.9	992	20
		11	02	32.7	136.9	992	20
		11	08	33.2	138.6	992	20
		11	14	33.4	140.8	992	20
		11	20	33.2	143.0	992	20
		12	02	32.7	145.3	992	20
		12	08	32.5	148.0	992	20

（续表）

年	月	日	时	中心位置		中心最低气压（hPa）	中心最大风速（m/s）
				北纬（° N）	东经（° E）		
2009	8	12	20	33.2	151.7	995	18
		13	02	33.5	151.7	995	18
		13	08	33.8	151.7	995	18
		13	14	34.4	151.8	995	15
		13	20	34.9	152.0	998	15
		14	02	35.6	152.1	998	15
		14	08	36.4	152.9	1000	12
		14	14	37.4	154.1	1002	12
△		14	20	39.1	155.9	1002	12
				移出			

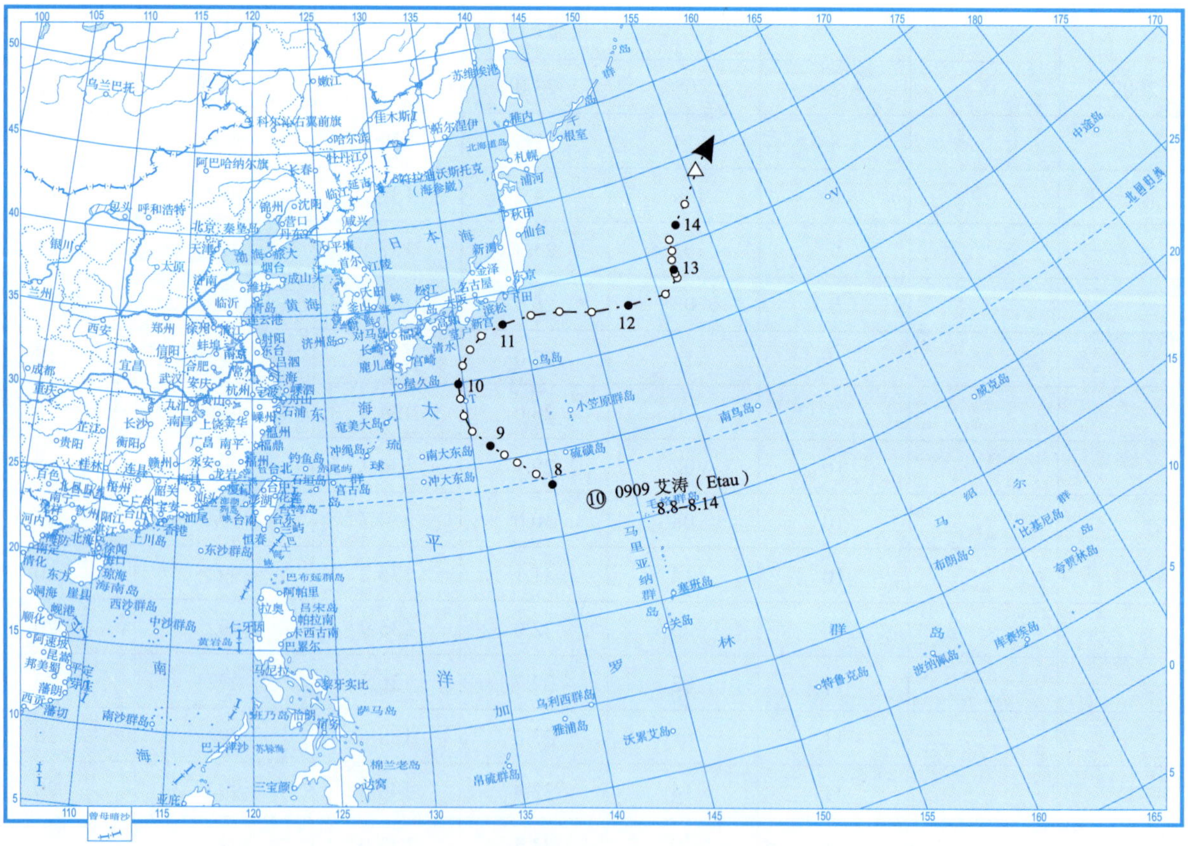

图 2.10.1　热带风暴“艾涛（Etau）”路径图

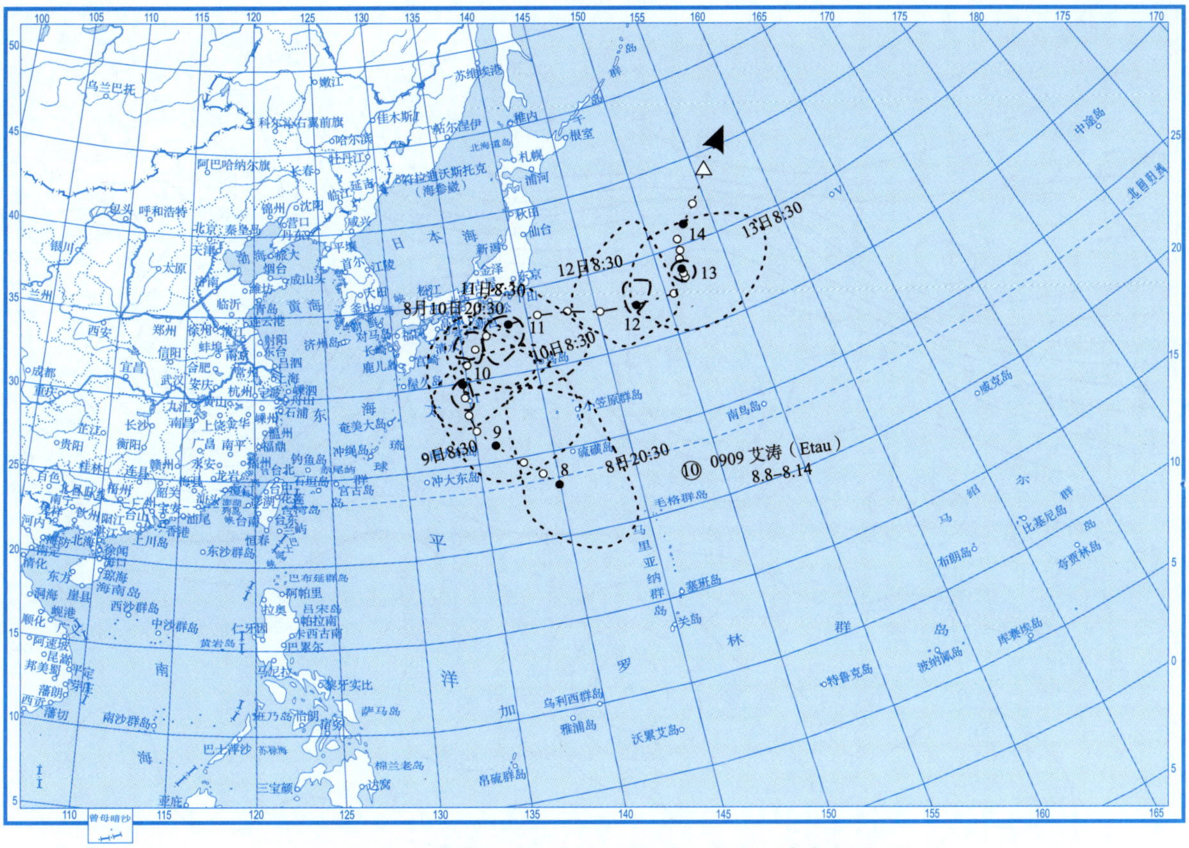

图 2.10.2　热带风暴“艾涛（Etau）”大风区域演变图

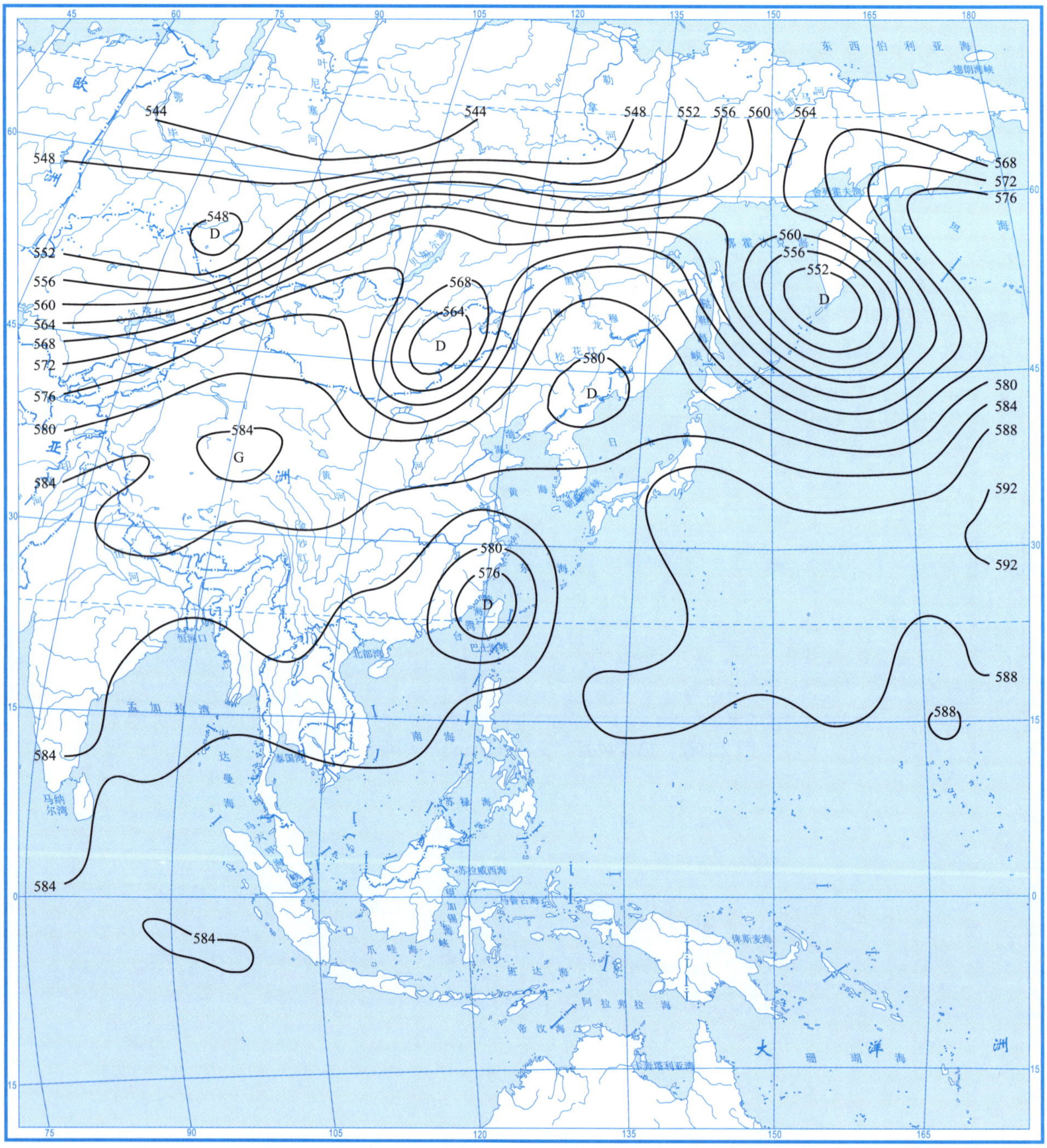

图 2.10.3　2009 年 8 月 9 日 08 时 500 hPa 高度场图（dagpm）

2.11 0910 号超强台风“环高（Vamco）”

第 0910 号超强台风“环高（Vamco）”是于 8 月 16 日夜间在布朗岛以西约 200 km 处的西北太平洋上的一个热带低压发展形成。初始它向偏西方向移动，6 小时后转向西北偏北。18 日凌晨强度加强为热带风暴，当晚增强为强热带风暴。19 日上午“环高（Vamco）”进一步加强为台风，其后强度逐渐增强。21 日台风强度达到了极值，中心附近的最大风速 53 m/s，最低气压 940 hPa，为超强台风级。之后“环高（Vamco）”强度逐渐减弱为台风并继续北上，24 日转向东北偏北方向。25 日夜间减弱为强热带风暴。26 日在北太平洋西部洋面上变性成温带气旋并继续向东北偏东方向移动。

表 2.11.1 是超强台风“环高（Vamco）”的中心位置和强度。图 2.11.1 ~ 2.11.3 分别是超强台风“环高（Vamco）”路径图、大风区域演变图、2009 年 8 月 21 日 08 时 500hPa 高度场图。

表 2.11.1　超强台风“环高（Vamco）”中心位置和强度

（11）8 月 16 日—8 月 26 日

年	月	日	时	中心位置		中心最低气压（hPa）	中心最大风速（m/s）
				北纬（°N）	东经（°E）		
2009	8	16	20	11.6	160.7	1005	13
		17	02	11.5	160.0	1005	13
		17	08	12.4	159.0	1005	13
		17	14	13.2	158.7	1004	15
		17	20	13.9	158.5	1002	15
		18	02	14.7	158.2	998	18
		18	08	15.5	157.7	995	18
		18	14	16.2	157.4	995	20
		18	20	16.7	157.3	990	25
		19	02	17.1	157.3	985	28
		19	08	17.3	157.5	975	33
		19	14	17.7	157.7	970	35
		19	20	18.0	157.6	970	38
		20	02	18.2	157.5	960	43
		20	08	18.6	157.3	945	48
		20	14	18.8	157.2	945	48
		20	20	19.0	157.1	945	48
		21	02	19.3	157.0	945	48

（续表）

年	月	日	时	中心位置		中心最低气压（hPa）	中心最大风速（m/s）
				北纬（°N）	东经（°E）		
2009	8	21	14	20.5	156.7	940	53
		21	20	21.1	156.7	940	53
		22	02	22.2	156.8	945	50
		22	08	23.5	156.7	950	45
		22	14	24.7	156.3	950	45
		22	20	25.6	155.9	950	45
		23	02	26.5	155.4	960	40
		23	08	27.5	155.0	960	40
		23	14	28.5	154.8	960	40
		23	20	29.3	154.6	960	40
		24	02	30.0	154.4	960	40
		24	08	31.1	154.8	960	40
		24	14	32.2	154.9	960	40
		24	20	33.6	155.3	960	40
		25	02	35.5	155.9	960	38
		25	08	38.1	156.8	970	35
		25	14	41.4	158.6	975	33
		25	20	45.2	161.6	980	30
		26	02	48.5	164.7	985	28
				移出			

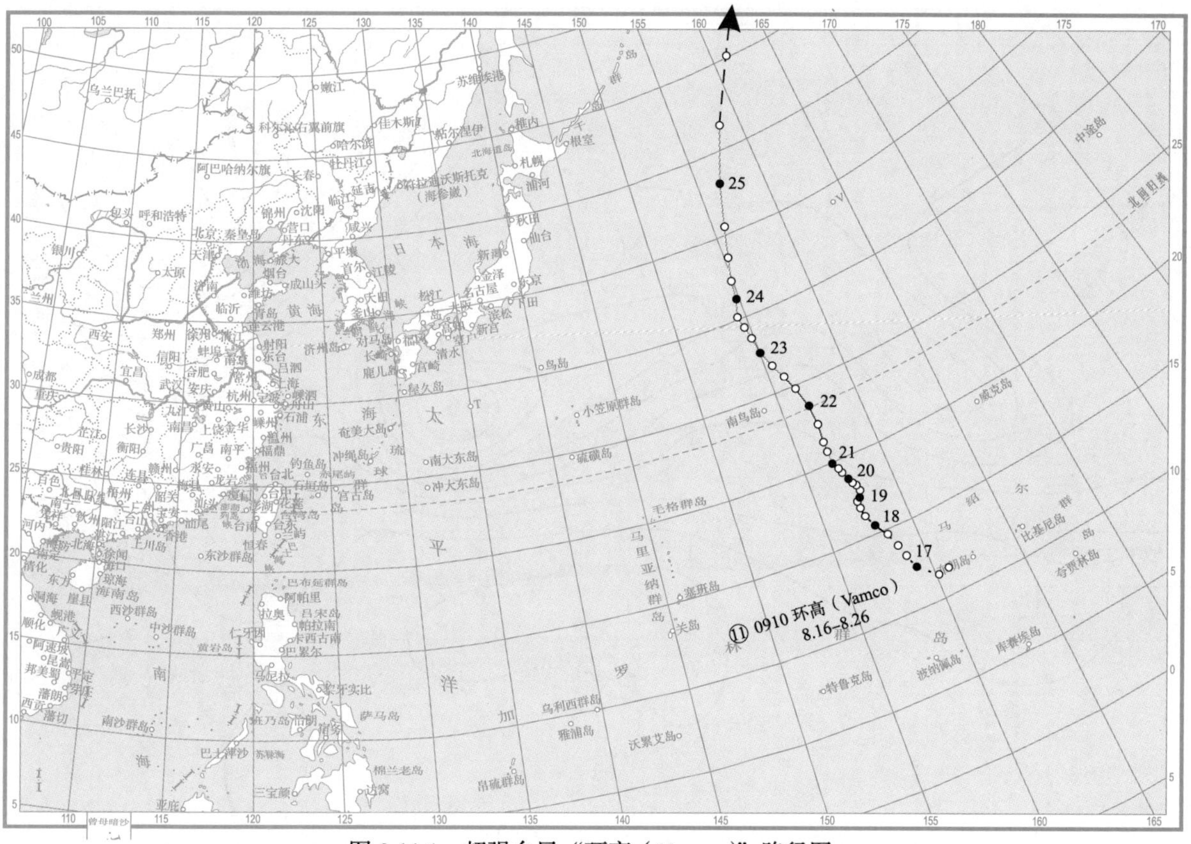

图 2.11.1　超强台风“环高（Vamco）”路径图

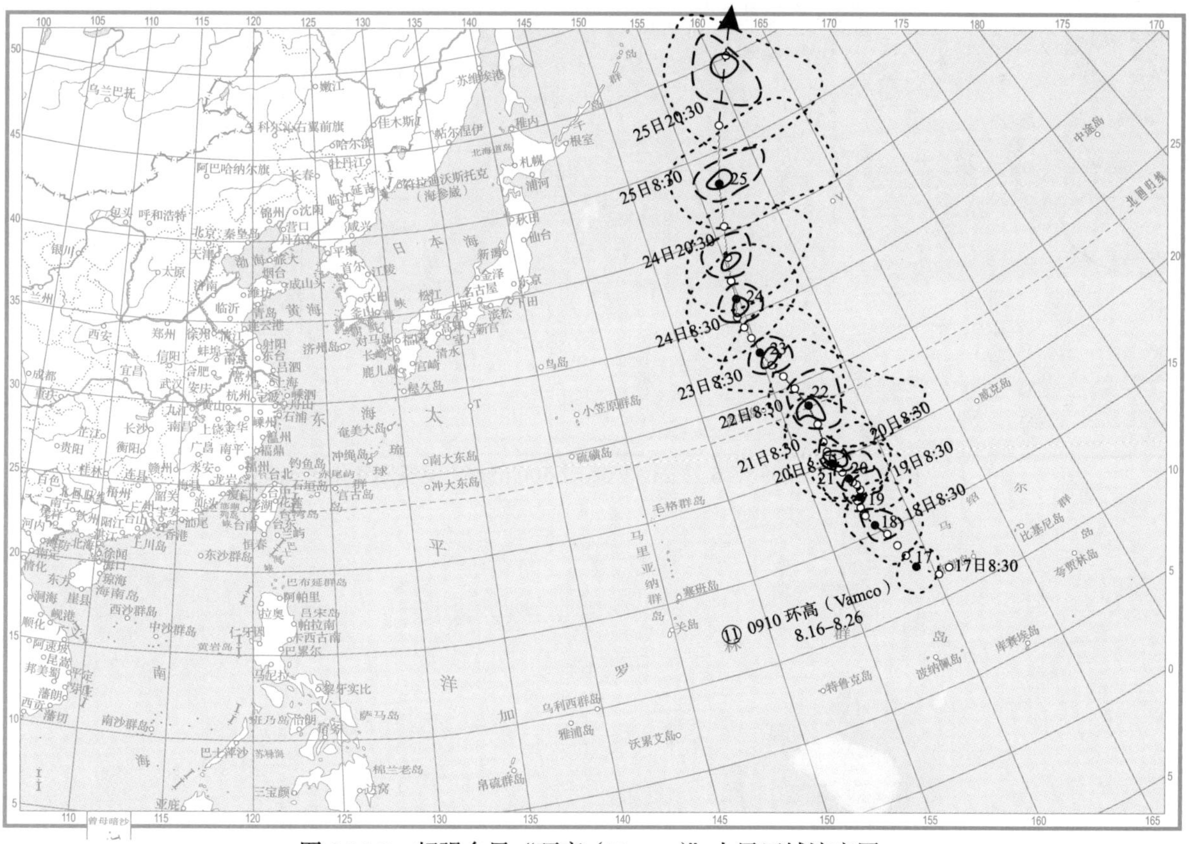

图 2.11.2　超强台风“环高（Vamco）”大风区域演变图

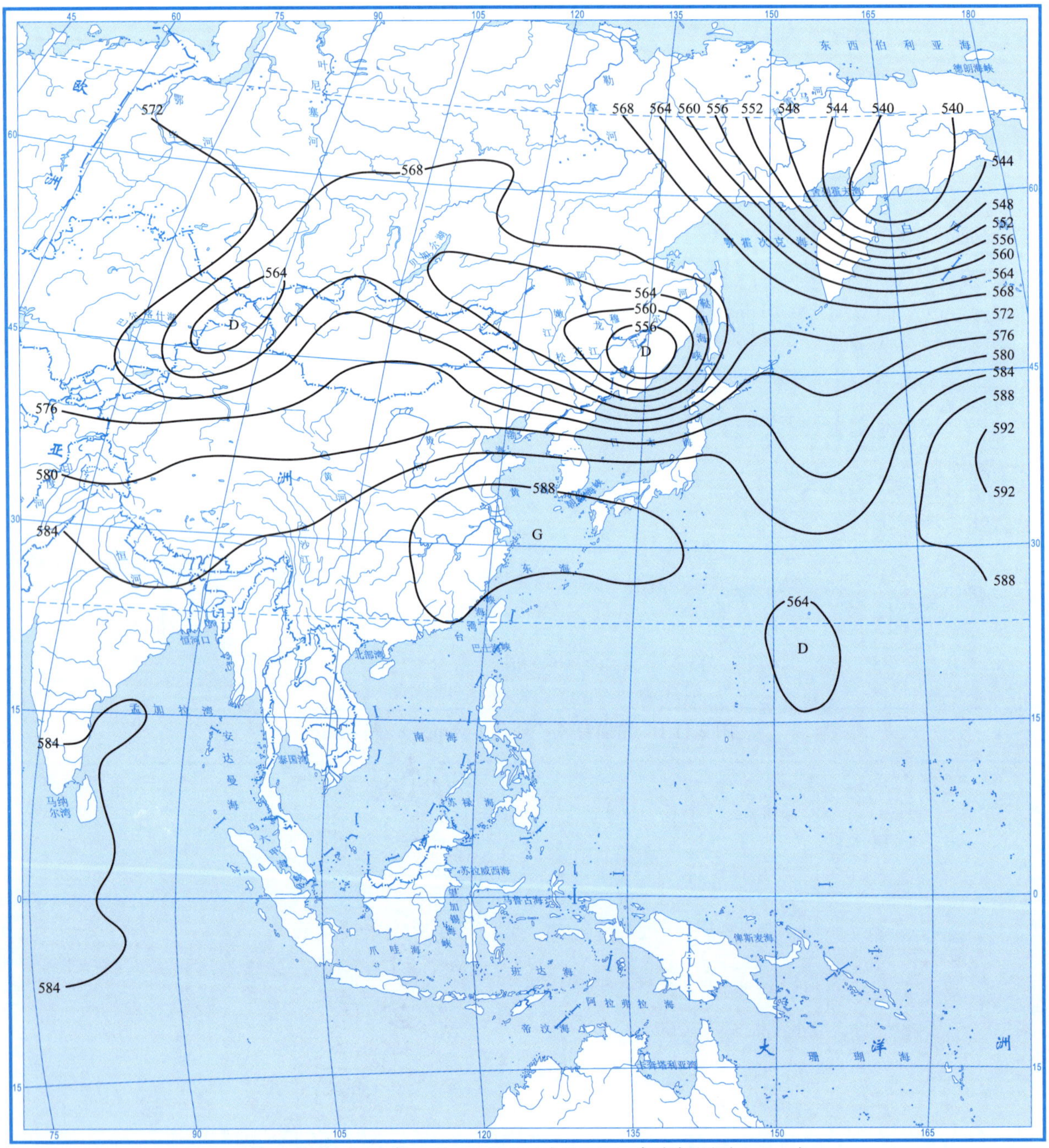

图 2.11.3　2009 年 8 月 21 日 08 时 500 hPa 高度场图（dagpm）

2.12 0911 号强热带风暴“科罗旺（Krovanh）”

第 0911 号强热带风暴“科罗旺（Krovanh）”是于 8 月 28 日在毛格群岛东北约 350 km 附近处的西北太平洋上的一个热带低压发展形成。初始它向偏北方向移动，28 日夜间强度加强为热带风暴，29 日转向西北方向移动，30 日凌晨强度增强为强热带风暴，31 日风暴中心折向东北移动并速度加快。9 月 1 日减弱为热带风暴，并掠过日本东部沿岸，夜间“科罗旺（Krovanh）” 在日本以东的洋面上转变成温带气旋并向东移动。

表 2.12.1 是强热带风暴“科罗旺（Krovanh）”的中心位置和强度。图 2.12.1 ~ 2.12.3 分别是强热带风暴“科罗旺（Krovanh）”路径图、大风区域演变图和 2009 年 8 月 31 日 08 时 500 hPa 高度场图。

表 2.12.1　强热带风暴“科罗旺（Krovanh）”中心位置和强度

（12）8 月 28 日—9 月 2 日

年	月	日	时	中心位置		中心最低气压（hPa）	中心最大风速（m/s）
				北纬（°N）	东经（°E）		
2009	8	28	08	21.6	149.0	1002	15
		28	14	22.6	149.0	1000	15
		28	20	23.7	148.8	996	18
		29	02	24.4	148.5	996	18
		29	08	25.8	147.9	995	20
		29	14	27.4	146.8	990	23
		29	20	28.6	146.0	990	23
		30	02	29.9	144.5	990	25
		30	08	30.6	142.5	985	28
		30	14	31.0	141.0	985	28
		30	20	31.8	140.5	985	28
		31	02	32.6	140.0	980	30
		31	08	33.5	139.9	980	30
		31	14	34.6	140.5	985	28
		31	20	36.4	141.5	990	25
	9	1	02	38.3	142.9	990	25
		1	08	40.3	144.6	990	23
		1	14	42.2	146.3	995	20
△		1	20	42.9	148.3	995	18
		2	02	43.3	150.3	1000	18

（续表）

年	月	日	时	中心位置		中心最低气压（hPa）	中心最大风速（m/s）
				北纬（°N）	东经（°E）		
2009	9	2	08	43.5	152.8	1000	18
		2	14	43.5	155.5	1004	18
				消失			

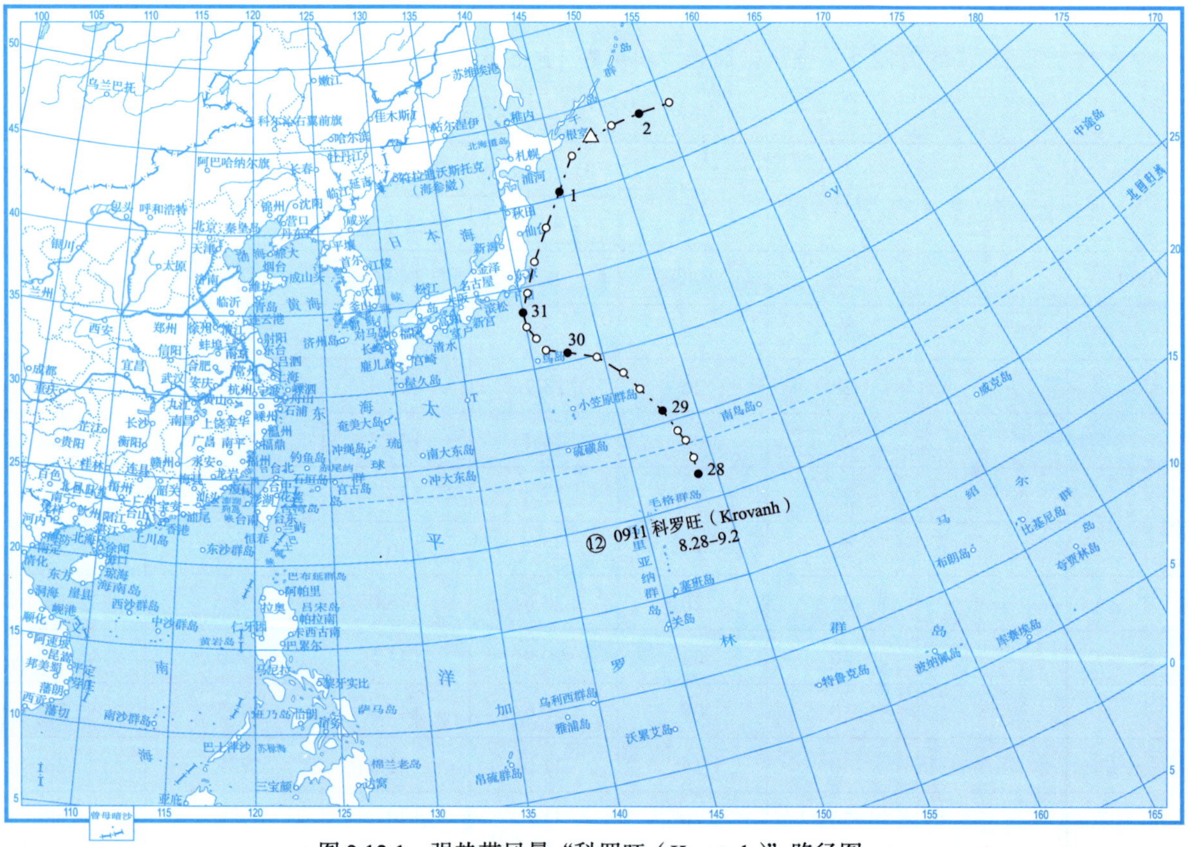

图 2.12.1　强热带风暴“科罗旺（Krovanh）”路径图

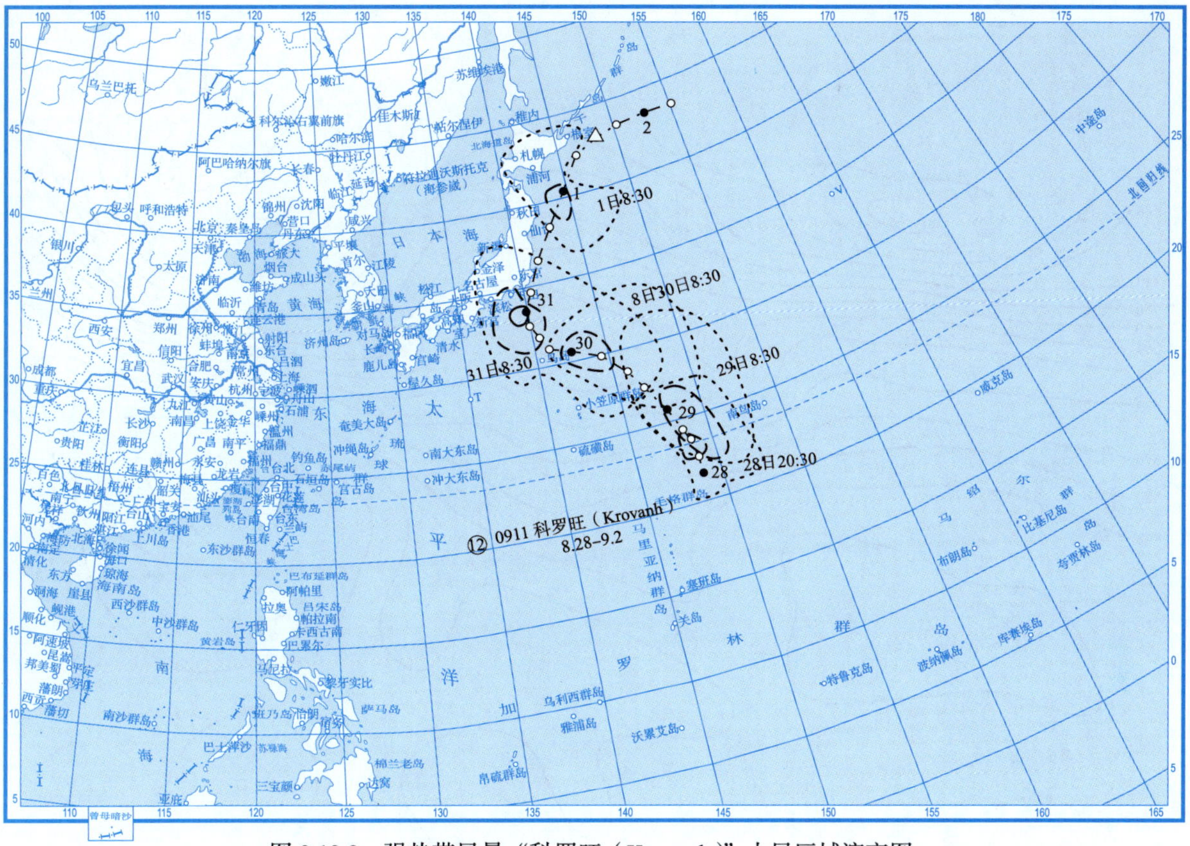

图 2.12.2　强热带风暴“科罗旺（Krovanh）”大风区域演变图

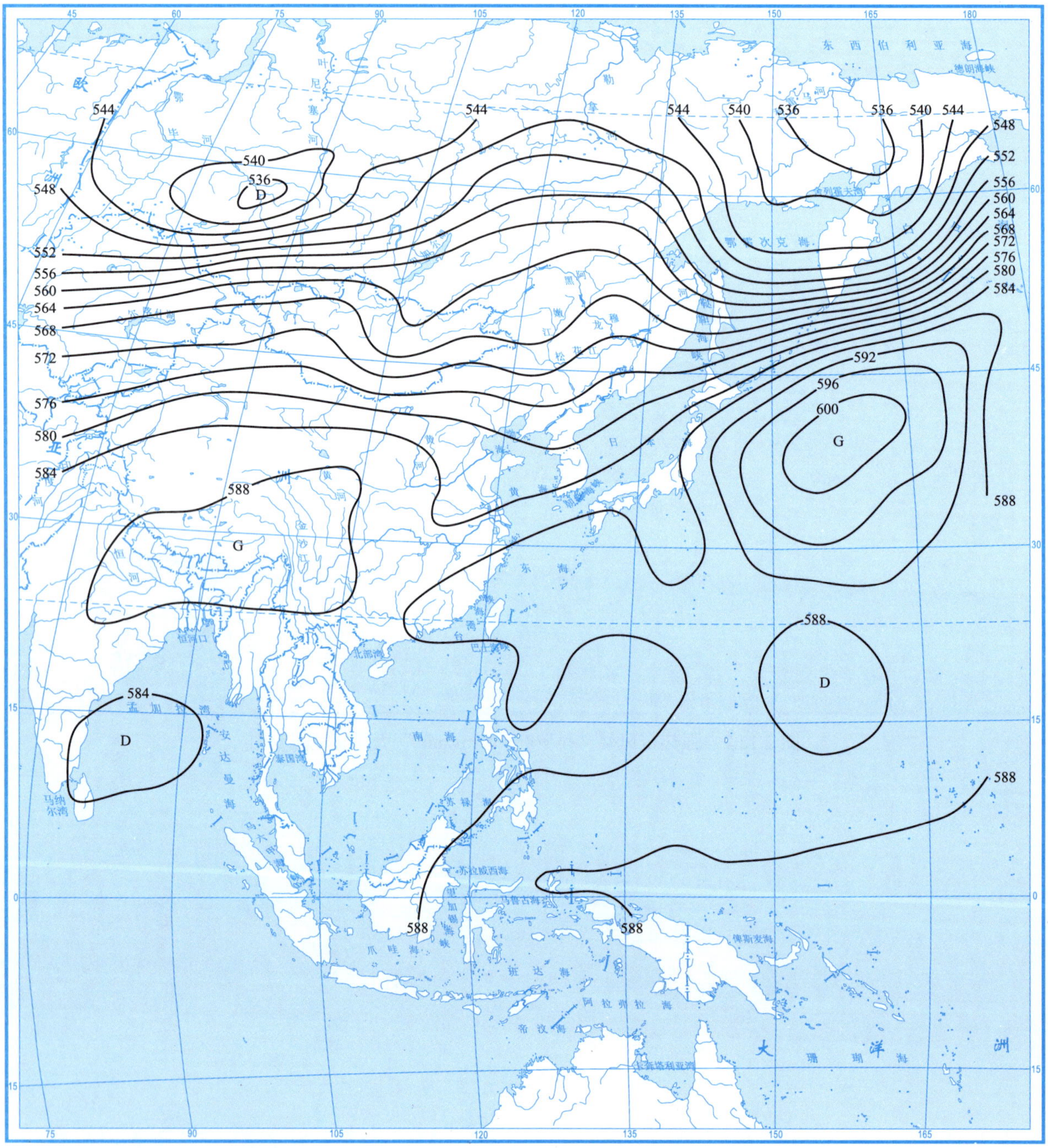

图 2.12.3　2009 年 8 月 31 日 08 时 500 hPa 高度场图（dagpm）

2.13　0912 号强热带风暴“杜鹃（Dujuan）”

第 0912 号强热带风暴“杜鹃（Dujuan）”是于 9 月 3 日在位于北纬 17.6 度、东经 130.0 度附近的西北太平洋上的一个热带低压发展形成。初始它缓慢迴旋移动，4 日凌晨强度加强为热带风暴并向东北移动，5 日增强为强热带风暴，6 日移速减慢并转向偏北方向移动，7 日风暴中心又折向东北偏北方向，8 日再次转向东北偏东方向移动，横过日本以南海域后，快速向东北方向移动，10 日在日本以东的洋面上变性为温带气旋并继续向东北移动。

表 2.13.1 是强热带风暴“杜鹃（Dujuan）”的中心位置和强度。图 2.13.1～2.13.3 分别是强热带风暴“杜鹃（Dujuan）”路径图、大风区域演变图和 2009 年 9 月 7 日 08 时 500 hPa 高度场图。

表 2.13.1　强热带风暴“杜鹃（Dujuan）”中心位置和强度

（13）9 月 3 日—9 月 10 日

年	月	日	时	中心位置		中心最低气压（hPa）	中心最大风速（m/s）
				北纬（°N）	东经（°E）		
2009	9	3	02	17.6	130.0	996	15
		3	08	17.8	128.9	996	15
		3	14	17.4	127.7	996	15
		3	20	17.0	127.6	994	15
		4	02	17.0	128.2	992	18
		4	08	17.5	128.9	990	20
		4	14	18.5	129.8	990	20
		4	20	18.8	130.8	990	20
		5	02	19.2	132.0	990	23
		5	08	20.0	132.6	985	25
		5	14	21.2	133.6	985	25
		5	20	22.5	134.8	985	25
		6	02	23.7	135.2	985	25
		6	08	24.6	135.4	985	25
		6	14	25.4	135.8	985	25
		6	20	26.2	136.0	985	25
		7	02	26.8	136.0	985	25
		7	08	27.2	135.8	985	25
		7	14	27.9	136.2	985	25

（续表）

年	月	日	时	中心位置		中心最低气压（hPa）	中心最大风速（m/s）
				北纬（°N）	东经（°E）		
2009	9	7	20	28.6	136.5	985	25
		8	02	29.4	137.3	985	25
		8	08	30.4	138.7	985	25
		8	14	31.1	140.4	985	25
		8	20	31.6	142.4	985	25
		9	02	32.3	145.1	985	25
		9	08	33.6	148.6	985	25
		9	14	35.1	152.2	985	25
		9	20	37.0	155.7	985	25
		10	02	39.6	159.8	985	25
		10	08	42.9	163.8	985	25
△		10	14	45.5	167.4	985	25
				移出			

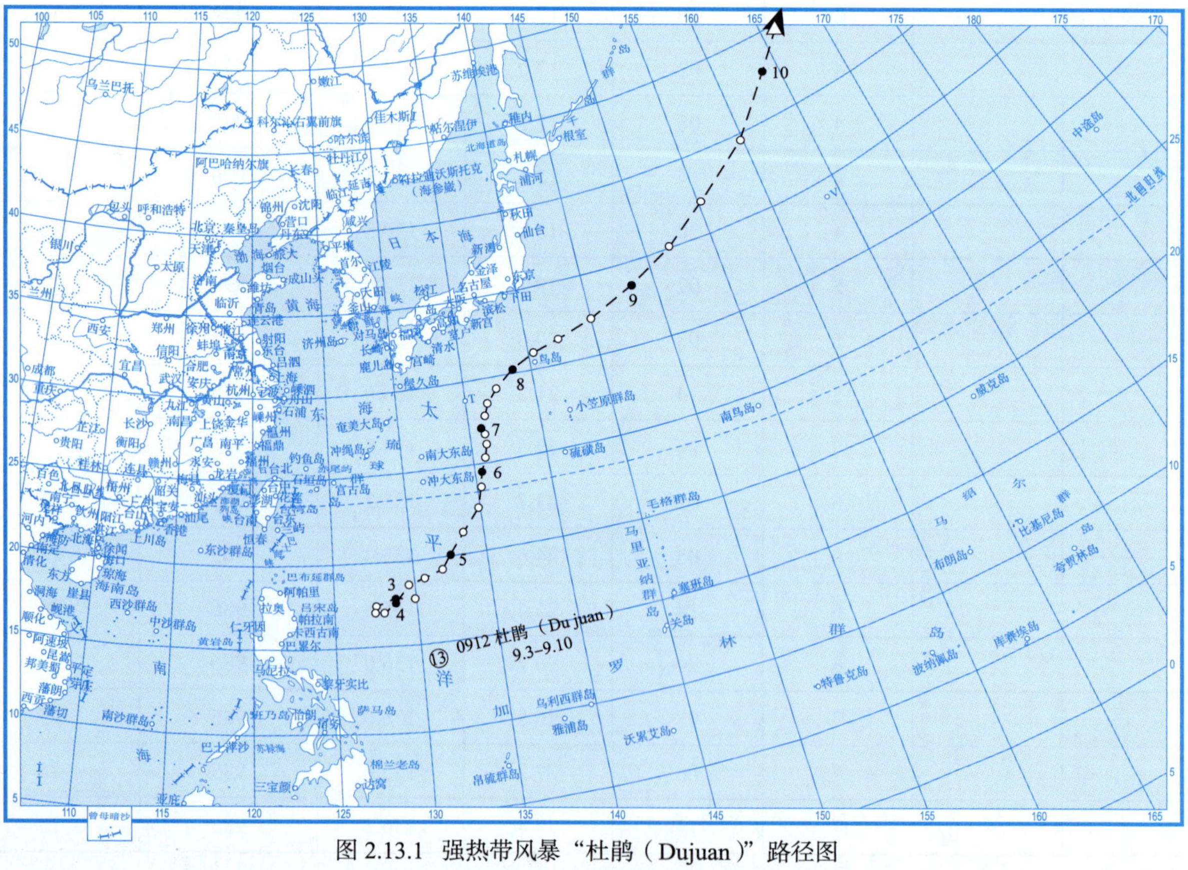

图 2.13.1 强热带风暴“杜鹃（Dujuan）”路径图

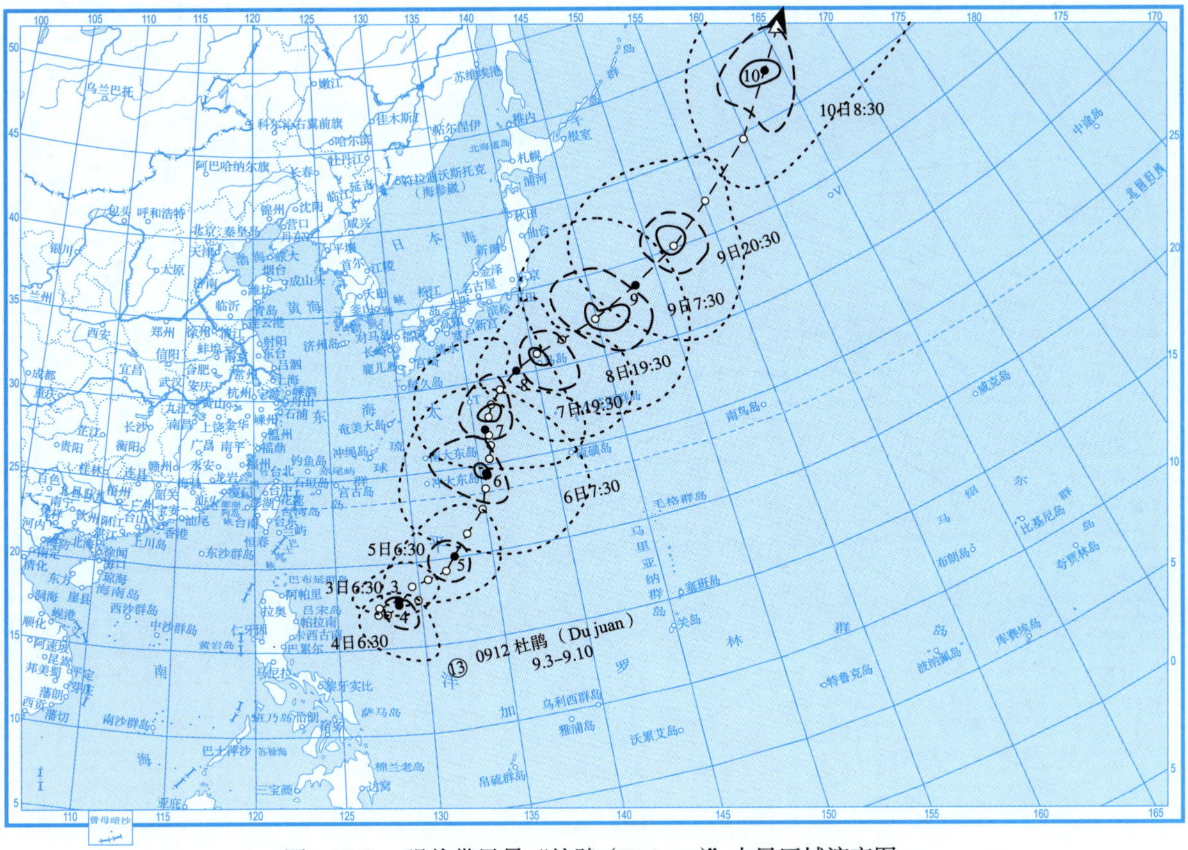

图 2.13.2　强热带风暴“杜鹃（Dujuan）”大风区域演变图

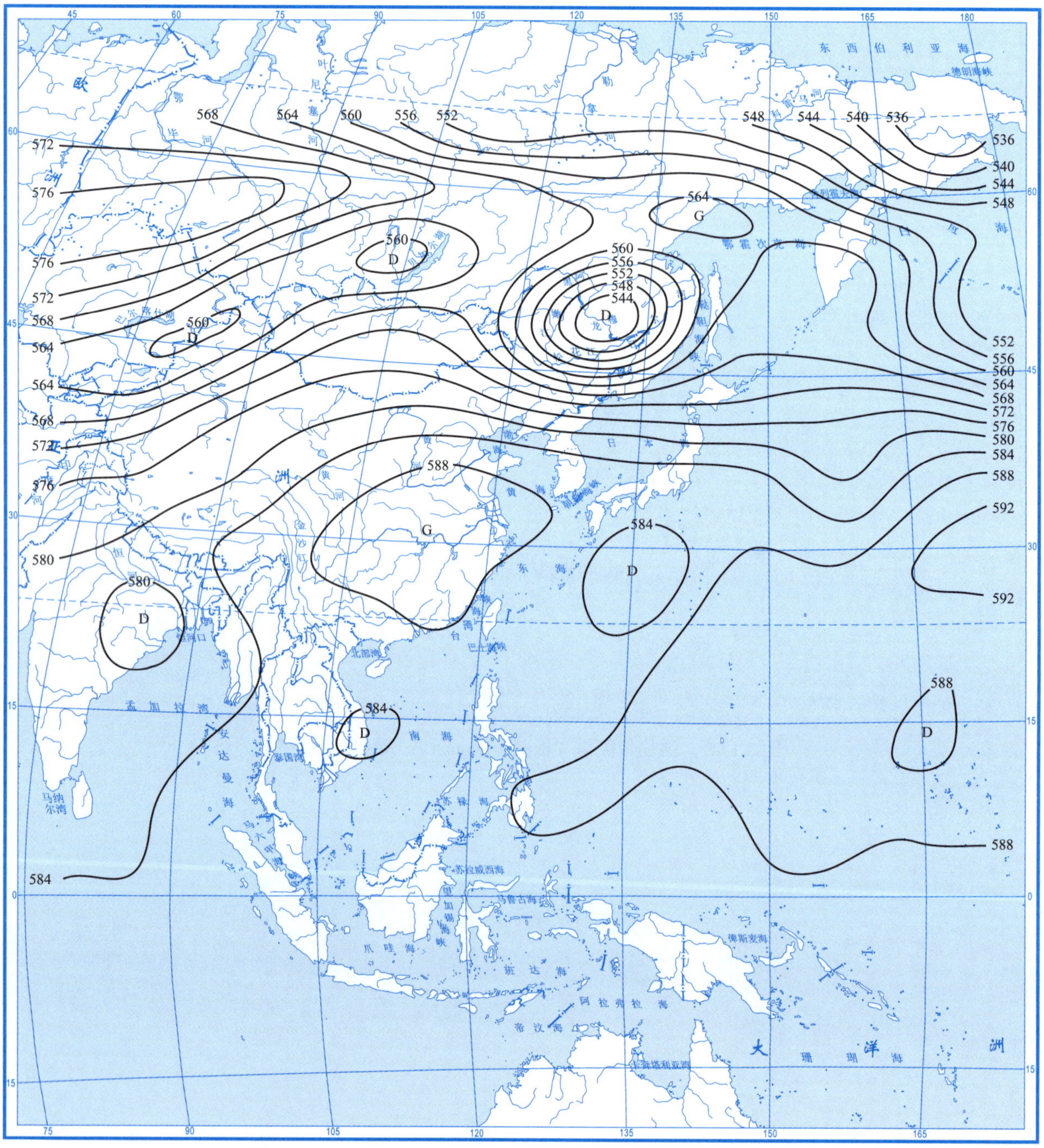

图 2.13.3　2009 年 9 月 7 日 08 时 500 hPa 高度场图（dagpm）

2.14 0913 号热带风暴“彩虹（Mujigae）”

第 0913 号热带风暴“彩虹（Mujigae）”是于 9 月 9 日上午在菲律宾班加尔以西约 150 km 处的南海海面上的一个热带低压发展形成。初始它向西北方向移动，下午转为西北偏西向移动。10 日上午加强为热带风暴，移动速度加快并逐渐向海南靠近，于 9 月 11 日 02 时 20 分在海南省文昌沿海登陆，登陆时中心附近的最大风力 8 级（20 m/s），最低气压 992 hPa。登陆后它穿过海南北部进入北部湾并向西移动，12 日 10 时 30 分前后再次在越南清化沿海登陆。登陆后减弱为热带低压并继续向西移动，夜间在老挝北部消失。

受热带风暴“彩虹（Mujigae）”影响，9 月 10—12 日海南沿海地区、广东上川岛和徐闻、广西涠洲岛、福建东山和九仙山最大风力 6～7 级，阵风 7～9 级。11 日海南海口最大风力 7 级（16.5 m/s），阵风 9 级（24 m/s），为本次台风影响时出现的风极值。

海南南部、广东西部、广西南部部分和涠洲岛、云南西南部和河口、贵州荔波降水总量 10～50 mm。海南北部、广东江门地区和雷州半岛降水总量 50～100 mm。海南中北部、广东上川岛降水总量 100～214 mm。 海南定安站降水总量达 214 mm，为本次台风影响时出现的降水极值。连续降水日数均为 1～3 天。

受其影响，9 月 11 日广东江门地区出现暴雨，上川岛出现大暴雨。海南北部出现暴雨到大暴雨，昌江站日降水量最大，为 190 mm。12 日云南思茅地区出现暴雨。

热带风暴“彩虹（Mujigae）” 具有移动快、停留时间短，雨大、风小、影响范围小的特点。热带风暴引发广东和海南两省不同程度的灾情，两省共造成受灾人口 25.87 万人，紧急转移安置人口 4.62 万人；农作物受灾面积 10.74 千公顷，成灾面积 4.69 千公顷，绝收面积 0.44 千公顷；倒塌房屋 0.01 万间，直接经济损失 0.75 亿元（详见 2.14.2）。同时“彩虹”带来的雨水对缓解旱区的旱情起到一定作用，也带来了 9233 万立方米水库蓄水，有利于今冬明春的灌溉，是一个利大于弊的热带风暴。

表 2.14.1 是热带风暴“彩虹（Mujigae）”的中心位置和强度。表 2.14.2 是热带风暴“彩虹（Mujigae）”在广东、海南两省引发的灾情。图 2.14.1～2.14.4 分别是热带风暴“彩虹（Mujigae）”路径图、总降水量图、大风分布图、总降水日数图，图 2.14.5～2.14.7 分别是 2009 年 9 月 10—12 日的日降水量图，图 2.14.8～2.14.9 分别是热带风暴“彩虹（Mujigae）”大风区域演变图、 2009 年 9 月 10 日 08 时 500 hPa 高度场图。

表 2.14.1 热带风暴“彩虹（Mujigae）”中心位置和强度

（14）9 月 9 日—9 月 12 日

年	月	日	时	中心位置		中心最低气压（hPa）	中心最大风速（m/s）
				北纬（°N）	东经（°E）		
2009	9	9	08	17.0	118.9	1002	13
		9	14	17.7	118.4	1000	15
		9	20	18.2	117.4	998	15
		10	02	18.5	116.5	998	15
		10	08	18.9	115.0	995	18
		10	14	19.2	113.7	995	20
		10	20	19.4	112.6	995	20
		11	02	19.7	111.2	995	20
		11	08	19.8	109.4	992	20
		11	14	19.8	108.1	992	20
		11	20	19.8	107.3	995	18
		12	02	19.8	106.7	995	18
		12	08	19.9	106.1	1000	15
		12	14	20.1	104.5	1002	12
		12	20	20.4	103.0	1004	10
				消失			

表 2.14.2 热带风暴“彩虹（Mujigae）”在广东、海南两省引发的灾情

省份	受灾人口（万人）	紧急转移安置人口（万人）	死亡人口（人）	失踪人口（人）	倒塌房屋（万间）	农作物面积（千公顷）			直接经济损失（亿元）
						受灾	成灾	绝收	
广东	0.31					2.14			0.19
海南	25.56	4.62			0.01	8.60	4.69	0.44	0.56

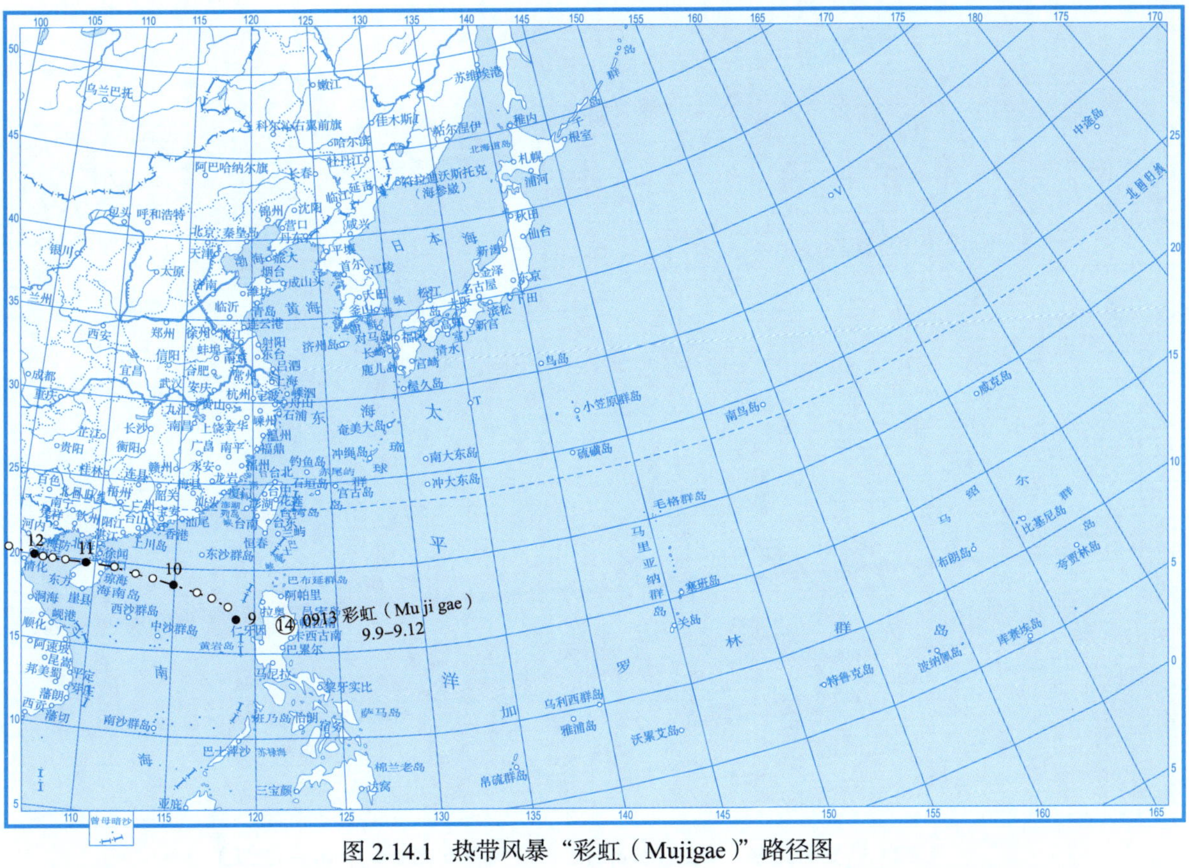

图 2.14.1 热带风暴“彩虹（Mujigae）”路径图

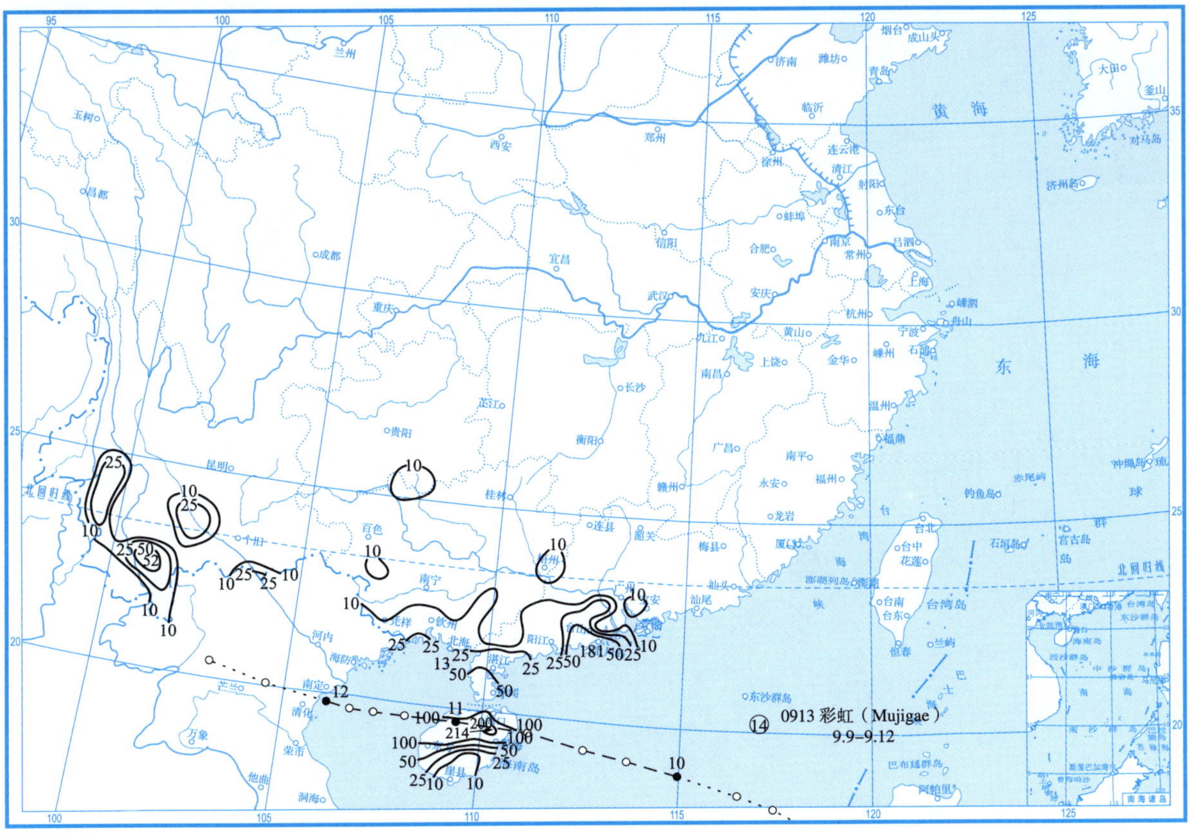

图 2.14.2 热带风暴“彩虹（Mujigae）”总降水量图（9 月 10—12 日）

图 2.14.3 热带风暴“彩虹（Mujigae）”大风分布图（9 月 10—12 日）

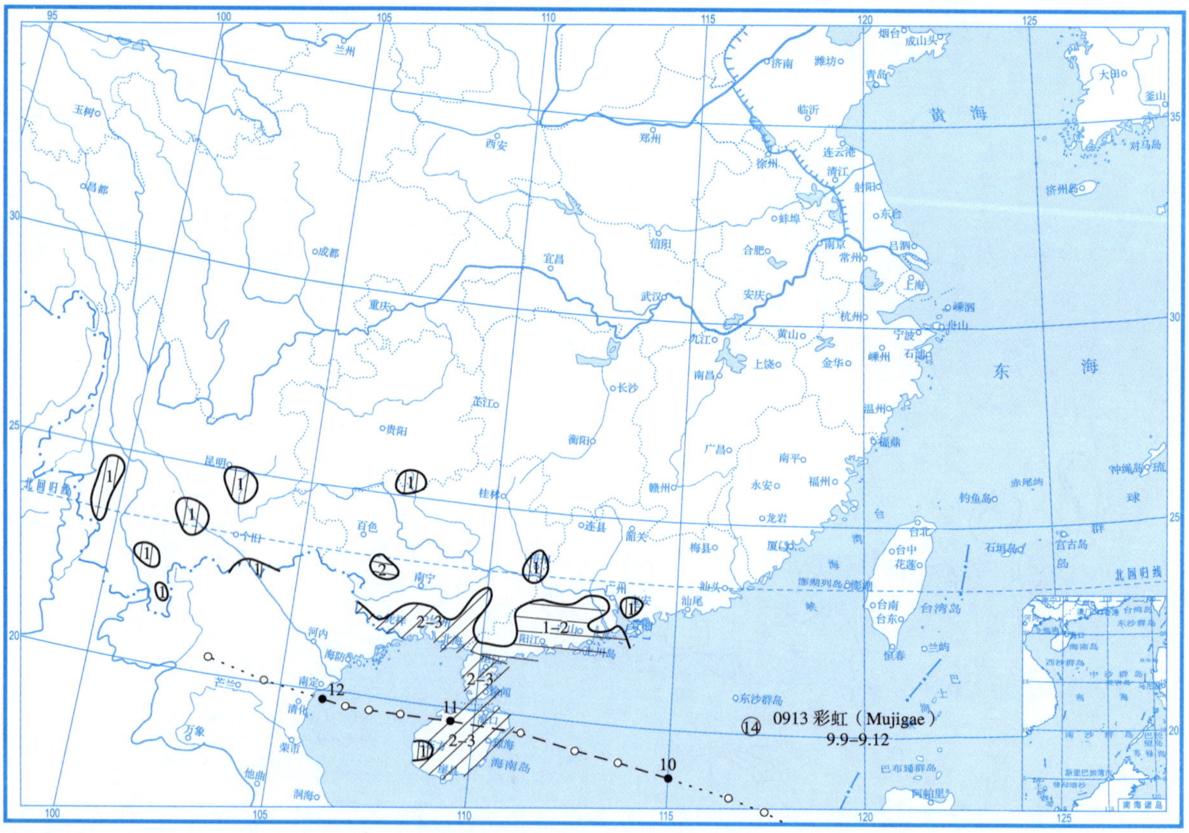

图 2.14.4 热带风暴“彩虹（Mujigae）”总降水日数图（9 月 10—12 日）

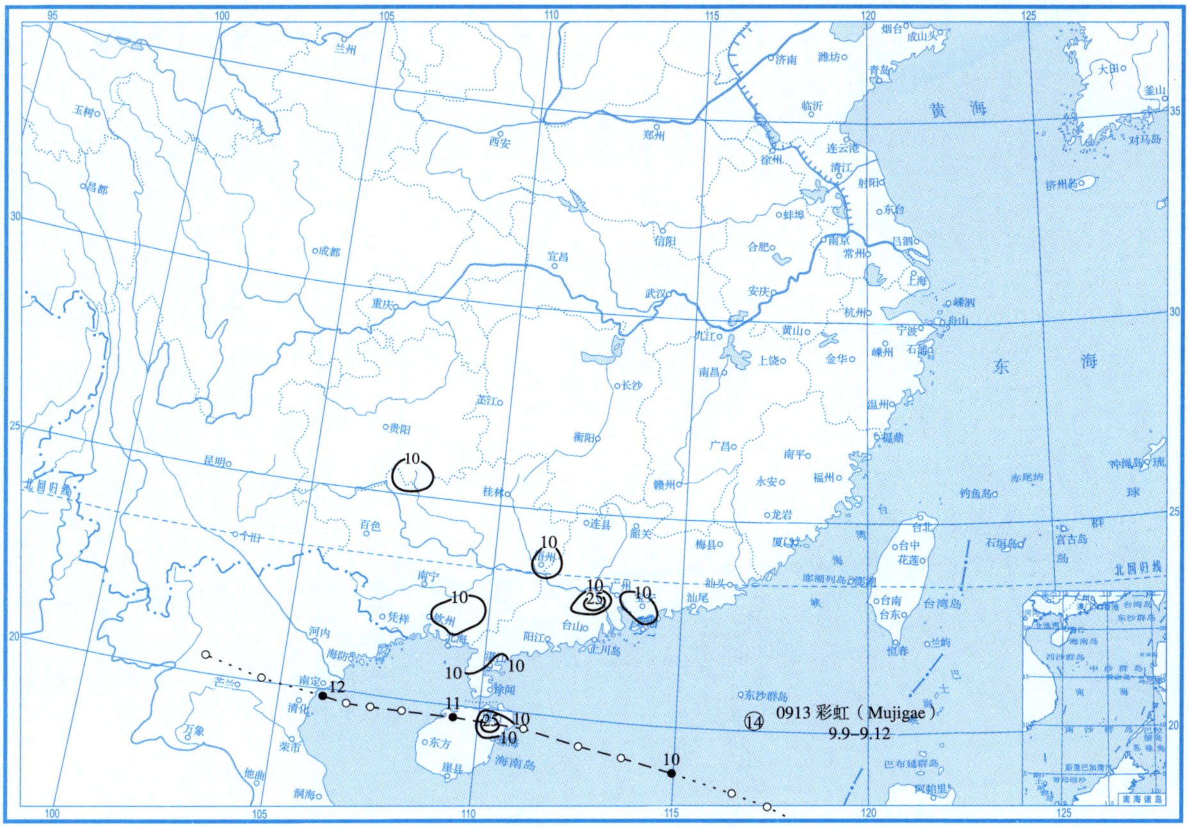

图 2.14.5　2009 年 9 月 10 日降水量图

图 2.14.6　2009 年 9 月 11 日降水量图

图 2.14.7 2009 年 9 月 12 日降水量图

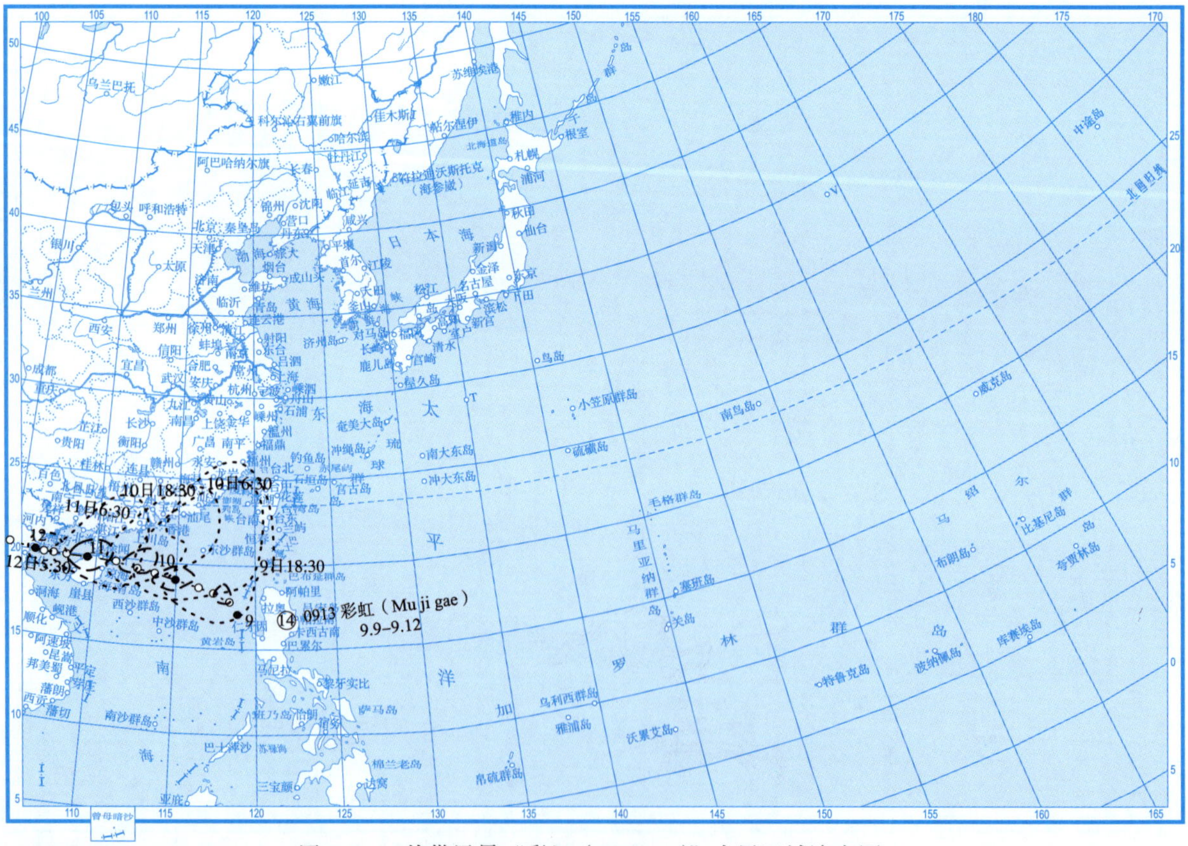

图 2.14.8 热带风暴“彩虹（Mujigae）”大风区域演变图

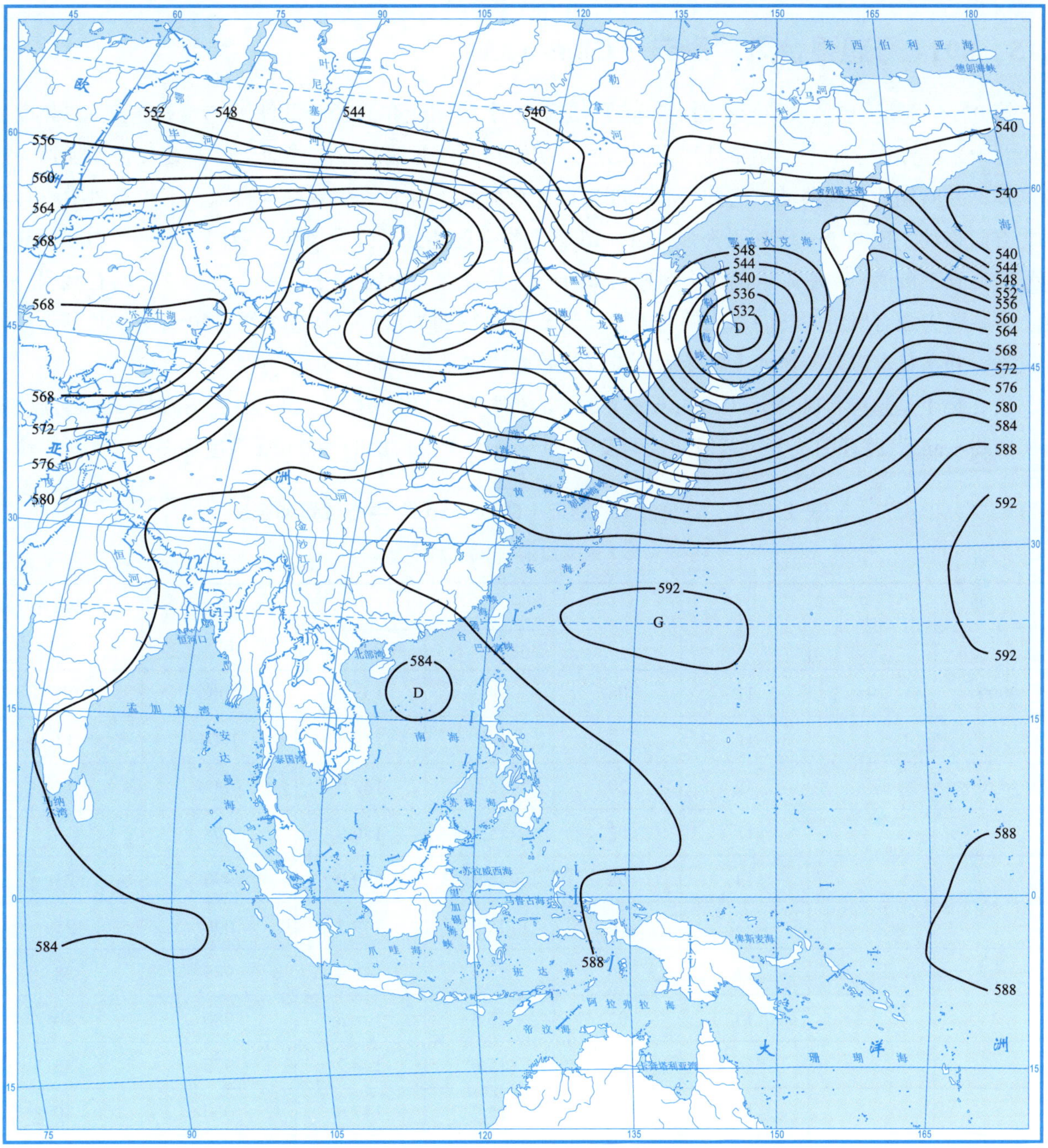

图 2.14.9 2009 年 9 月 10 日 08 时 500 hPa 高度场图（dagpm）

2.15 0914 号超强台风“彩云（Choi-wan）”

第 0914 号超强台风“彩云（Choi-wan）”是于 9 月 12 日上午在位于北纬 14.3 度、东经 153.4 度处的西北太平洋洋面上的一个热带低压发展形成。初始它向西北偏西方向移动，13 日凌晨强度加强为热带风暴，并向偏西方向移动，它的中心强度也在逐渐加强。14 日上午增强为台风，下午台风中心转向西北方向移动，夜间进一步加强为强台风。15 日上午强度达到超强台风级，夜间“彩云（Choi-wan）”的强度达到了极值，中心附近的最大风速为 65 m/s，并一直维持到 17 日上午，之后强度略有减弱。18 日上午减弱为强台风级并转向东北偏北方向移动。19 日减弱为台风，移速加快。20 日下午减弱为强热带风暴，并在日本以东的洋面上转变为温带气旋并继续向东北方向移动。

表 2.15.1 是超强台风“彩云（Choi-wan）”的中心位置和强度。图 2.15.1 ~ 2.15.3 分别是超强台风“彩云（Choi-wan）”路径图、大风区域演变图及 2009 年 9 月 18 日 02 时 500 hPa 高度场图。

表 2.15.1 超强台风“彩云（Choi-wan）”中心位置和强度

（15）9 月 12 日—9 月 21 日

年	月	日	时	中心位置		中心最低气压（hPa）	中心最大风速（m/s）
				北纬（°N）	东经（°E）		
2009	9	12	08	14.3	153.4	1006	13
		12	14	14.6	152.8	1004	13
		12	20	15.0	152.0	1000	15
		13	02	15.5	150.9	998	18
		13	08	15.9	150.0	990	23
		13	14	15.8	149.3	990	25
		13	20	15.7	148.9	985	28
		14	02	15.6	148.6	980	30
		14	08	15.6	148.2	970	35
		14	14	15.7	147.8	960	40
		14	20	16.3	147.5	950	45
		15	02	16.6	147.0	940	50
		15	08	17.1	146.6	935	55
		15	14	17.6	145.7	920	60
		15	20	17.9	145.0	915	65
		16	02	18.2	144.2	915	65
		16	08	18.6	143.4	910	65

（续表）

年	月	日	时	中心位置		中心最低气压（hPa）	中心最大风速（m/s）
				北纬（°N）	东经（°E）		
2009	9	16	14	19.0	142.6	910	65
		16	20	19.2	141.9	910	65
		17	02	19.6	141.4	915	65
		17	08	20.3	140.9	915	65
		17	14	21.0	140.3	920	60
		17	20	21.6	139.8	935	55
		18	02	22.5	139.3	935	55
		18	08	23.2	138.9	940	50
		18	14	24.1	138.8	940	50
		18	20	25.2	139.1	950	45
		19	02	26.4	139.6	950	45
		19	08	27.6	140.4	960	40
		19	14	29.1	141.5	965	38
		19	20	30.6	143.3	970	35
		20	02	32.7	145.1	975	35
		20	08	34.1	146.8	975	33
△		20	14	35.2	149.2	970	30
		20	20	36.8	152.3	985	25
		21	02	38.8	156.0	995	20
				移出			

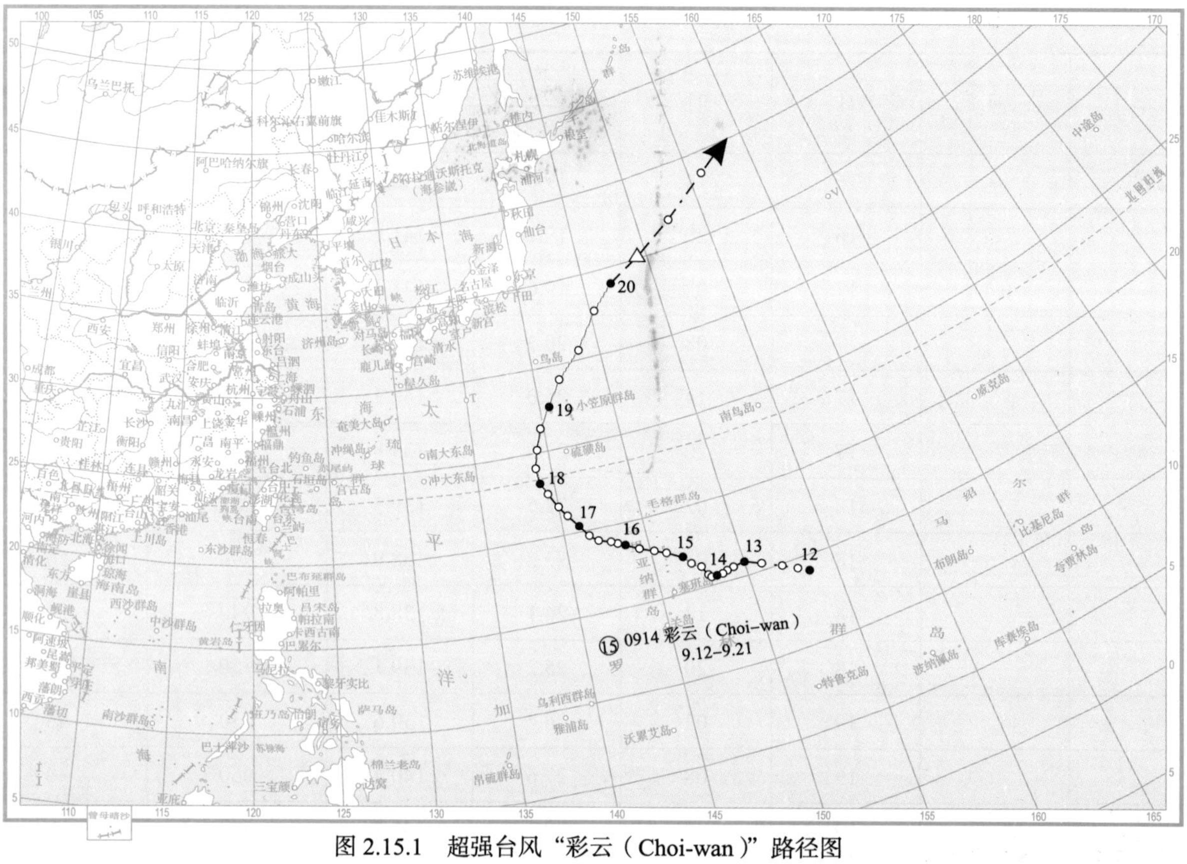

图 2.15.1　超强台风“彩云（Choi-wan）”路径图

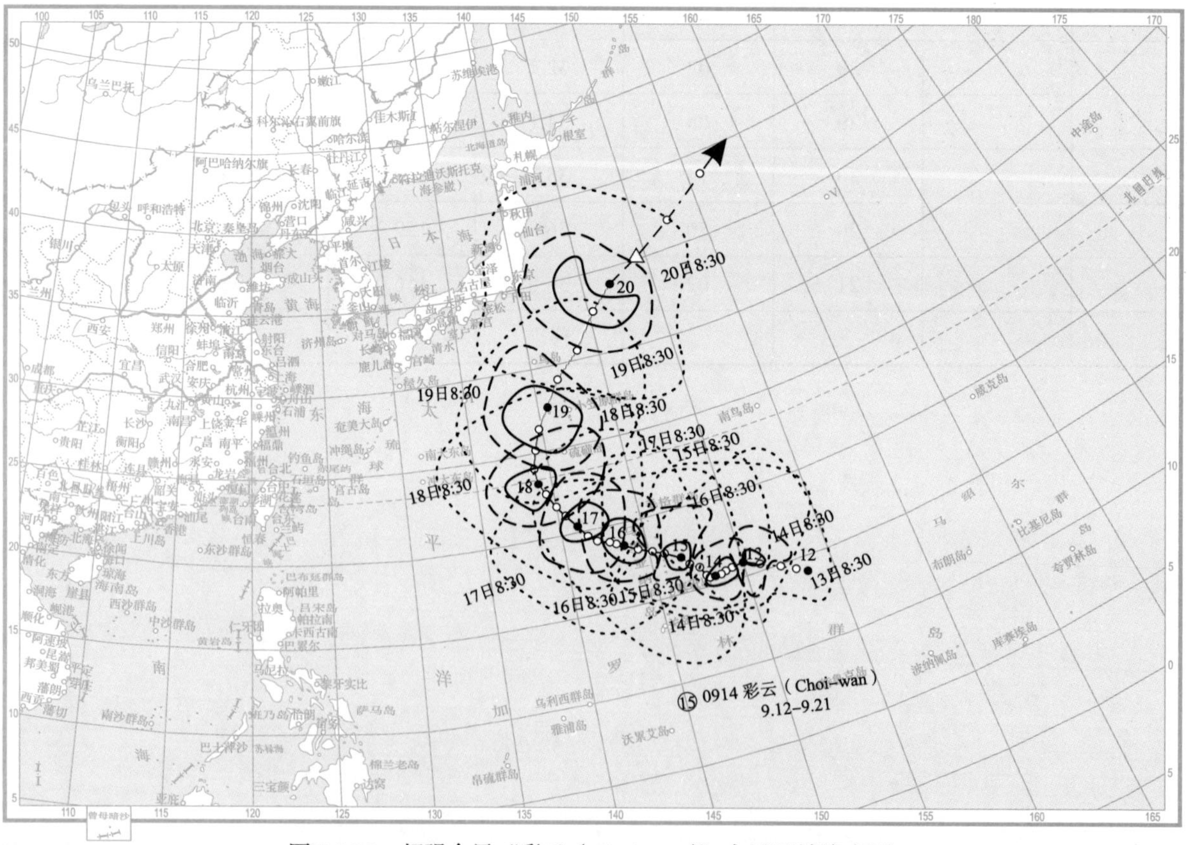

图 2.15.2　超强台风“彩云（Choi-wan）”大风区域演变图

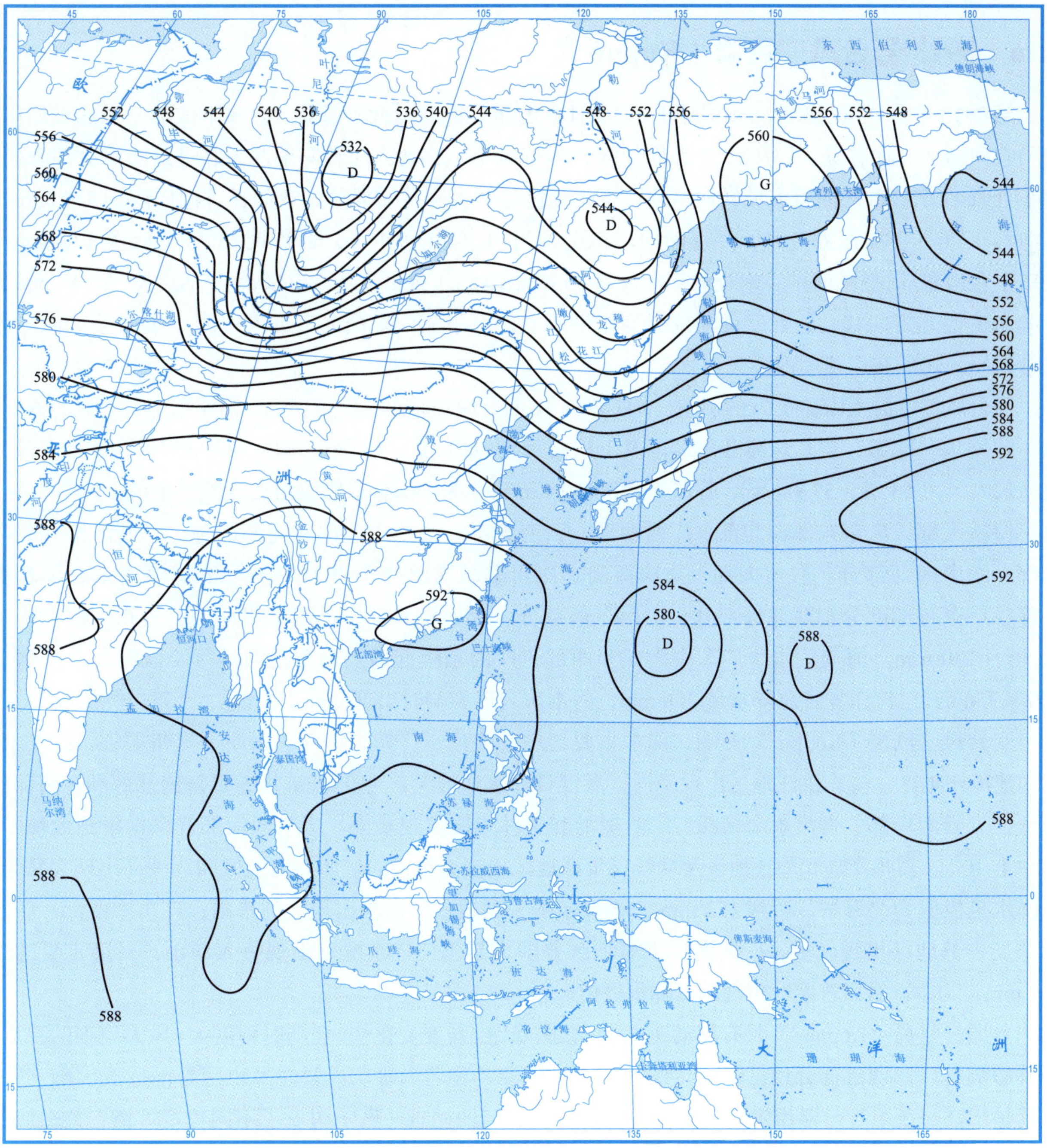

图 2.15.3 2009 年 9 月 18 日 02 时 500 hPa 高度场图（dagpm）

2.16 0915 号台风“巨爵（Koppu）”

第0915号台风“巨爵（Koppu）”是于8月9日在巴布延群岛附近的海面上发展形成的一个热带低压。初始它向西北方向移动。13 日上午强度加强为热带风暴，移动方向转向偏西，并进入南海北部海面。14 日上午在东沙群岛附近海域转向西北，下午强度增强为强热带风暴，夜间在香港以南约 150 km 处的海面上进一步加强为台风，并逐渐向广东南部沿海靠近。9 月 15 日 07 时 00 分 “巨爵（Koppu）” 在广东台山登陆，登陆时中心附近的最大风速 35 m/s（12 级），最低气压 970 hPa。登陆后“巨爵（Koppu）”继续向偏西北方向移动，强度逐渐减弱为热带风暴，下午从广东茂名市进入广西。16 日凌晨减弱为热带低压，之后在广西境内消失。

受台风“巨爵（Koppu）”的影响，9 月 13—16 日，海南东方、广东中部、福建东山最大风力 6 ~ 8 级，阵风 7 ~ 11 级，广东珠海和阳江以及上川岛最大风力 10 ~ 13 级，阵风 12 ~ 15 级。15 日广东上川岛最大风力 13 级（37.9 m/s），阵风 15 级（50.4 m/s），为本次台风影响时出现的风极值。

海南大部、广东东部和北部、广西西部、云南大部、福建东北部和南部部分、江西南部和北部局部、湖南南部部分、贵州大部、重庆酉阳、四川攀枝花总降水量 10 ~ 50 mm。海南东北部和西北部、广东东部部分和西北部部分、广西东部部分、云南中北部、福建漳州地区、贵州中部总降水量 50 ~ 100 mm。海南陵水、广东中南部和西部、广西东南部以及南部沿海地区、涠洲岛总降水量 100 ~ 356 mm。广东罗定总降水量 356 mm，为本次台风影响时出现的降水极值。

受台风“巨爵（Koppu）”影响，降水主要集中在海南、广东、广西、云南、贵州等省（区）。14 日福建漳州地区、广东湛江地区出现暴雨。湛江日降水量最大，为 96 mm。15 日海南北部和东南部沿海地区、云南局部、贵州东南局部、广西贵港和玉林地区出现暴雨。广东西南部普降暴雨到大暴雨。其中上川岛、雷州半岛和阳江地区及珠江三角洲地区出现大暴雨。广西北海地区和涠洲岛出现大暴雨。日降水量极值为北海站，达到 152 mm。16 日云南大理地区和南华出现大到暴雨；广东中西部、广西南部及中部地区出现暴雨，广西南部沿海地区普降大暴雨，广东罗定出现特大暴雨，日降水量达到 331 mm，为本次台风影响时出现的日降水极值。

台风“巨爵（Koppu）”具有移动速度快、移向稳定、强度变化快、登陆时强度大、风大雨强的特点。受其影响，广东西部部分地区降雨持续，阳江、湛江、茂名、肇庆、云浮等市因暴雨造成洪涝灾害，尤其是阳江、茂名、云浮市灾情严重。台风在广东、广西两省（区）引发了不同程度灾情，共造成受灾人口 189.64 万人，紧急转移安置人口 27.45 万人，死亡 13 人，失踪 6 人；农作物受灾面积 110.63 千公顷，绝收面积 1.45 千公顷；倒塌房屋 0.49 万间，直接经济损失 24.20 亿元。但同时，台风“巨爵”给贵州带来的降水，对库塘蓄水和缓解旱情极为有利。

受台风“巨爵（Koppu）”的影响，香港和澳门出现狂风暴雨，多处遭水淹，大澳水深达 1.5 m，使商店的货物及设备均受到不同程度的损失。澳门出现海水倒灌，海旁及低洼地区严重遭水淹。

表 2.16.1 是台风“巨爵（Koppu）”的中心位置和强度。表 2.16.2 是台风“巨爵（Koppu）”在广东、广西两省（区）引发的灾情。图 2.16.1 ~ 2.16.4 分别是台风“巨爵（Koppu）”路径图、总降水量图、大风分布图、总降水日数图，图 2.16.5 ~ 2.16.8 分别是 2009 年 9 月 13—16 日的日降水量图，

图 2.16.9～2.16.10 分别是台风“巨爵（Koppu）”大风区域演变图、2009 年 9 月 14 日 08 时 500 hPa 高度场图。

表 2.16.1　台风“巨爵（Koppu）”中心位置和强度

（16）9 月 13 日—9 月 16 日

年	月	日	时	中心位置		中心最低气压（hPa）	中心最大风速（m/s）
				北纬（° N）	东经（° E）		
2009	9	13	02	18.8	121.0	1000	15
		13	08	19.5	120.0	1000	18
		13	14	19.3	119.1	998	20
		13	20	19.4	117.9	998	20
		14	02	19.9	116.6	995	23
		14	08	20.0	115.8	990	23
		14	14	20.3	115.1	980	30
		14	20	21.0	114.3	975	33
		15	02	21.4	113.3	960	40
		15	08	22.0	112.1	970	35
		15	14	22.4	110.7	990	23
		15	20	22.9	109.7	995	18
		16	02	23.2	108.8	1000	15
				消失			

表 2.16.2　台风“巨爵（Koppu）”在广东、广西两省（区）引发的灾情

省份	受灾人口（万人）	紧急转移安置人口（万人）	死亡人口（人）	失踪人口（人）	倒塌房屋（万间）	农作物面积（千公顷）			直接经济损失（亿元）
						受灾	成灾	绝收	
广东	167.82	26.33	13	6	0.45	103.52		1.06	23.93
广西	21.82	1.12			0.04	7.11		0.39	0.27

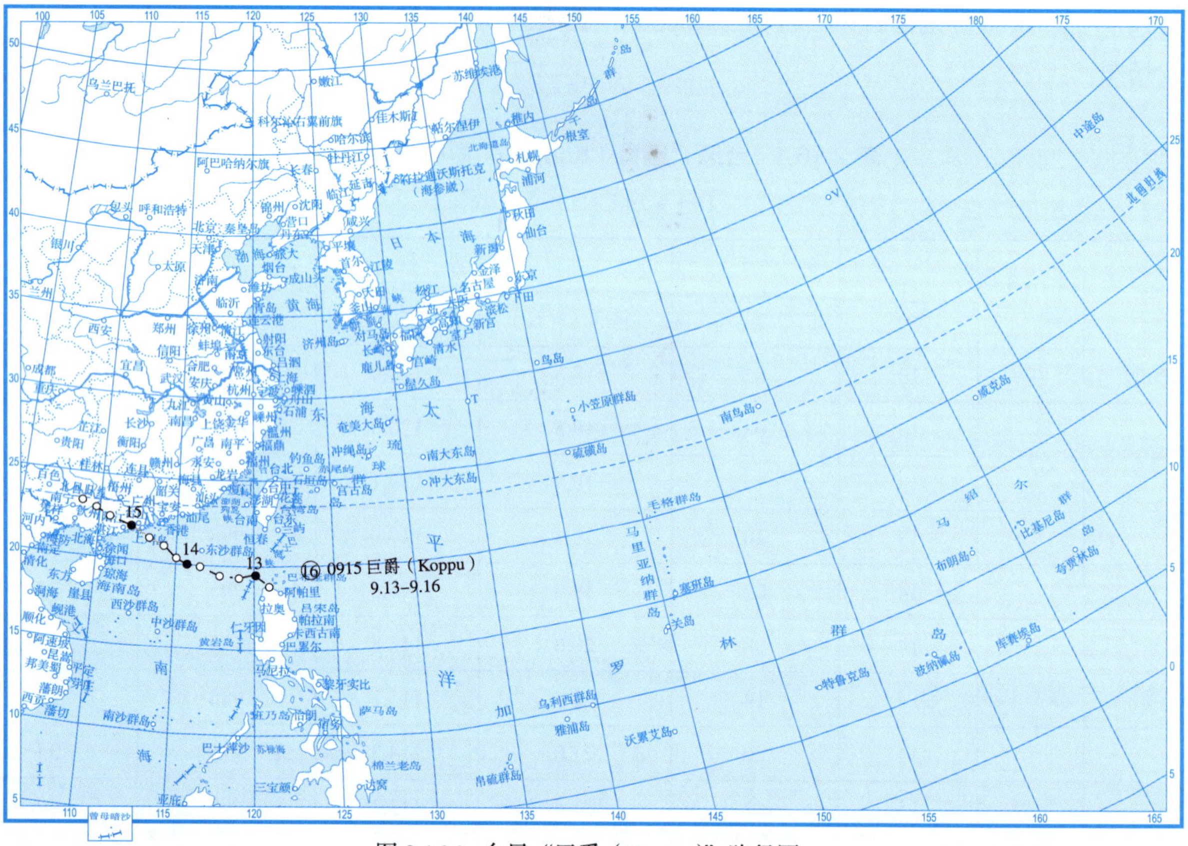

图 2.16.1　台风“巨爵（Koppu）”路径图

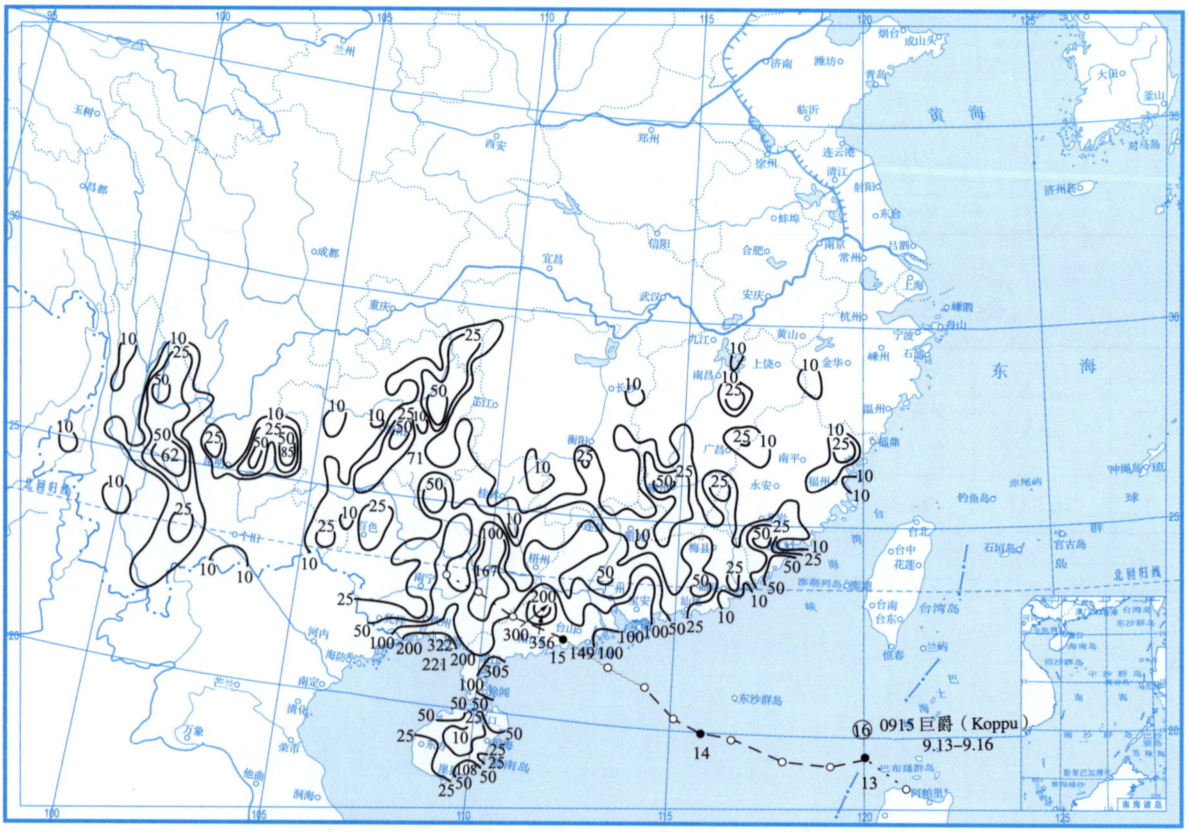

图 2.16.2　台风“巨爵（Koppu）”总降水量图（9 月 13—16 日）

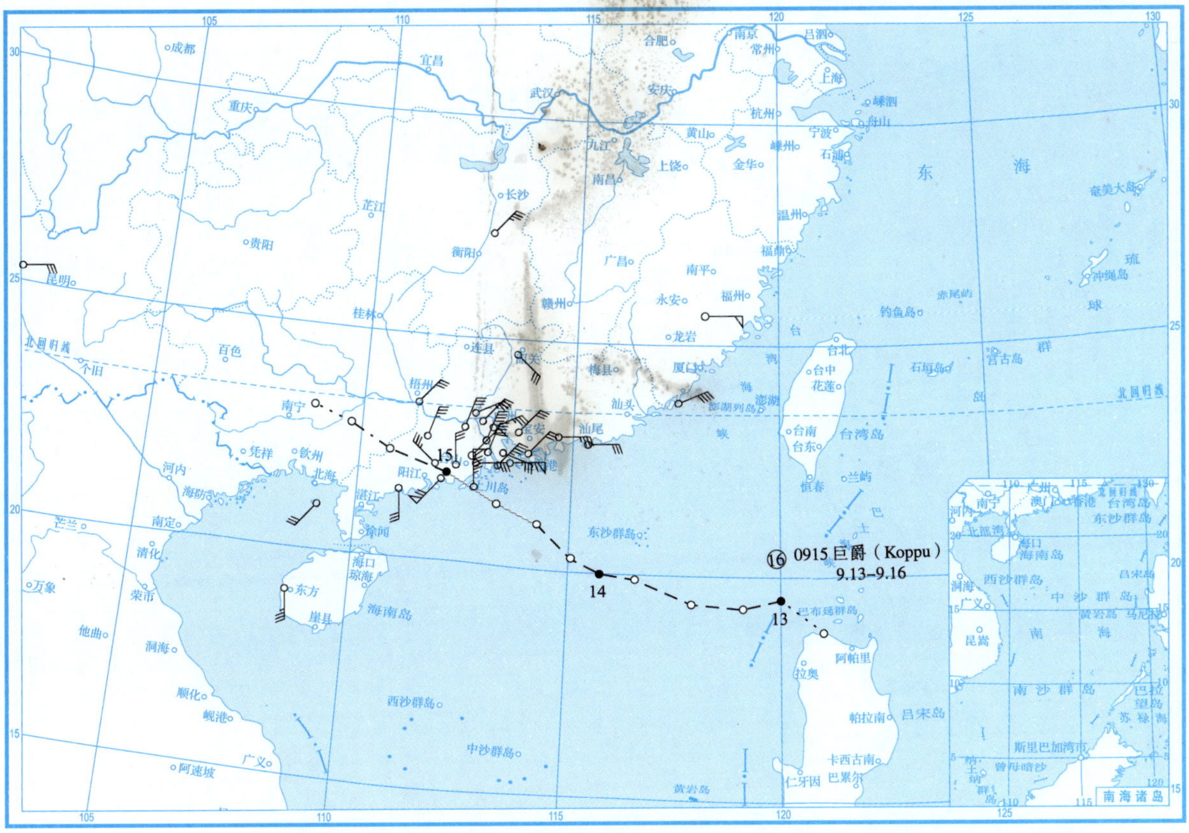

图 2.16.3 台风“巨爵（Koppu）”大风分布图（9 月 13—16 日）

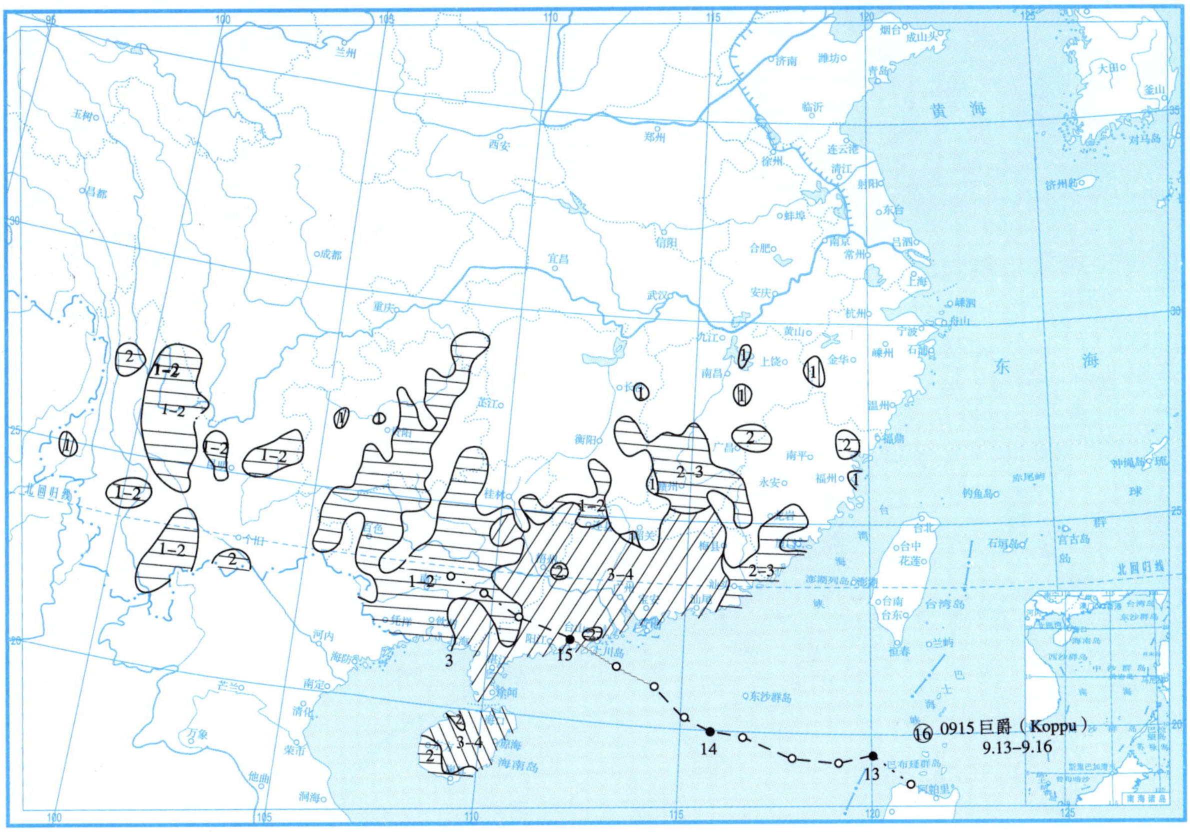

图 2.16.4 台风“巨爵（Koppu）”总降水日数图（9 月 13—16 日）

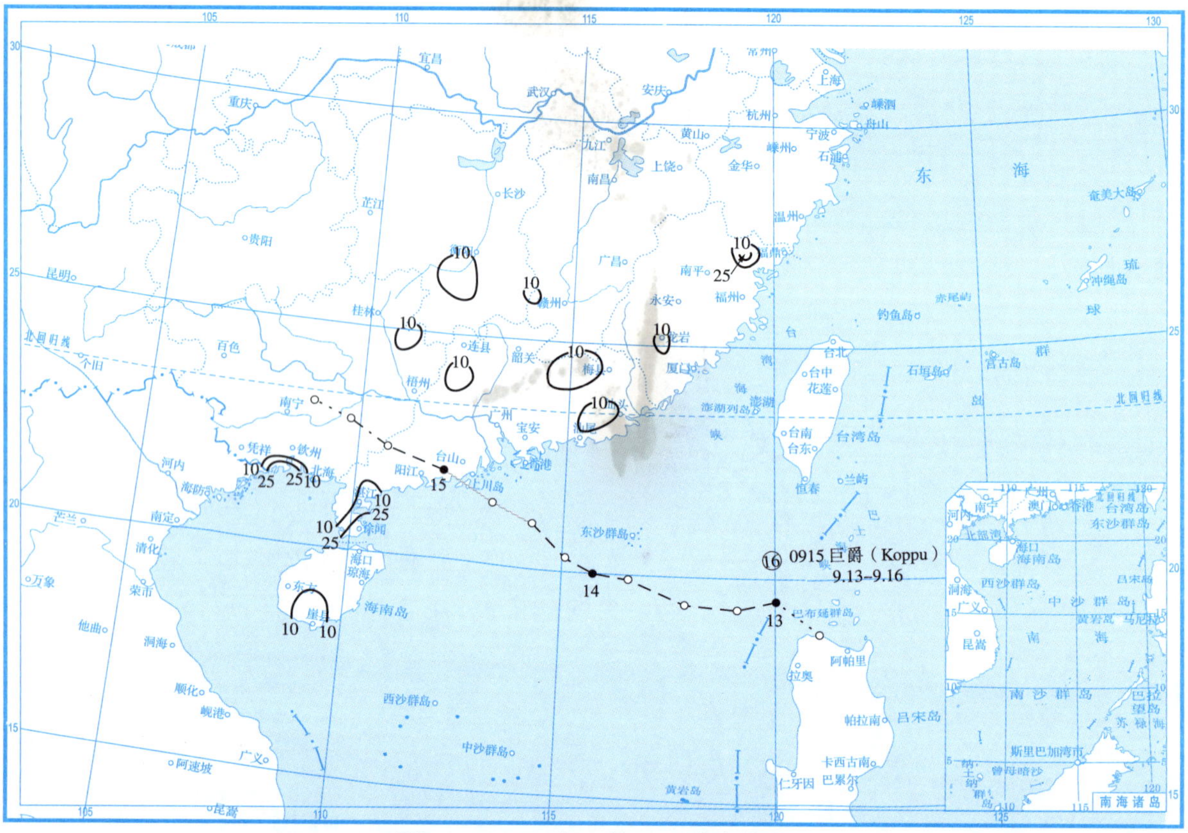

图 2.16.5　2009 年 9 月 13 日降水量图

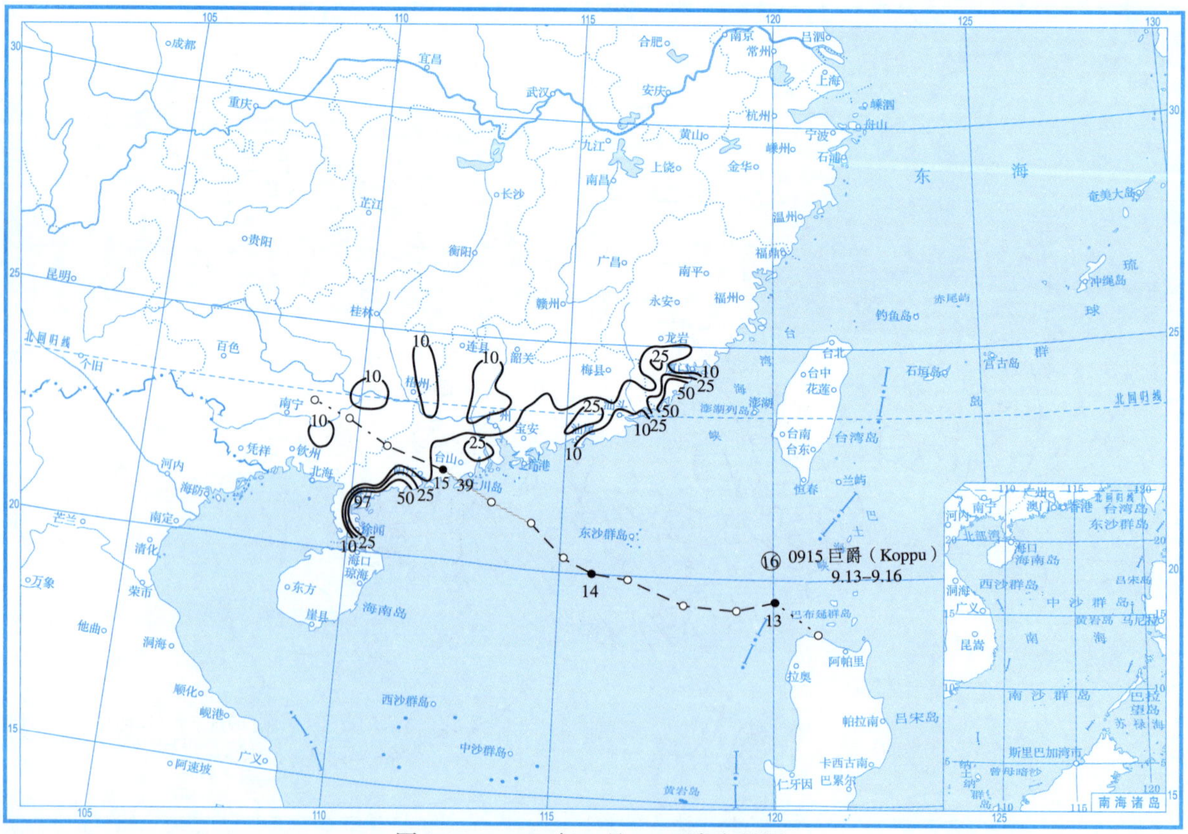

图 2.16.6　2009 年 9 月 14 日降水量图

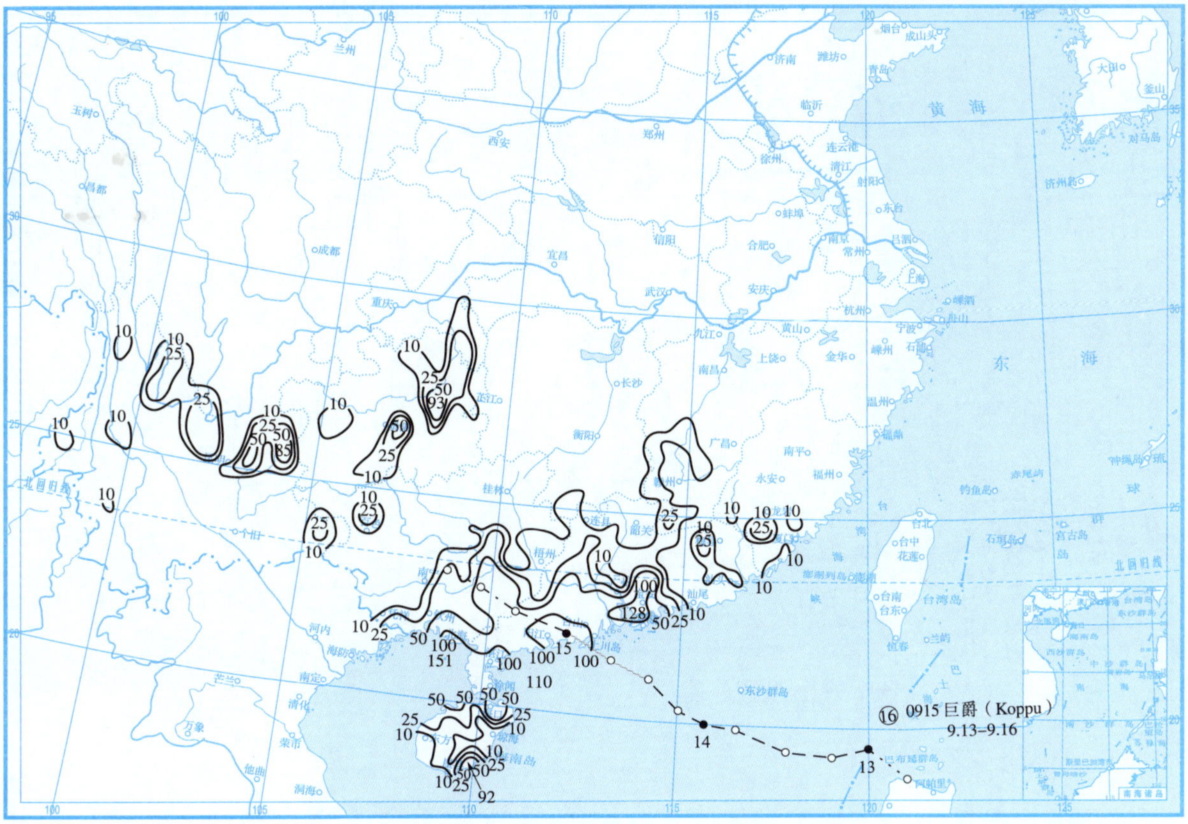

图 2.16.7 2009 年 9 月 15 日降水量图

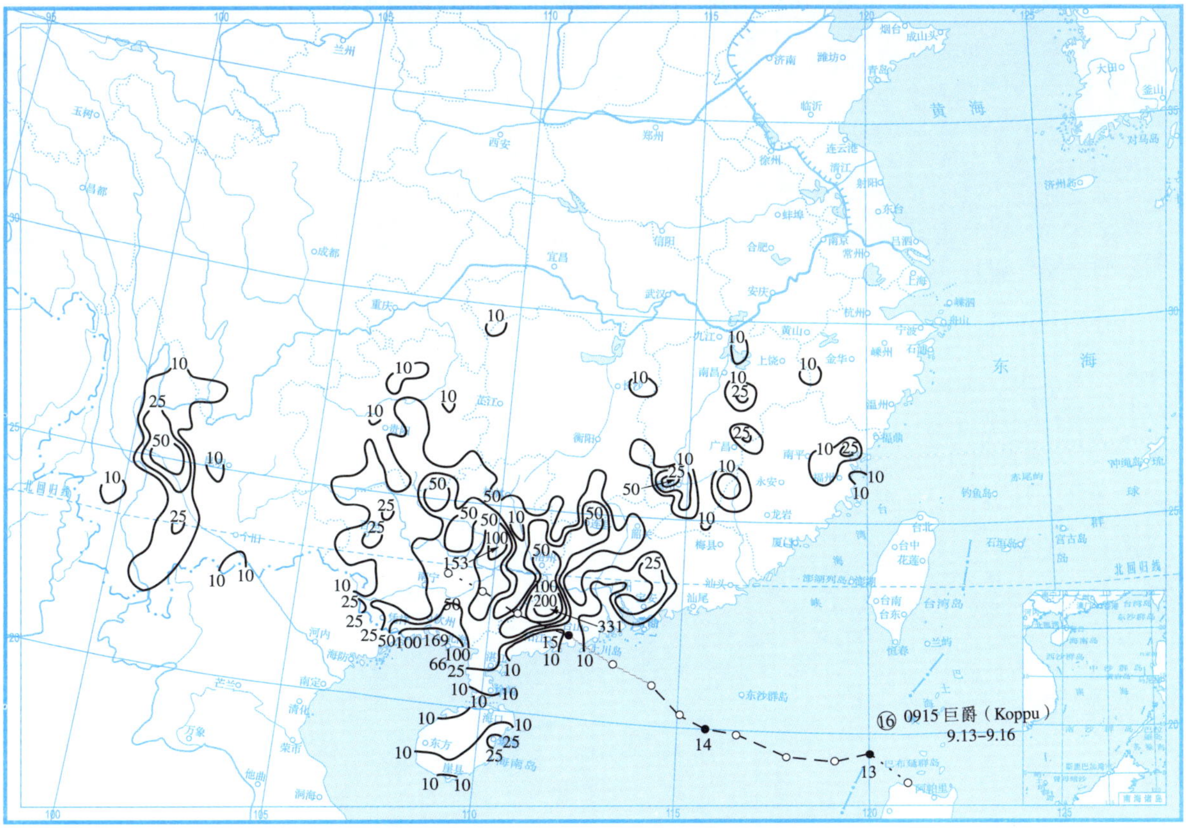

图 2.16.8 2009 年 9 月 16 日降水量图

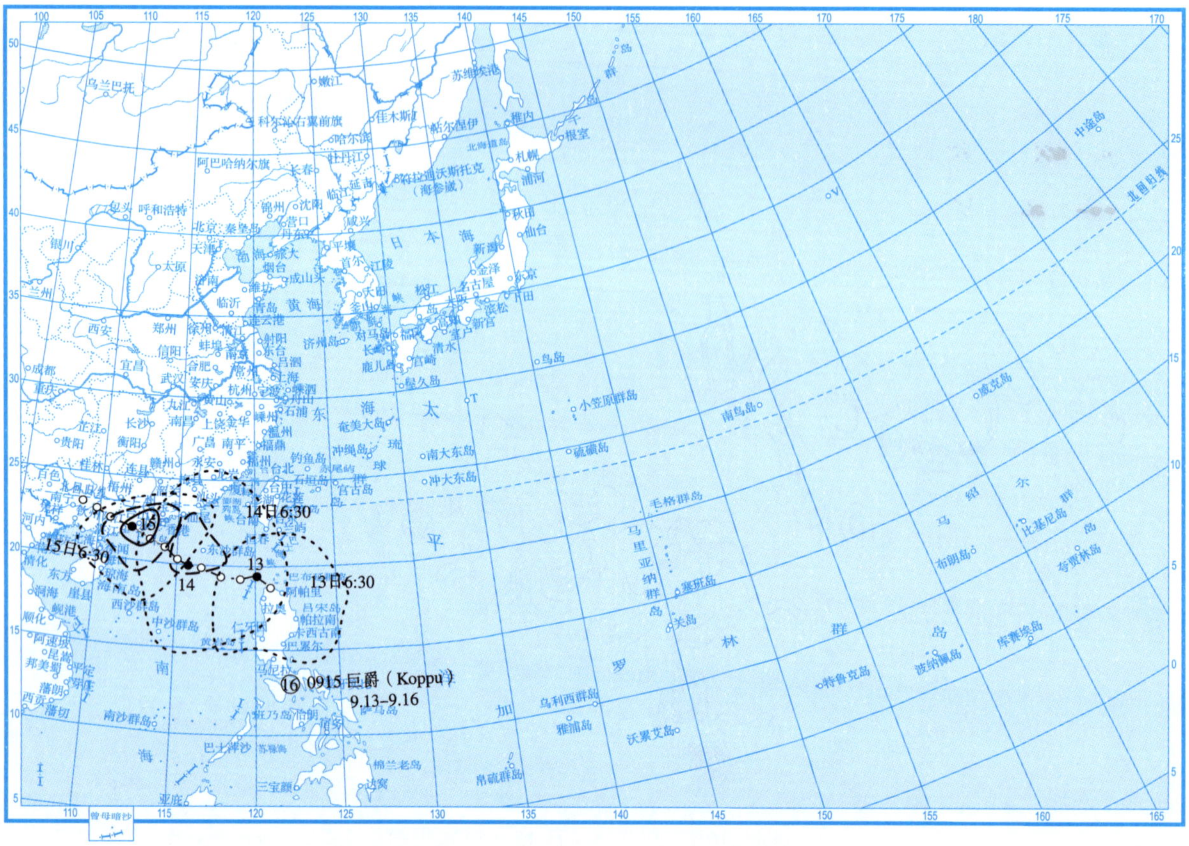

图 2.16.9 台风“巨爵（Koppu）”大风区域演变图

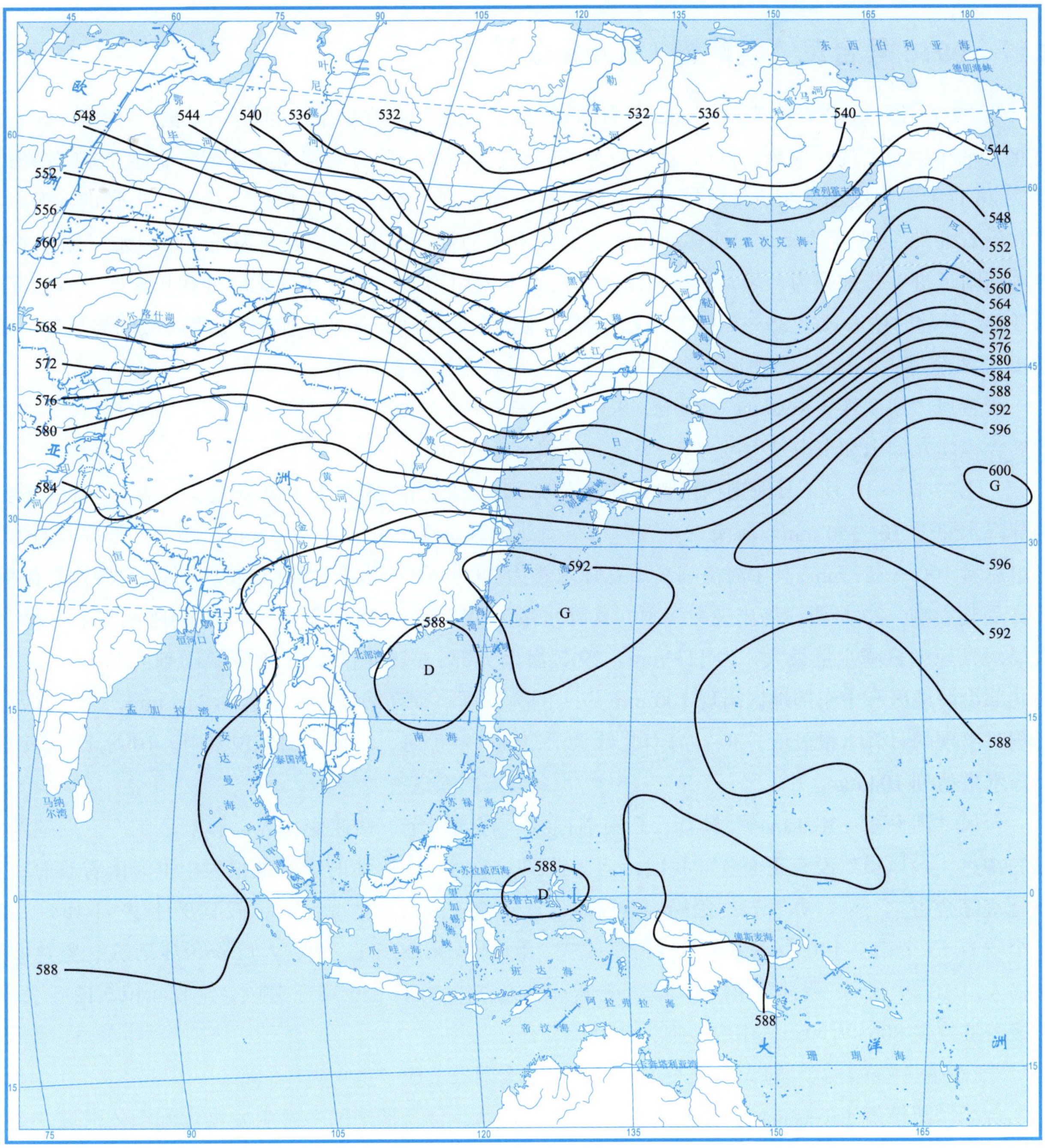

图 2.16.10　2009 年 9 月 14 日 08 时 500 hPa 高度场图（dagpm）

2.17　0916 号台风“凯萨娜（Ketsana）”

第 0916 号台风“凯萨娜（Ketsana）”于 9 月 25 日上午在菲律宾中部的萨马岛东北约 400 km 处的西北太平洋洋面上的一个热带低压发展形成。初始它向西北偏西方向移动并逐渐向菲律宾东部沿海靠近。 26 日上午强度加强为热带风暴，午后到晚上“凯萨娜（Ketsana）”横过菲律宾，夜间进入南海中部并沿着北纬 15.5 度的纬线向西移动，强度也在逐渐加强。27 日上午增强为强热带风暴。28 日在中沙群岛附近进一步加强为台风，横过南沙群岛后继续向西移动。29 日 15 时 30 分在越南广义省北部沿海登陆，登陆时中心风速 35 m/s（12 级），登陆后继续向西移动，强度逐渐减弱，当晚减弱为热带风暴。30 日“凯萨娜（Ketsana）”再减弱为热带低压，之后在泰国东南部消失。

受台风“凯萨娜（Ketsana）”影响，9 月 27 日—10 月 1 日海南和西沙岛、广东沿海地区、广西涠洲岛、福建九仙山和东山最大风力 6 ~ 8 级，阵风 8 ~ 10 级。

9 月 27 日—10 月 1 日海南西南部、广东南部部分和雷州半岛、福建漳州地区、江西局部、湖南局部降水总量 10 ~ 50 mm。海南三亚、广东东南部地区总降水量 50 ~ 100 mm。海南大部以及西沙岛降水总量 100 ~ 387 mm，其中海南临高站总降水量为 387 mm，为本次台风影响时出现的总降水量极值。

受其影响，27 日西沙岛出现大暴雨，日降水量为 121 mm。28 日西沙岛、海南中东部出现暴雨到大暴雨，琼中日降水量最大，为 111 mm。29 日海南大部、广东揭阳地区出现暴雨到大暴雨，其中海南北部沿海地区和中东部地区出现 100 mm 以上的大暴雨。临高站日降水量达到 218 mm，为本次台风影响时出现的日降水量极值。30 日海南北部大雨，临高和琼海、广东中山出现暴雨。10 月 1 日海南临高降水量达到 104 mm。

台风“凯萨娜（Ketsana）”具有云系覆盖面大、移向稳定、移速变化大、影响范围广、局地降水强的特点。台风虽然没有正面登陆我国，但其外围云系对海南等地的影响也很大。据海南省政府应急办公室综合省“三防”办、省气象局、省民政厅、省农业厅有关情况报告：截至 9 月 29 日 18 时，海南全省有 13 个市县 110 个乡镇和西沙群岛受灾，倒塌房屋 282 间，受灾人口 48.975 万人，紧急避险转移人口 10.79 万人，西沙羚羊礁有 34 人受困；受灾农作物面积 20.34 千公顷，绝收面积 0.12 千公顷；直接经济损失 8063 万元，其中农业损失 4500 多万元。

“凯萨娜（Ketsana）”的威力惊人，给东南亚多个国家造成了重大破坏。

台风“凯萨娜（Ketsana）”26 日横扫菲律宾吕宋岛，台风带来的暴雨引发洪灾和山体滑坡，造成菲律宾 40 余年来最严重水灾，首都大马尼拉地区多处暴雨成灾，给菲律宾带来严重灾难。据菲官方公布的统计，截至 9 月 30 日，“凯萨娜”导致的死亡人数达到 246 人，37 人失踪，无家可归的人数高达 45 万，其中 37 万人被安置在临时的帐篷中。菲律宾当局估计风灾造成 23.4 亿比索（约合 3.36 亿元人民币）损失。据 10 月 14 日报道称，“凯萨娜”造成死亡人数上升到 337 人。

“凯萨娜”9 月 29 日登陆越南中部达到台风强度，引发洪水和山体滑坡，平定省、广南省、广义省和承天顺化省等 15 个省份受到影响，30 多万间房屋被淹，约 7.3 万公顷农作物受灾。越南官方 10 月 4 日发布的数据表明，造成 163 人死亡，另有 17 人失踪。

在柬埔寨和泰国分别有 17 人以及 24 人遇难。

表 2.17.1 是台风“凯萨娜（Ketsana）”的中心位置和强度。图 2.17.1～2.17.4 分别是台风“凯萨娜（Ketsana）”路径图、总降水量图、大风分布图、总降水日数图，图 2.17.5～2.17.8 分别是 2009 年 9 月 28 日—10 月 1 日的日降水量图,图 2.17.9～2.17.10 分别是台风“凯萨娜（Ketsana）”大风区域演变图、2009 年 9 月 28 日 08 时 500 hPa 高度场图。

表 2.17.1 台风“凯萨娜（Ketsana）”中心位置和强度

（17）9 月 25 日—10 月 1 日

年	月	日	时	中心位置		中心最低气压（hPa）	中心最大风速（m/s）
				北纬（°N）	东经（°E）		
2009	9	25	08	14.1	128.5	1000	13
		25	14	14.2	127.2	1000	13
		25	20	14.7	125.5	998	15
		26	02	15.0	123.9	998	15
		26	08	15.2	122.7	995	18
		26	14	15.4	121.1	995	20
		26	20	15.4	119.7	995	20
		27	02	15.4	118.2	990	23
		27	08	15.4	116.6	990	25
		27	14	15.4	115.6	990	25
		27	20	15.8	114.6	985	28
		28	02	15.8	113.6	980	30
		28	08	15.9	112.8	975	33
		28	14	15.9	112.0	965	35
		28	20	16.1	111.2	960	38
		29	02	16.0	110.3	960	40
		29	08	15.5	109.5	970	35
		29	14	15.4	108.9	970	35
		29	20	15.4	107.9	980	30
		30	02	15.3	106.8	990	23
		30	08	15.3	106.2	996	16
		30	14	15.3	105.9	998	13
		30	20	15.2	105.5	1000	13
	10	1	02	15.1	105.0	1000	10
				消失			

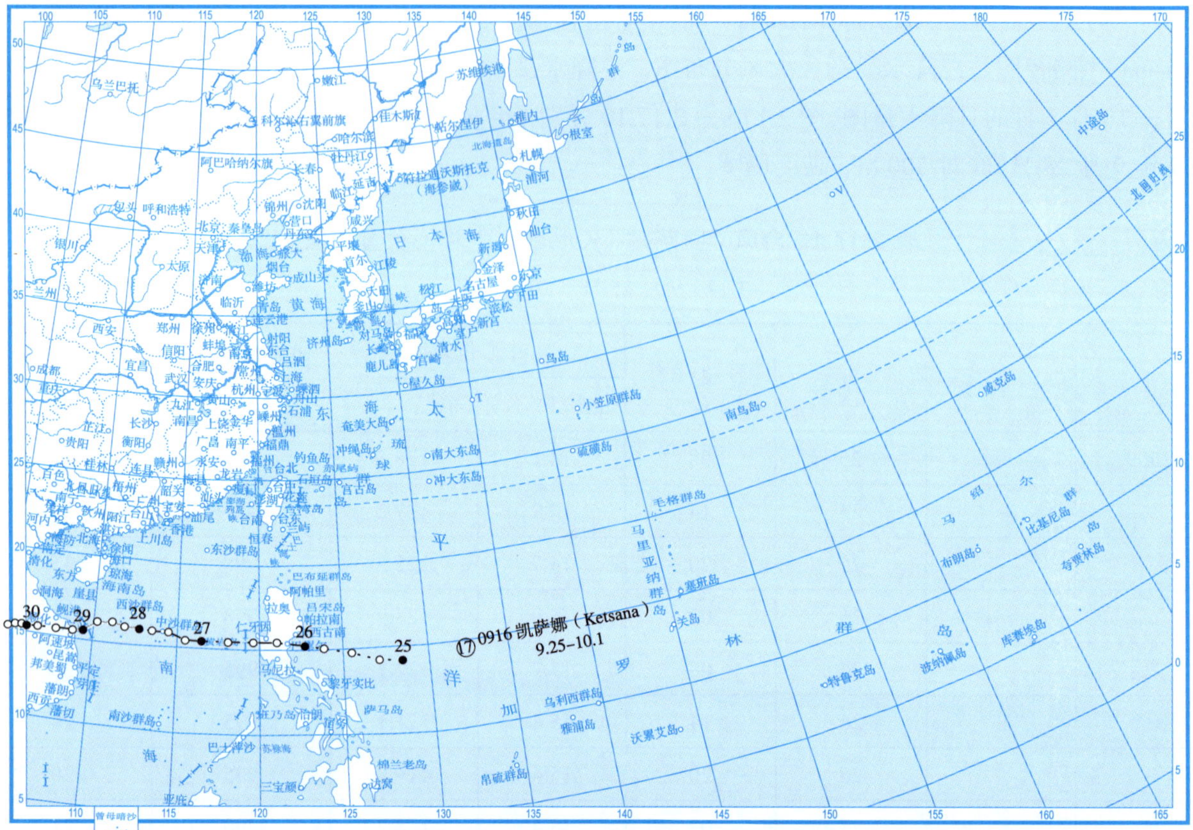

图 2.17.1 台风“凯萨娜（Ketsana）”路径图

图 2.17.2 台风“凯萨娜（Ketsana）”总降水量图（9 月 27 日—10 月 1 日）

图 2.17.3 台风“凯萨娜（Ketsana）”大风分布图（9月27日—10月1日）

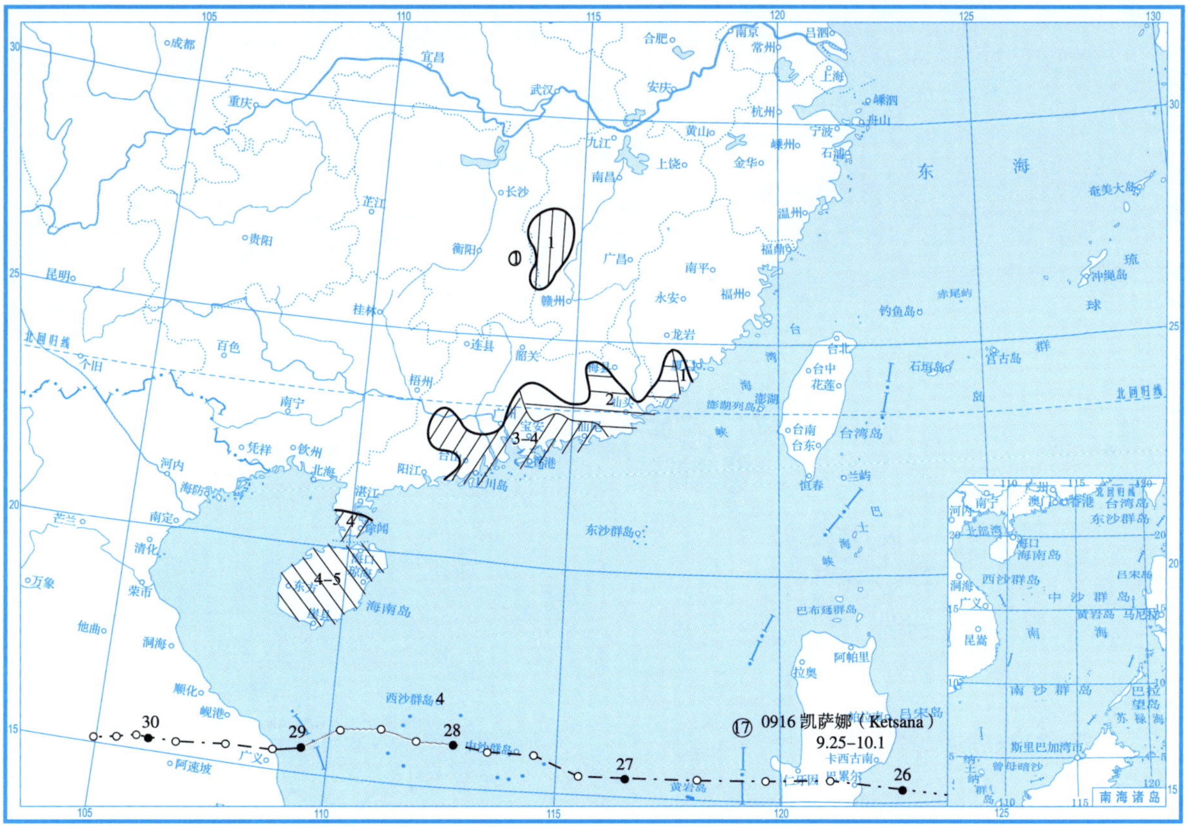

图 2.17.4 台风“凯萨娜（Ketsana）”总降水日数图（9月27日—10月1日）

图 2.17.5　2009 年 9 月 28 日降水量图

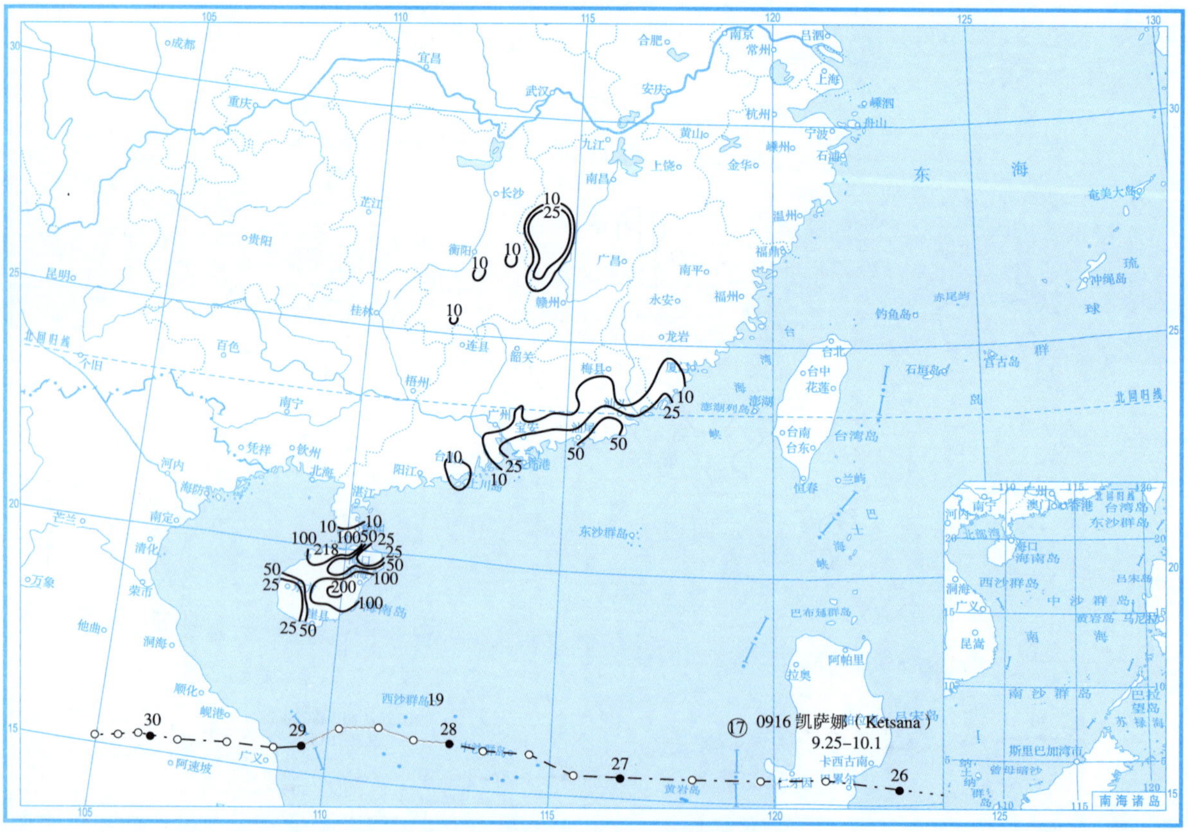

图 2.17.6　2009 年 9 月 29 日降水量图

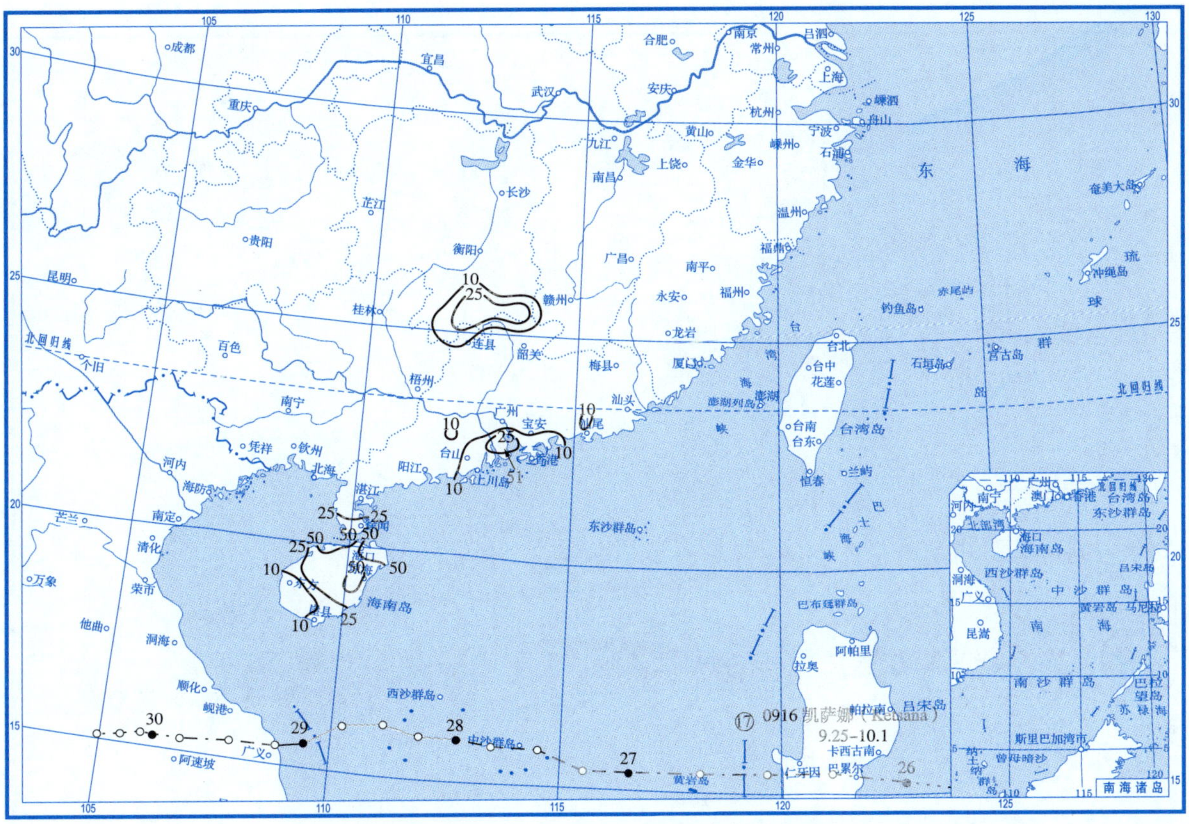

图 2.17.7　2009 年 9 月 30 日降水量图

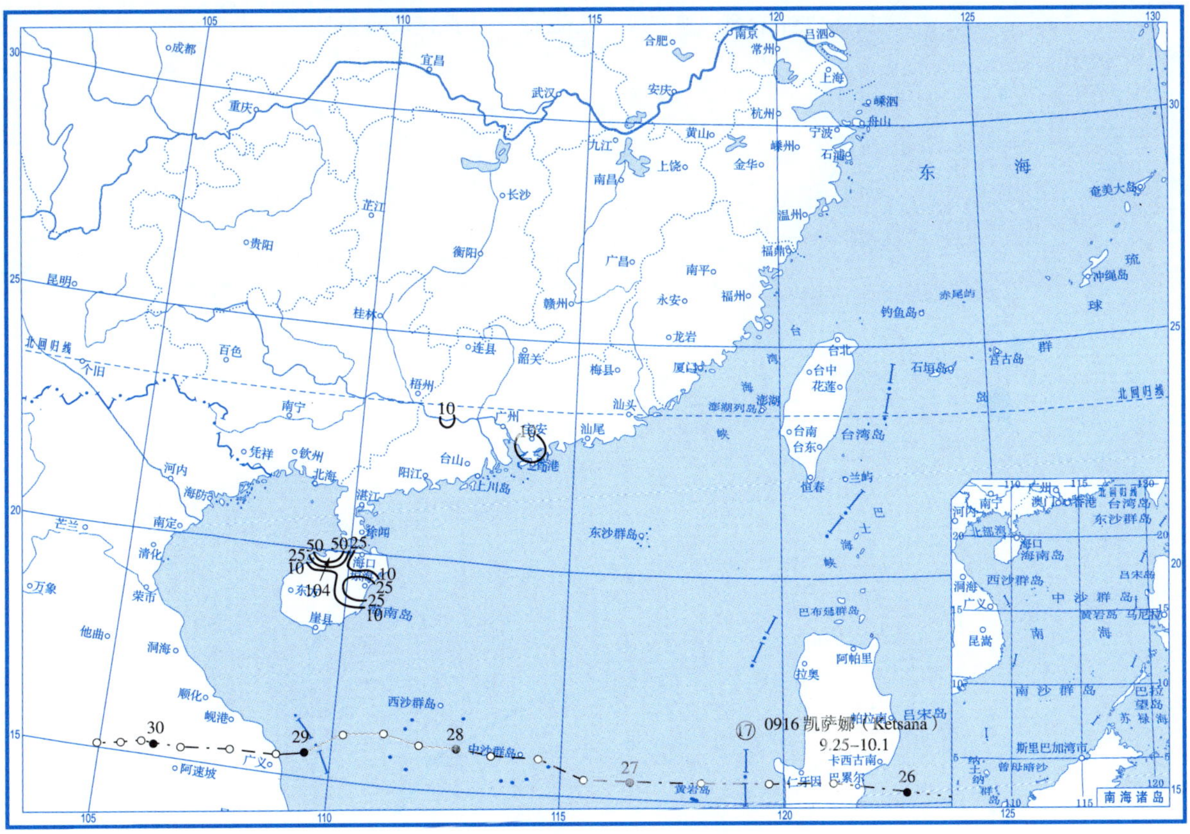

图 2.17.8　2009 年 10 月 1 日降水量图

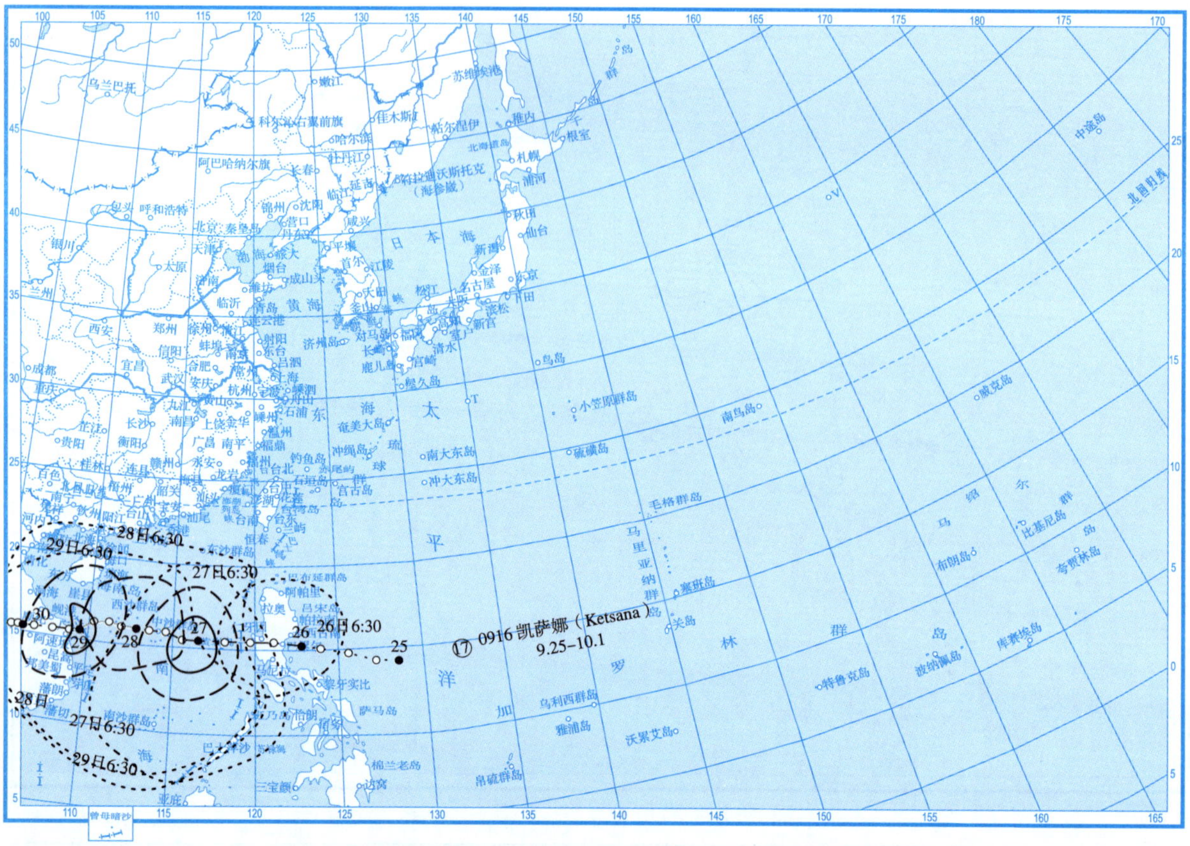

图 2.17.9 台风“凯萨娜（Ketsana）”大风区域演变图

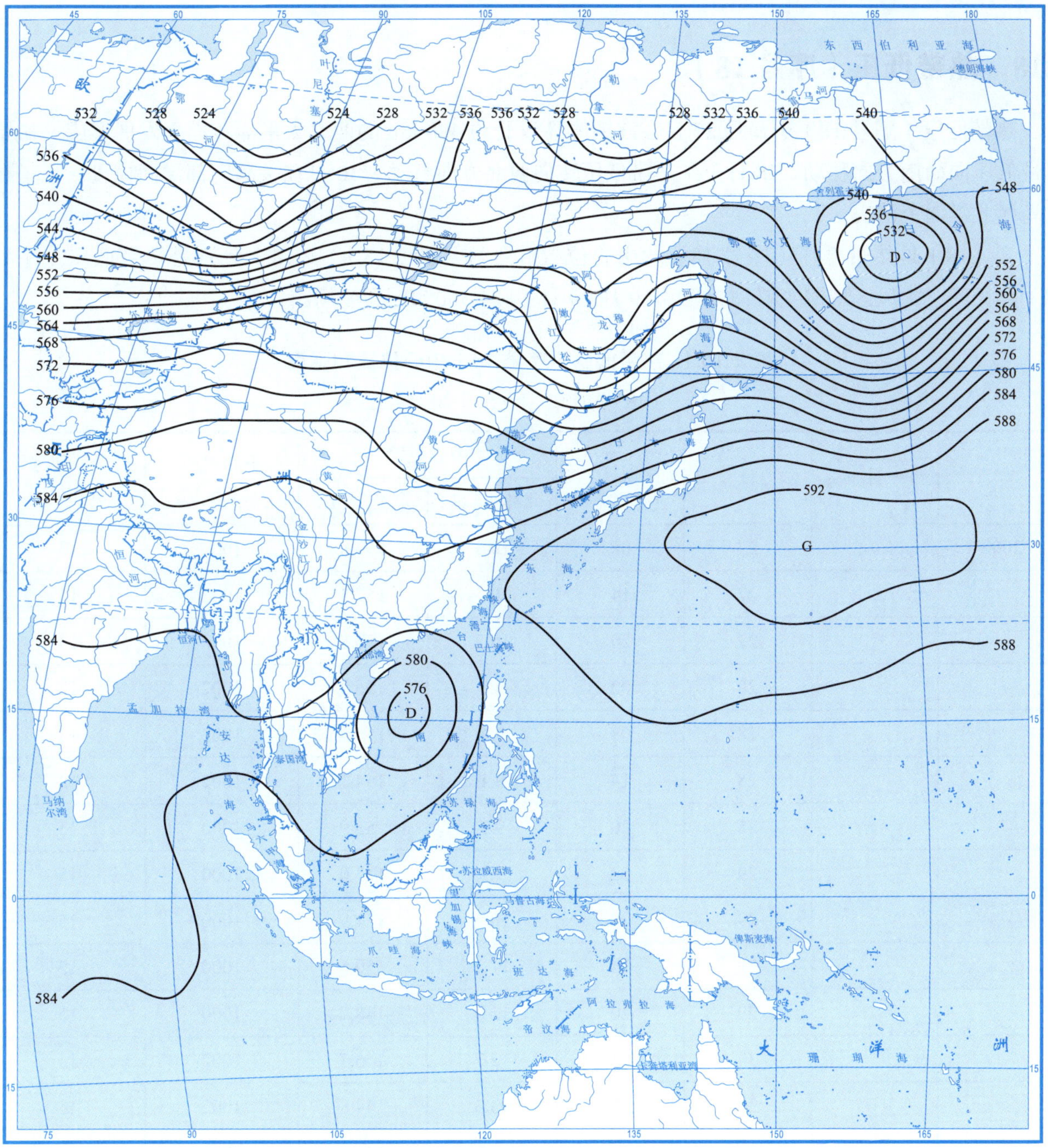

图 2.17.10　2009 年 9 月 28 日 08 时 500 hPa 高度场图（dagpm）

2.18 热带低压（序号 18）

热带低压（序号 18）于 9 月 27 日在波纳佩岛以北约 400 km 的西北太平洋洋面上发展形成。初始热带低压向西南方向移动。28 日下午热带低压转向西北方向移动。30 日在关岛南部洋面掠过，下午在关岛西北洋面上消失。

表 2.18.1 是热带低压（序号 18）的中心位置和强度。图 2.18.1 ~ 2.18.3 分别是热带低压（序号 18）路径图、大风区域演变图、2009 年 9 月 29 日 14 时 500 hPa 高度场图。

表 2.18.1 热带低压（序号 18）中心位置和强度

（18）9 月 27 日—9 月 30 日

年	月	日	时	中心位置		中心气压（hPa）	中心风速（m/s）
				北纬（°N）	东经（°E）		
2009	9	27	08	10.3	157.8	1004	13
		27	14	10.3	157.3	1002	13
		27	20	10.2	156.8	1002	13
		28	02	9.9	156.2	1002	13
		28	08	9.4	155.4	1002	13
		28	14	9.1	154.7	1002	13
		28	20	9.3	153.9	1000	15
		29	02	9.7	153.0	1000	15
		29	08	10.5	151.9	1000	15
		29	14	11.2	150.6	1000	15
		29	20	11.9	148.7	1000	15
		30	02	12.7	146.7	1002	15
		30	08	13.3	144.8	1002	15
		30	14	14.0	143.5	1004	15
				消失			

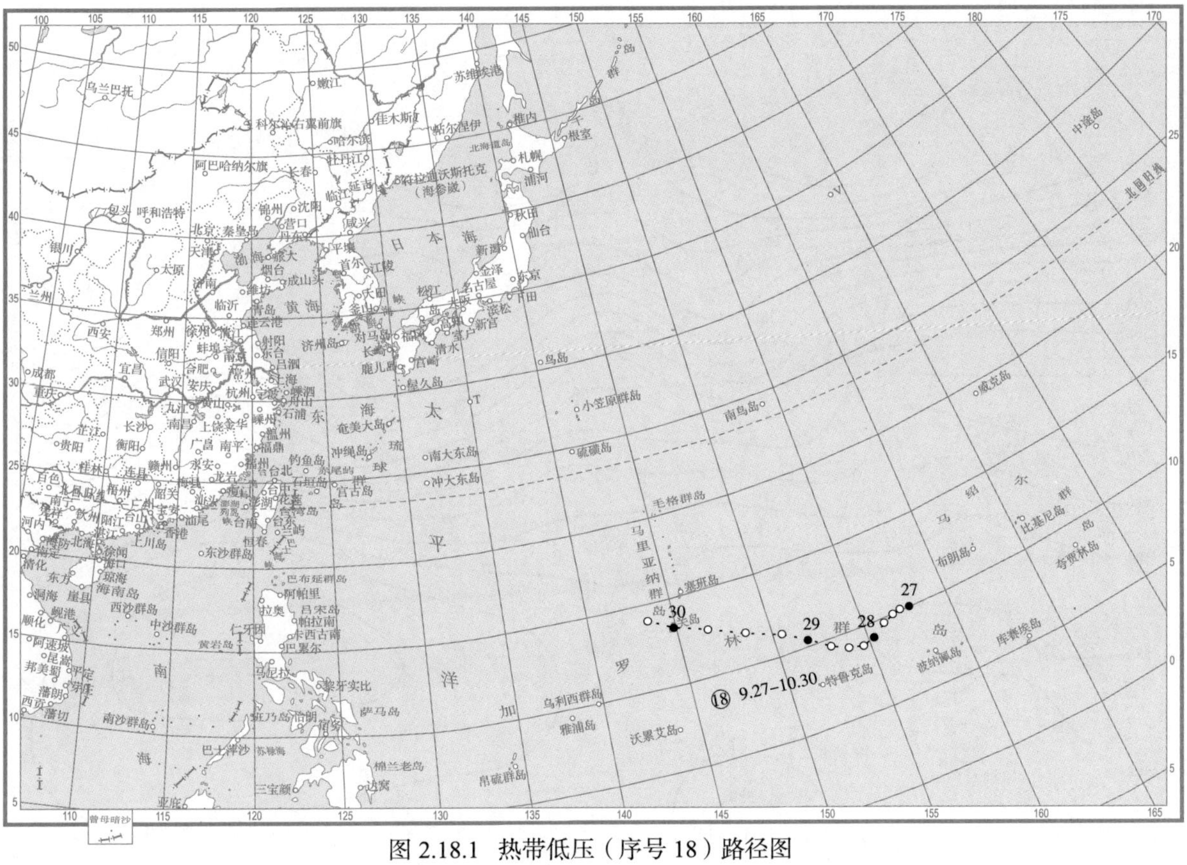

图 2.18.1 热带低压（序号 18）路径图

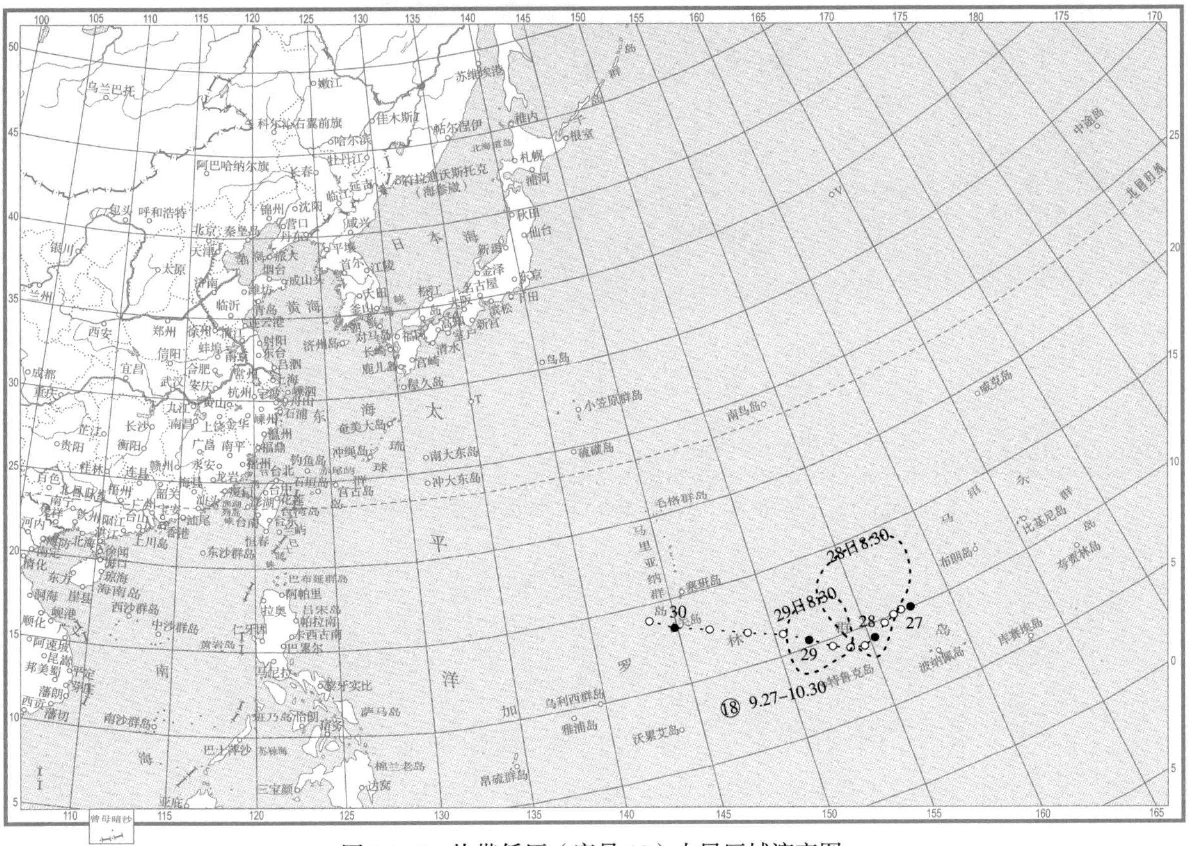

图 2.18.2 热带低压（序号 18）大风区域演变图

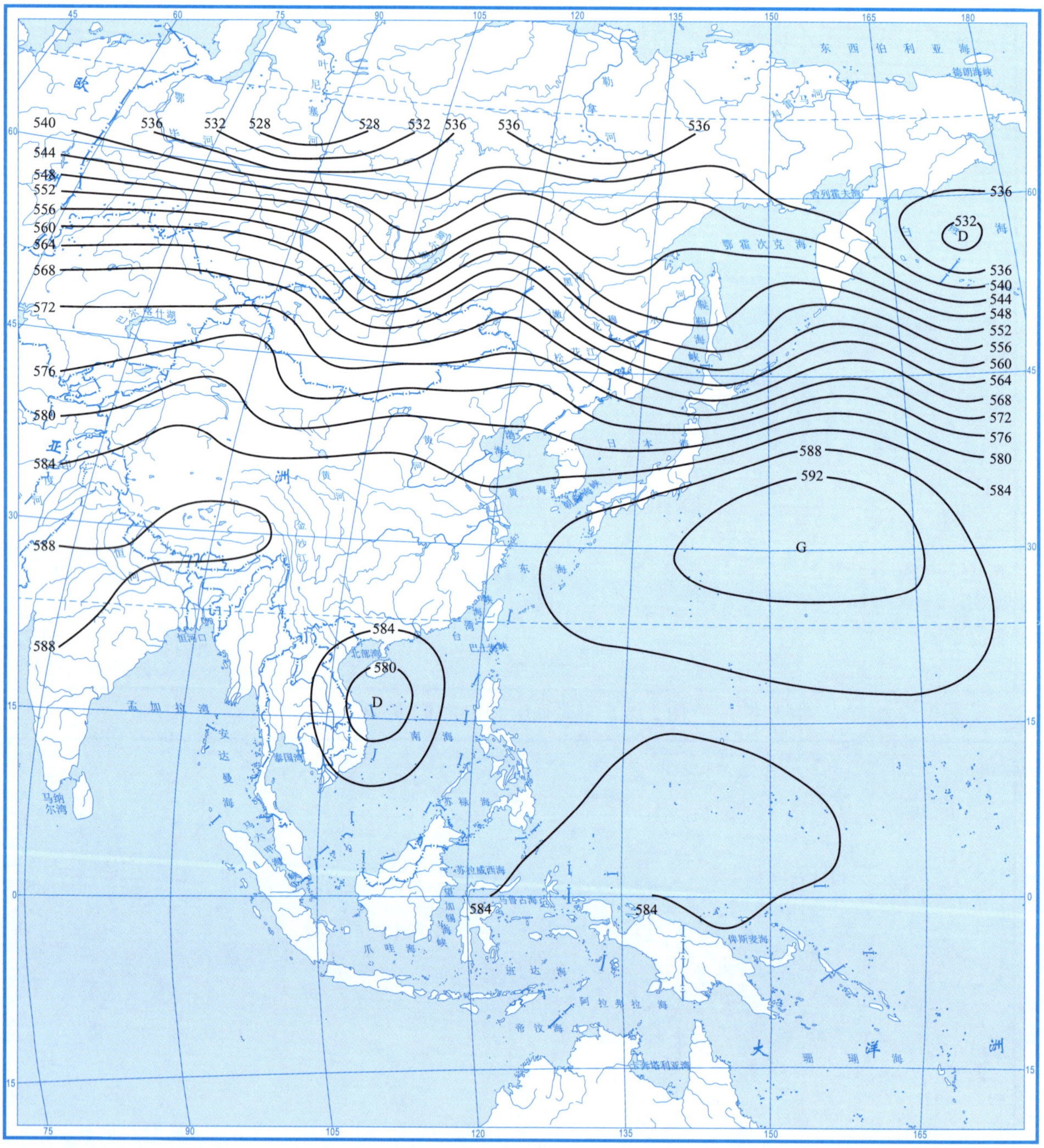

图 2.18.3　2009 年 9 月 29 日 14 时 500 hPa 高度场图（dagpm）

2.19 0917 号超强台风“芭玛（Parma）”

第 0917 号超强台风“芭玛（Parma）”是于 9 月 28 日凌晨在关岛以南约 450 km 处的西北太平洋上的一个热带低压发展形成。初始它向偏西方向移动。29 日热带低压加强为热带风暴并转向西南方向，夜间又折向西北移动。30 日凌晨增强为强热带风暴，强度迅速加强。10 月 1 日凌晨进一步增强为台风，6 小时后“芭玛（Parma）”强度达到极值，中心附近最大风速为 55 m/s，达到超强台风强度。随后强度减弱为强台风并逐渐向菲律宾东部靠近。10 月 3 日晚横过菲律宾吕宋北部，其后几天在吕宋北部附近迴旋，台风的移动速度缓慢。5 日“芭玛（Parma）”减弱为强热带风暴。6 日夜间再在吕宋岛西北部沿海登陆并减弱为热带风暴。7 日下午它的中心移出吕宋岛东部并在东北部沿岸附近徘徊。8 日“芭玛”又一次进入吕宋岛，第三次横过吕宋岛北部后进入南海，且在南海东北部海面缓慢地向偏西方向移动。10 日午后强度减弱为热带低压，11 日上午再次加强为热带风暴并转向西北，逐渐向海南靠近，10 月 12 日 09 时 50 分在海南省万宁楼古镇登陆，登陆时中心附近的最大风速 23 m/s（9 级），最低气压 992 hPa。登陆后它向西北方向移动，越过海南后夜间从儋州进入北部湾并先是向西北移动，之后再转向偏西方向缓慢地移动。12 日晚上再次加强为强热带风暴，13 日下午再次加强为台风。14 日上午减弱为强热带风暴，下午强度减弱为热带风暴，16 时 30 分登陆越南北部，随后强度减弱为热带低压并很快在越南北部消失。超强台风“芭玛（Parma）”从形成到消失，历经 17 天，它的生命史是近 20 年来登陆我国最长的一个台风。

受超强台风“芭玛（Parma）”的影响，10 月 4—15 日海南、广东沿海地区、广西涠洲岛、福建崇武和东山、浙江台州沿海地区最大风力 6～7 级，阵风 7～9 级。海南西沙岛和海口、福建九仙山最大风力 8 级，阵风 9～10 级。10 月 12 日海南海口最大风力 8 级（19.1 m/s），阵风 10 级（25.8 m/s），为本次超强台风影响时出现的风极值。

10 月 3—15 日广东中南部部分、广西大部、福建柘荣、浙江平阳、湖南西南部总降水量 10～50mm。海南西南部部分、广东西部、广西南宁地区和涠洲岛降水总量 50～250 mm。海南西北部和西沙岛、广西防城港降水总量 250～382 mm。海南临高站降水总量达 382 mm，为本次超强台风影响时出现的总降水量极值。

受其影响，降水主要在 10 月 11—14 日，降水区域集中在海南岛和广东的雷州半岛以及广西南部一带。11 日西沙岛日降水量达到 314 mm；12 日广东雷州半岛、海南大部出现暴雨到大暴雨，海南有 3 个站日降水量在 200 mm 以上，其中临高出现特大暴雨，日降水量达到 319 mm，为本次超强台风影响时出现的日降水量极值；13 日海南临高、广西防城港地区出现暴雨，海南东北局部和西北局部地区、广东雷州半岛、广西北海地区和涠洲岛出现大暴雨；14 日海南局部地区、广东遂溪、广西南宁地区和钦州出现暴雨，海南儋州、广西防城港地区出现大暴雨。

超强台风“芭玛（Parma）”具有生命期长、强度变化大、移速缓慢、登陆次数多、风大雨强、路径多变的特点。“芭玛（Parma）”不规则的移动路径走向在历史上较为罕见，是 2009 年最为复杂的一条路径，同时也给预报增加了难度。

受“芭玛”影响，海南省受灾人口 89.87 万人，紧急转移人口 7.56 万人；因灾死亡 4 人，倒塌房屋 0.01 万间，农作物受灾面积 29.61 千公顷，成灾面积 25.97 千公顷，绝收面积 8.38 千公顷，直接经济损失 2.37

亿元。广东省紧急转移人口 8.9 万人。

受台风外围环流及冷空气的共同影响，台湾东北部及东部地区出现特大暴雨，造成宜兰地区严重灾情，多处水淹、交通中断。1 人死亡，农业损失约 1.3 亿元。

"芭玛"在菲律宾北部反复登陆三次，带来了狂风和强降雨。连续暴雨引发了百处山体滑坡，洪水泛滥，灾情非常严重。据菲律宾政府 10 月 14 日公布的数字，"芭玛"造成 375 人死亡。

表 2.19.1 是超强台风"芭玛（Parma）"的中心位置和强度。图 2.19.1 ~ 2.19.4 分别是超强台风"芭玛（Parma）"路径图、总降水量图、大风分布图、总降水日数图，图 2.19.5 ~ 2.19.7 分别是 2009 年 10 月 12—14 日的日降水量图，图 2.19.8 ~ 2.19.9 分别是超强台风"芭玛（Parma）"大风区域演变图、2009 年 10 月 4 日 14 时 500hPa 高度场图。

表 2.19.1 超强台风"芭玛（Parma）"中心位置和强度

（19）9 月 28 日—10 月 15 日

年	月	日	时	中心位置		中心最低气压（hPa）	中心最大风速（m/s）
				北纬（°N）	东经（°E）		
2009	9	28	02	9.5	145.5	1002	15
		28	08	9.4	144.5	1002	15
		28	14	9.3	143.6	1000	15
		28	20	9.2	142.1	1000	15
		29	02	8.9	140.8	1000	15
		29	08	8.1	139.7	995	18
		29	14	7.8	139.0	995	18
		29	20	8.0	138.2	995	20
		30	02	8.3	137.5	990	25
		30	08	9.0	136.8	980	30
		30	14	9.8	135.4	970	35
		30	20	10.5	134.0	965	38
	10	1	02	11.3	132.5	950	45
		1	08	11.8	131.1	935	55
		1	14	12.5	129.7	940	50
		1	20	13.1	128.7	940	50
		2	02	13.9	127.4	940	50
		2	08	14.5	126.3	940	50
		2	14	15.0	125.5	950	45
		2	20	15.9	124.7	950	45
		3	02	16.5	123.8	950	45
		3	08	17.2	122.9	950	45

（续表）

年	月	日	时	中心位置		中心最低气压（hPa）	中心最大风速（m/s）
				北纬（°N）	东经（°E）		
2009	10	3	14	17.8	122.1	950	45
		3	20	18.2	121.6	960	40
		4	02	18.6	120.7	965	38
		4	08	18.8	120.2	970	35
		4	14	19.3	119.8	970	35
		4	20	19.7	119.7	975	33
		5	02	19.9	119.5	980	30
		5	08	20.0	119.6	985	28
		5	14	20.1	119.7	985	28
		5	20	20.0	119.8	985	28
		6	02	19.8	119.9	985	28
		6	08	19.3	120.2	985	28
		6	14	19.0	120.5	985	28
		6	20	18.6	120.8	985	28
		7	02	18.1	121.2	990	23
		7	08	17.6	121.9	995	18
		7	14	17.4	122.3	995	18
		7	20	17.6	122.4	995	20
		8	02	17.9	122.4	995	20
		8	08	17.4	122.2	995	20
		8	14	17.2	122.0	995	20
		8	20	17.1	121.2	995	20
		9	02	17.1	120.6	995	18
		9	08	17.1	119.9	995	18
		9	14	17.3	119.5	995	18
		9	20	17.4	119.2	995	18
		10	02	17.4	118.8	995	18
		10	08	17.2	118.3	995	18
		10	14	18.0	118.1	1000	16
		10	20	18.3	117.0	1000	16
		11	02	18.1	115.7	1000	16
		11	08	17.9	114.7	995	18
		11	14	17.7	113.4	995	18

（续表）

年	月	日	时	中心位置		中心最低气压（hPa）	中心最大风速（m/s）
				北纬（°N）	东经（°E）		
2009	10	11	20	18.0	112.6	995	20
		12	02	18.5	111.6	995	20
		12	08	19.0	110.8	992	23
		12	14	19.3	110.1	992	23
		12	20	19.6	109.5	990	25
		13	02	19.8	108.8	990	25
		13	08	20.0	108.5	988	28
		13	14	20.2	108.1	965	38
		13	20	20.3	107.7	965	38
		14	02	20.3	107.4	975	33
		14	08	20.3	107.2	990	25
		14	14	20.4	107.0	992	23
		14	20	20.4	106.4	998	18
		15	02	20.4	106.1	1000	13
				消失			

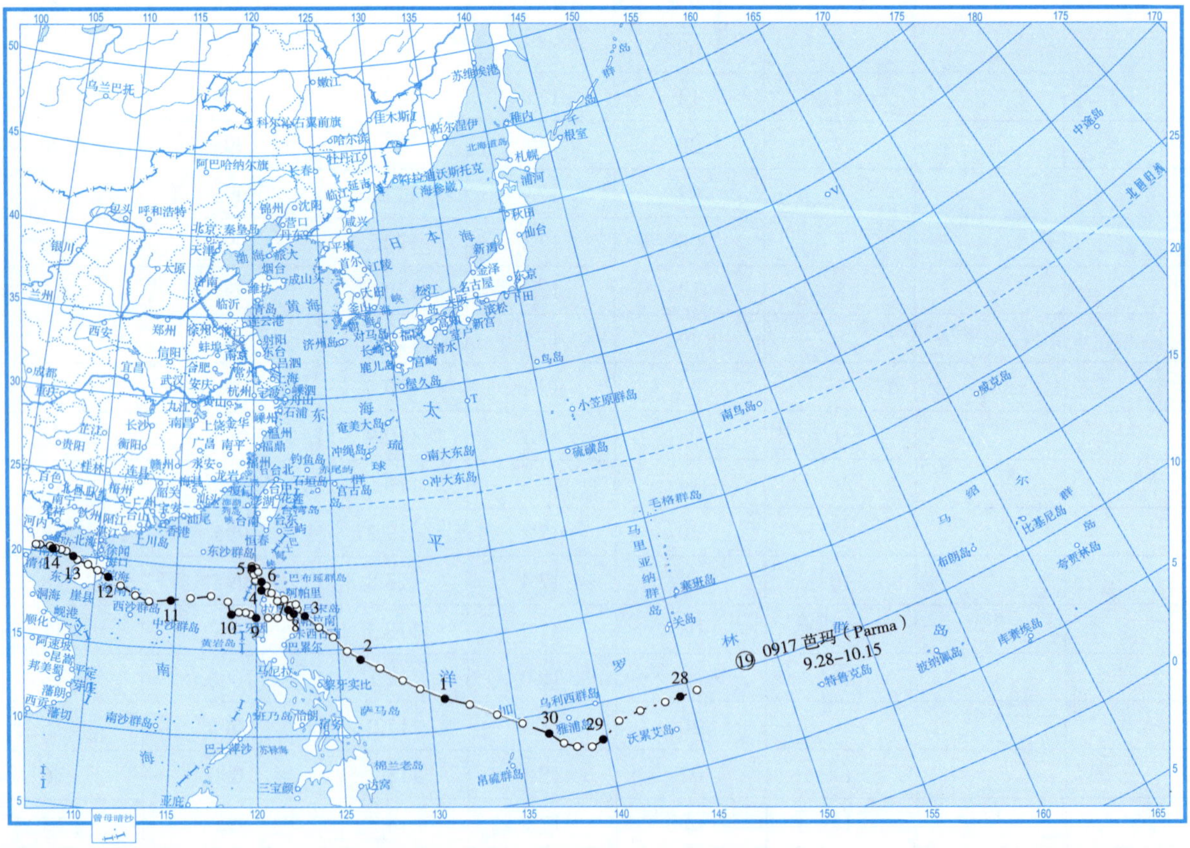

图 2.19.1 超强台风“芭玛（Parma）”路径图

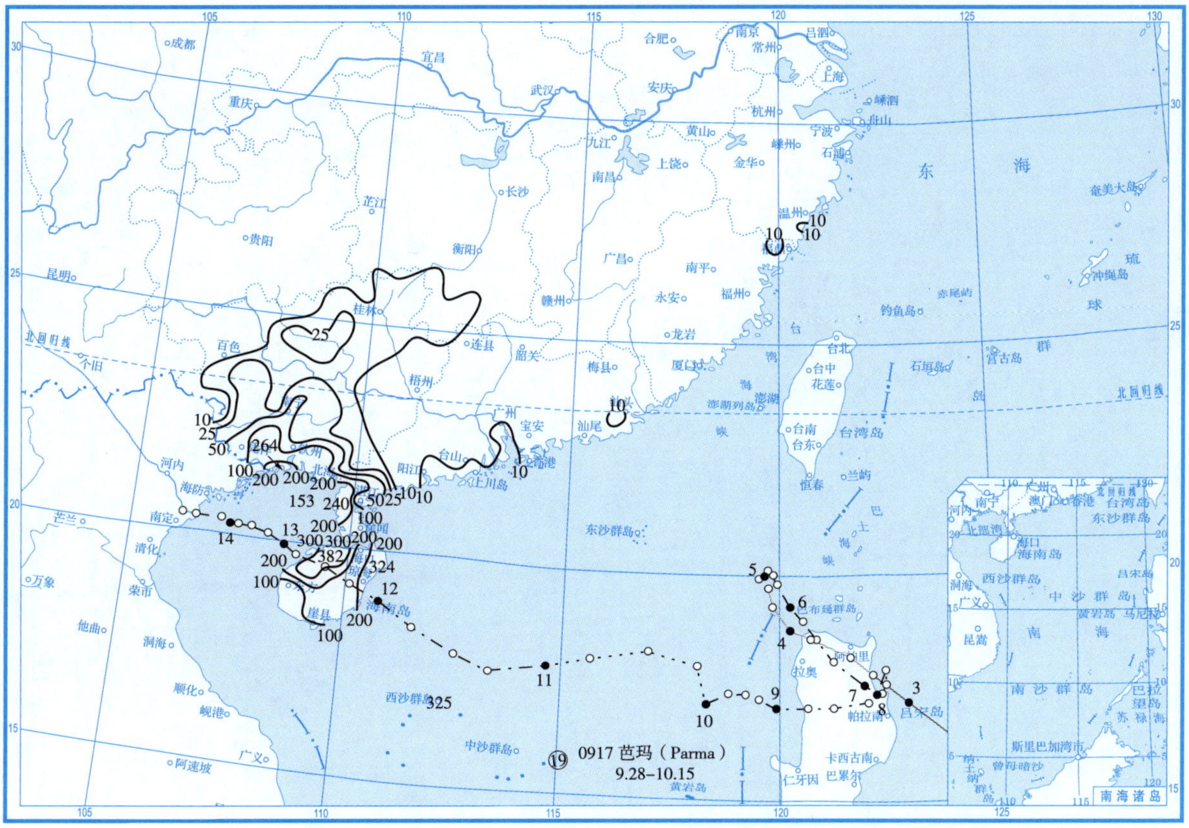

图 2.19.2　超强台风“芭玛（Parma）”总降水量图（10 月 3—15 日）

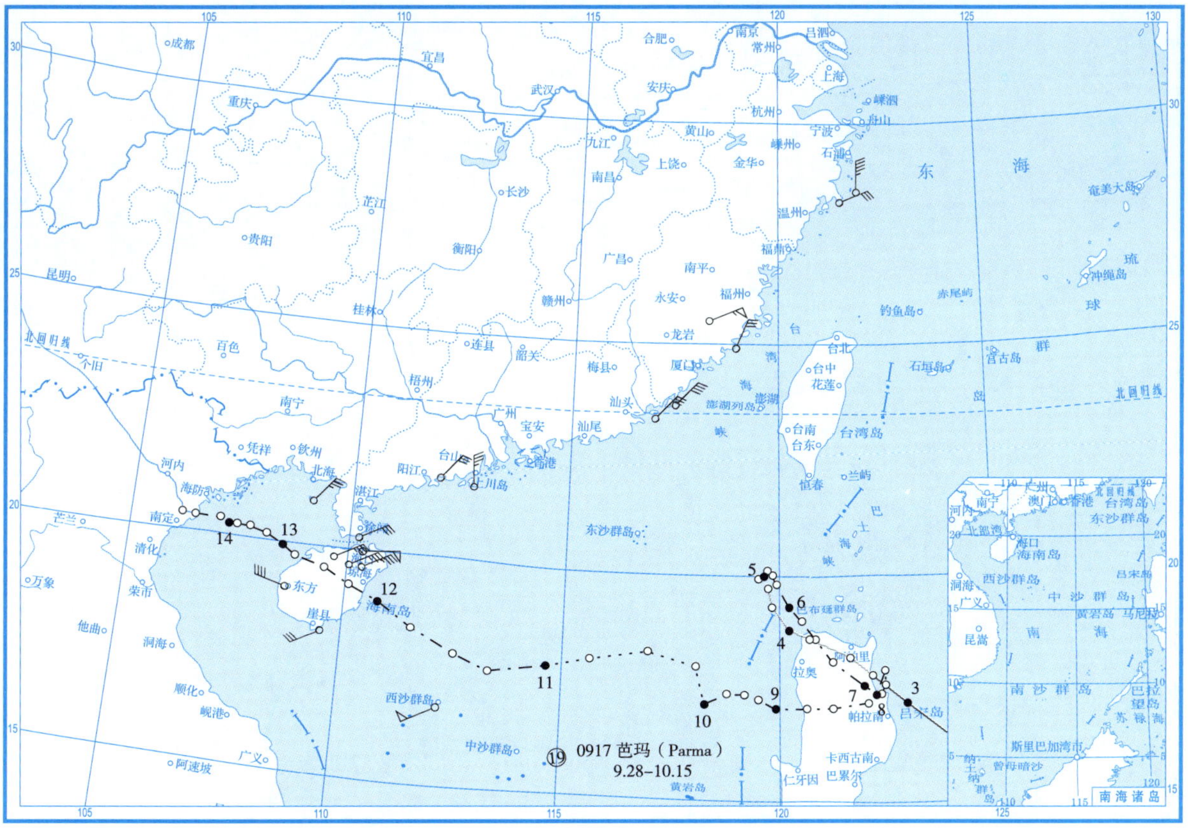

图 2.19.3　超强台风“芭玛（Parma）”大风分布图（10 月 4—15 日）

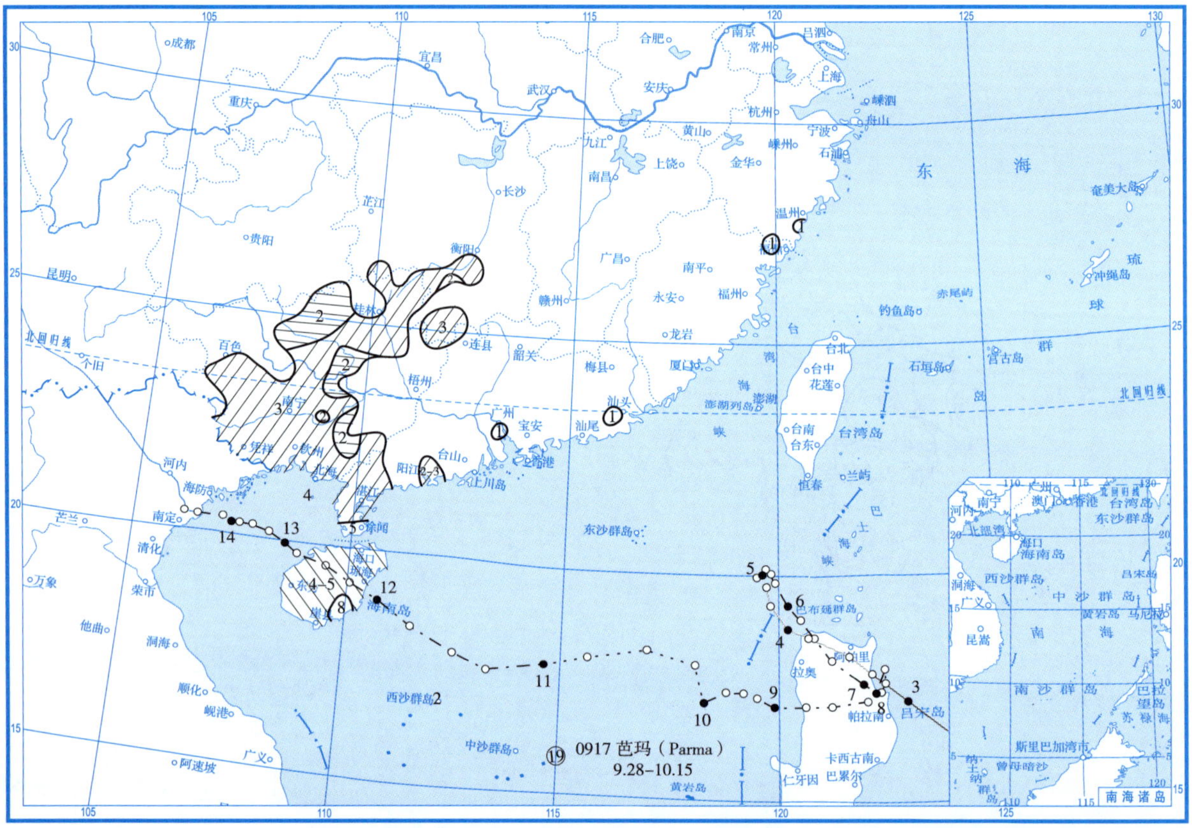

图 2.19.4 超强台风“芭玛（Parma）”总降水日数图（10 月 3—15 日）

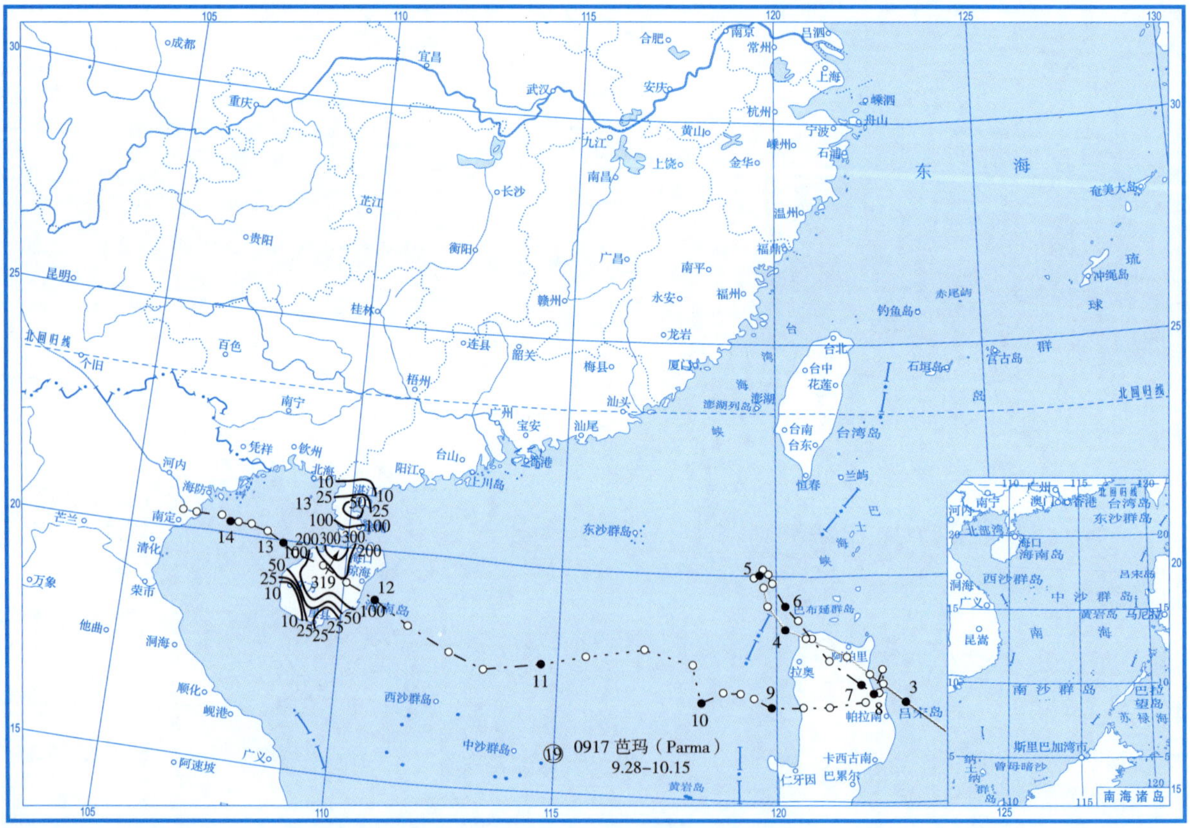

图 2.19.5 2009 年 10 月 12 日降水量图

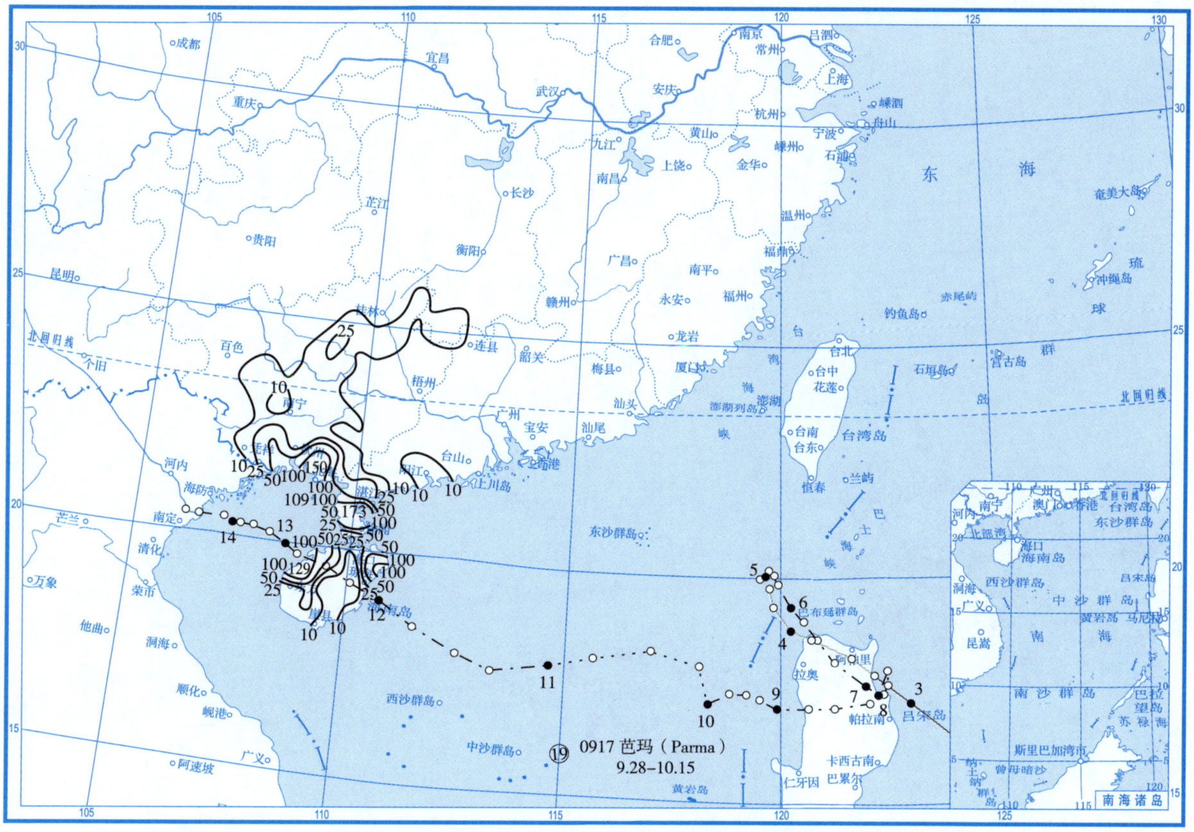

图 2.19.6　2009 年 10 月 13 日降水量图

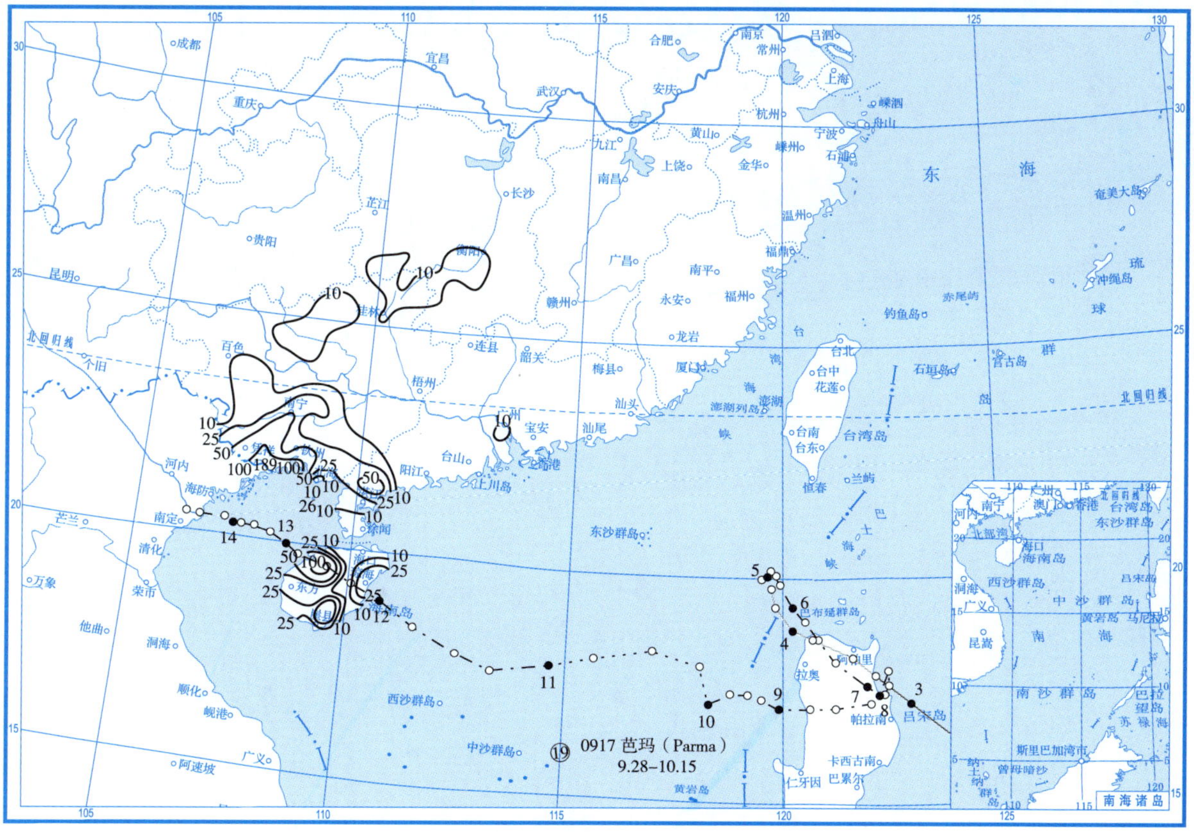

图 2.19.7　2009 年 10 月 14 日降水量图

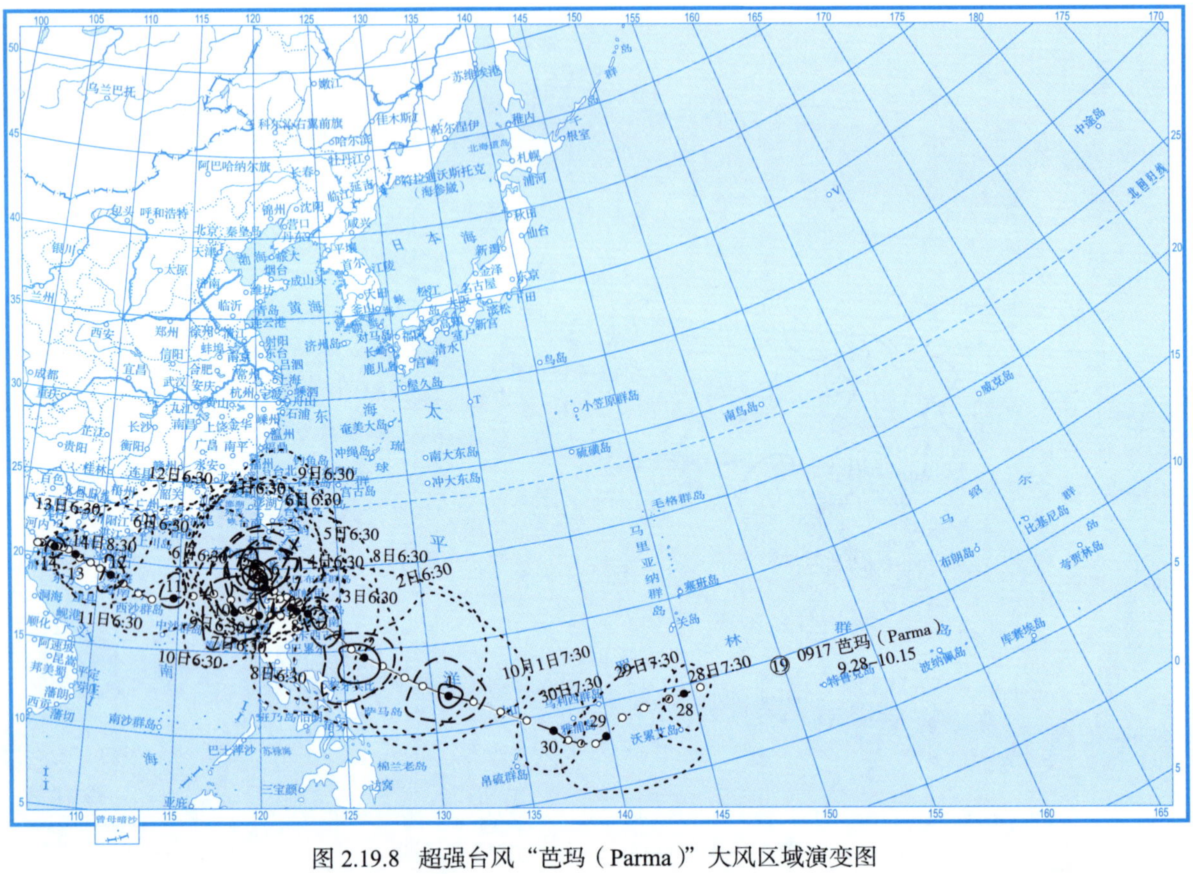

图 2.19.8 超强台风“芭玛（Parma）”大风区域演变图

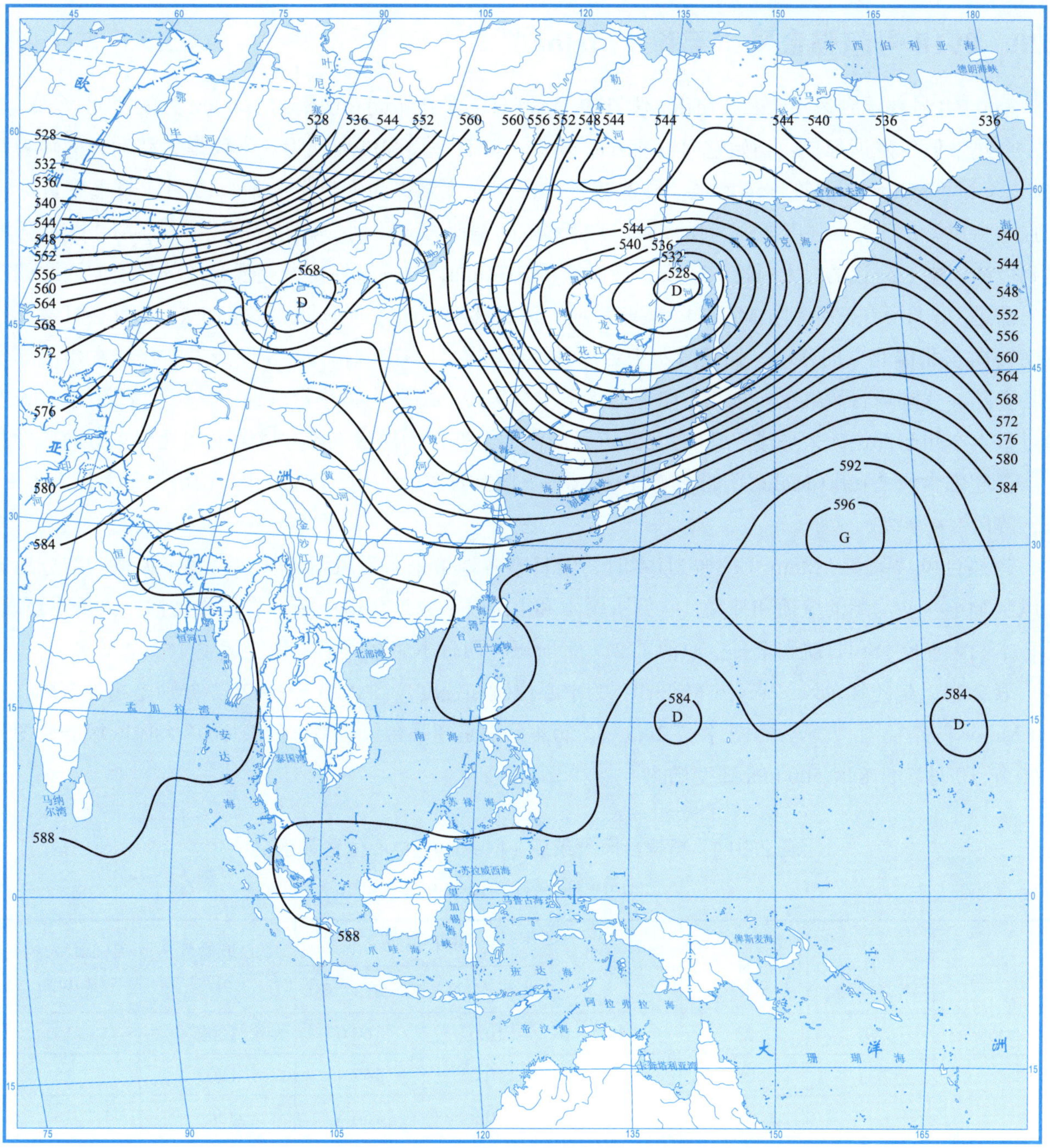

图 2.19.9　2009 年 10 月 4 日 14 时 500 hPa 高度场图（dagpm）

2.20　0918 号超强台风“茉莉（Melor）”

第 0918 号超强台风“茉莉（Melor）”于 9 月 29 日下午在布朗岛西南约 300 km 处的西北太平洋上的一个热带低压发展形成。初始它向偏西方向移动。30 日凌晨强度加强为热带风暴，移动方向转为西北。“茉莉（Melor）”强度逐渐增强，移速减慢，夜间强度增强为强热带风暴。10 月 1 日上午进一步加强为台风，2 日凌晨强度增强为强台风，3 日下午向偏西方向移动，4 日下午“茉莉（Melor）”强度达到极值，中心附近的最大风速 65 m/s，最低气压 910 hPa，并一直保持着超强台风的强度向西北偏西方向前进。6 日下午“茉莉（Melor）”减弱为强台风，移动方向转向偏北，移速加快。7 日在日本九州以南转向东北偏北方向移动，强度减弱为台风并逐渐趋向日本南部沿海，8 日清晨在日本本州南部爱知县登陆。登陆后台风继续向东北方向移动，下午台风中心减弱为强热带风暴。其后“茉莉（Melor）”横过日本本州东部进入太平洋，夜间在北海道以南洋面上变性为温带气旋并继续向东北偏东方向移动。

受超强台风“茉莉（Melor）”的影响，10 月 6—7 日上海洋山港、浙江台州和舟山沿海最大风力 6 ~ 7 级，阵风 8 ~ 9 级。

超强台风“茉莉（Melor）”袭击日本时，给日本各地带来了暴风雨天气，引发了灾情。部分地区大风刮翻了一些房屋的屋顶和外墙，吹倒了树木和电线杆，家庭供电中断，农作物受损，人员伤亡。8 日日本两大航空公司日航和全日空取消了 211 个航班，西日本旅客铁道公司停运了 115 个车次。

表 2.20.1 是超强台风“茉莉（Melor）”的中心位置和强度。图 2.20.1 ~ 2.20.2 分别是超强台风“茉莉（Melor）”路径图、大风分布图，图 2.20.3 ~ 2.20.4 分别是超强台风“茉莉（Melor）”大风区域演变图、2009 年 10 月 5 日 8 时 500 hPa 高度场图。

表 2.20.1　超强台风“茉莉（Melor）”中心位置和强度

（20）9 月 29 日—10 月 9 日

年	月	日	时	中心位置		中心最低气压（hPa）	中心最大风速（m/s）
				北纬（°N）	东经（°E）		
2009	9	29	14	10.0	160.0	1002	15
		29	20	10.6	157.4	1002	15
		30	02	10.9	156.8	998	18
		30	08	11.5	156.0	995	20
		30	14	12.6	154.8	995	23
		30	20	12.9	154.0	990	25
	10	1	02	13.1	153.5	990	28
		1	08	13.5	153.2	985	33
		1	14	13.9	152.5	975	38
		1	20	14.1	152.0	965	40
		2	02	14.1	151.4	960	45

（续表）

年	月	日	时	中心位置		中心最低气压（hPa）	中心最大风速（m/s）
				北纬（°N）	东经（°E）		
2009	10	2	08	14.2	151.1	950	50
		2	14	14.5	150.6	940	50
		2	20	15.0	149.9	940	50
		3	02	15.4	148.8	940	50
		3	08	15.6	147.9	940	50
		3	14	16.2	146.8	940	50
		3	20	16.5	145.3	940	50
		4	02	16.5	143.7	935	55
		4	08	16.6	142.3	920	60
		4	14	17.0	140.9	910	65
		4	20	17.5	139.4	910	65
		5	02	17.9	137.6	910	65
		5	08	18.4	136.3	910	65
		5	14	19.2	134.8	910	65
		5	20	20.0	133.6	920	60
		6	02	21.2	132.5	920	60
		6	08	22.5	131.7	935	55
		6	14	23.9	130.9	940	50
		6	20	25.1	130.7	940	50
		7	02	26.5	130.8	950	45
		7	08	28.2	131.5	950	43
		7	14	29.9	132.5	950	43
		7	20	31.6	134.3	960	40
		8	02	34.0	136.6	965	38
		8	08	36.1	138.8	975	33
		8	14	38.4	141.1	985	28
△		8	20	40.0	143.6	980	25
		9	02	41.3	145.6	980	25
		9	08	42.2	147.8	984	25
				移出			

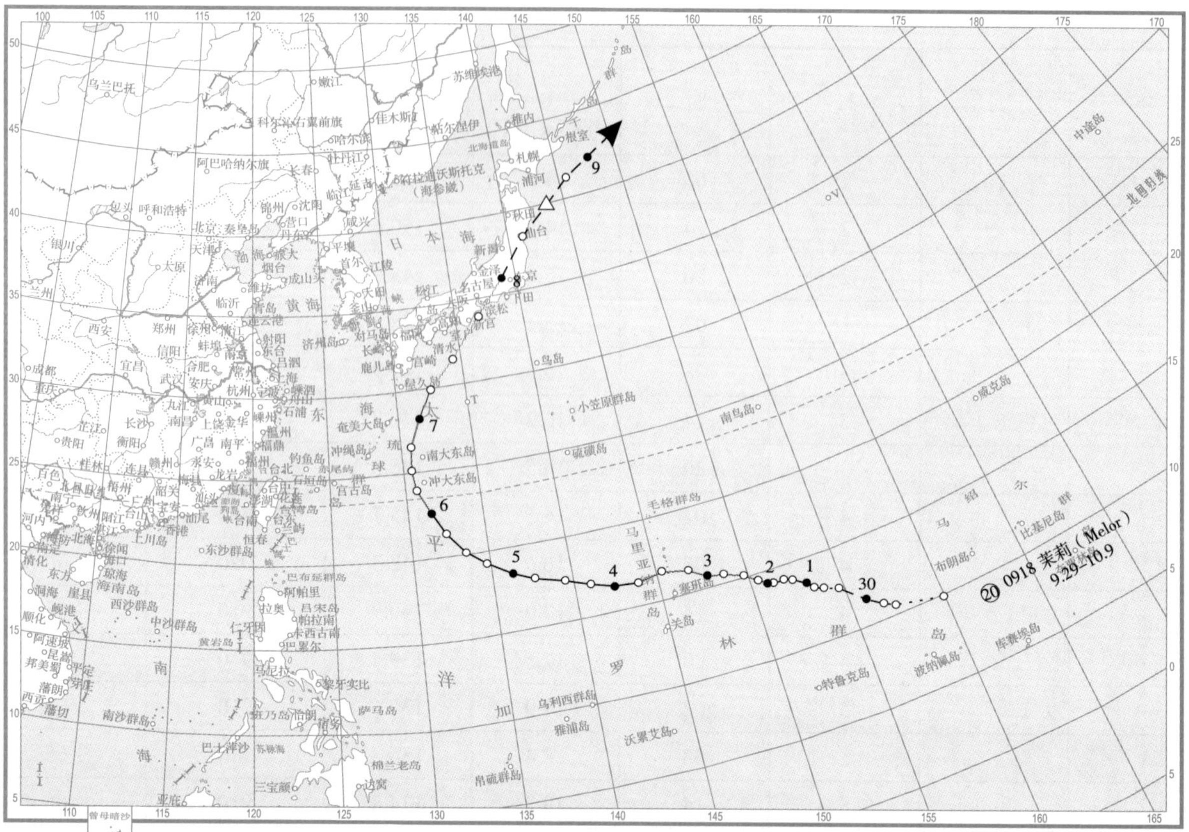

图 2.20.1 超强台风“茉莉（Melor）”路径图

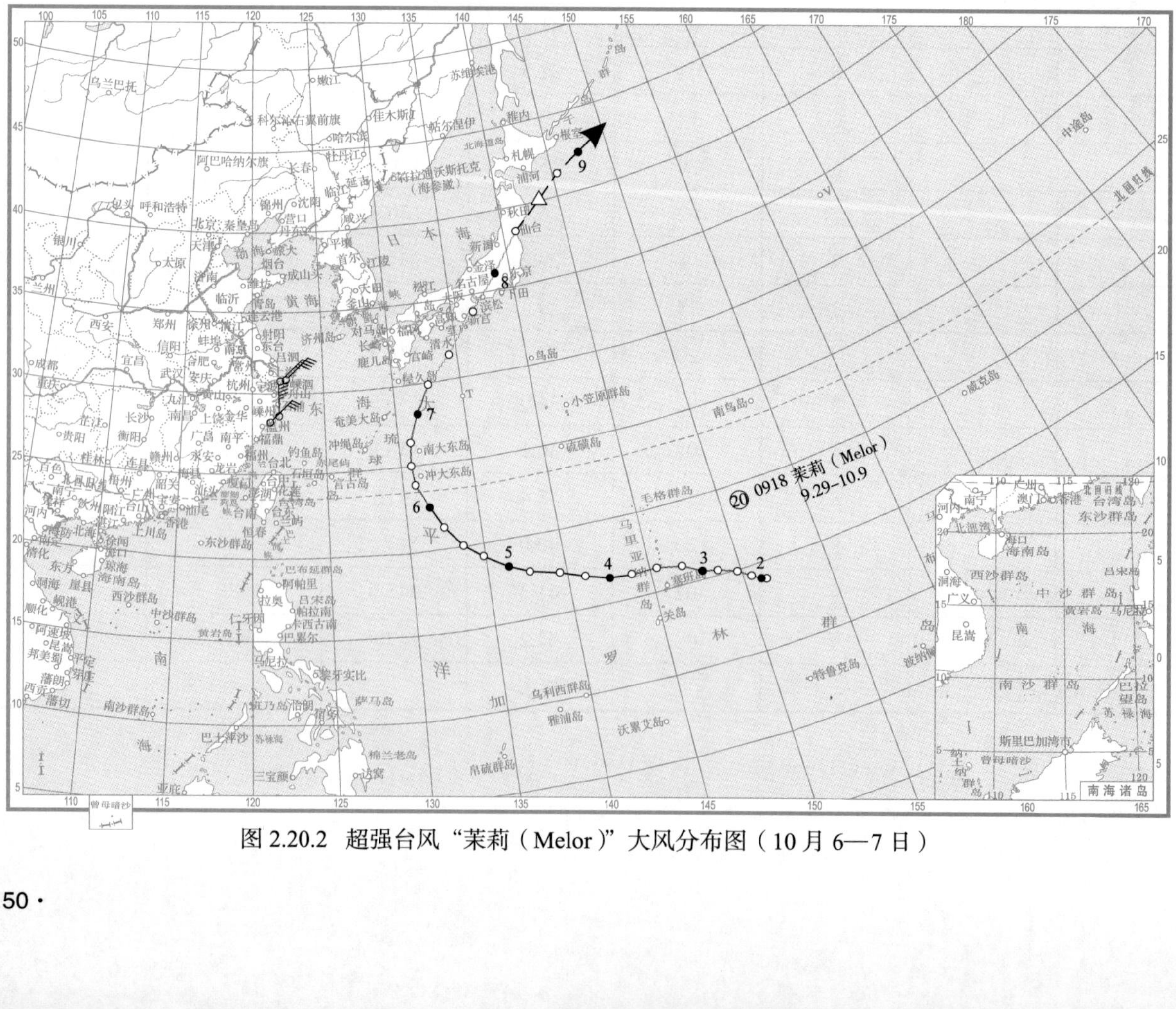

图 2.20.2 超强台风“茉莉（Melor）”大风分布图（10 月 6—7 日）

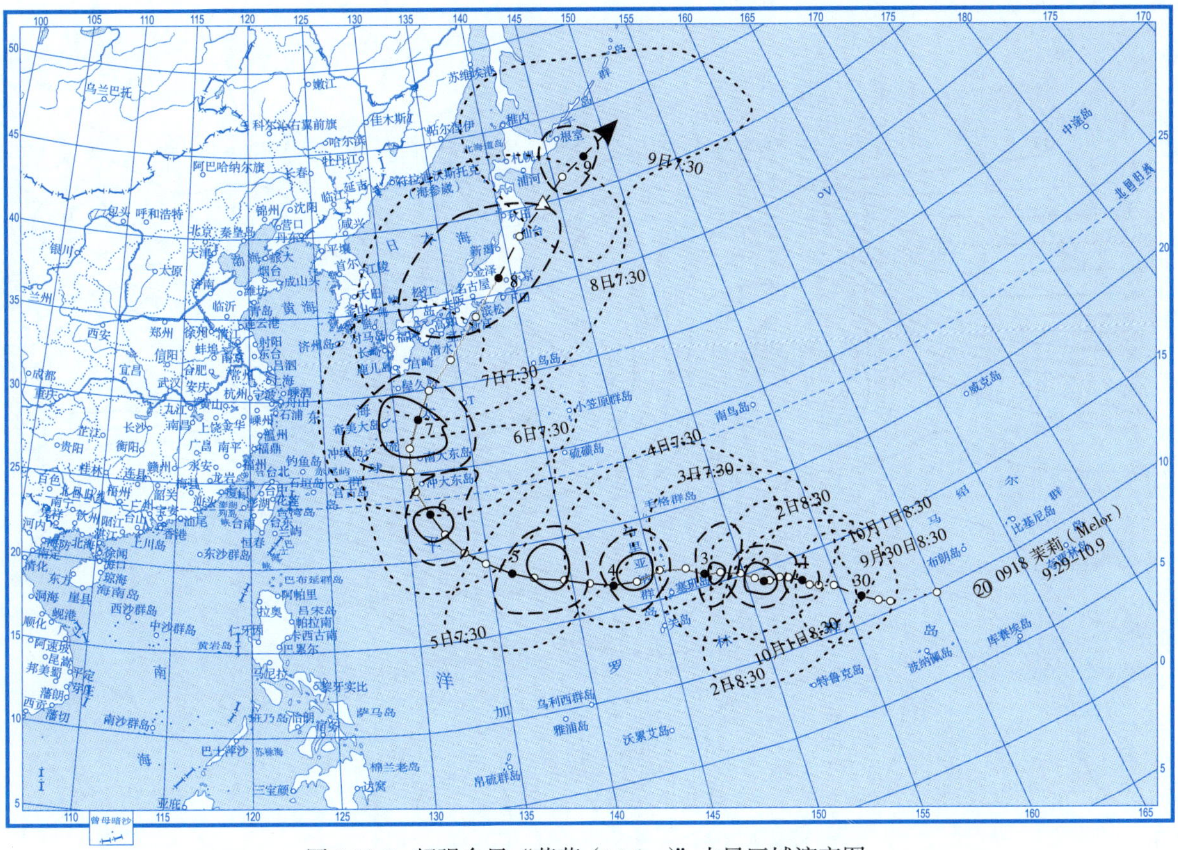

图 2.20.3 超强台风“茉莉（Melor）”大风区域演变图

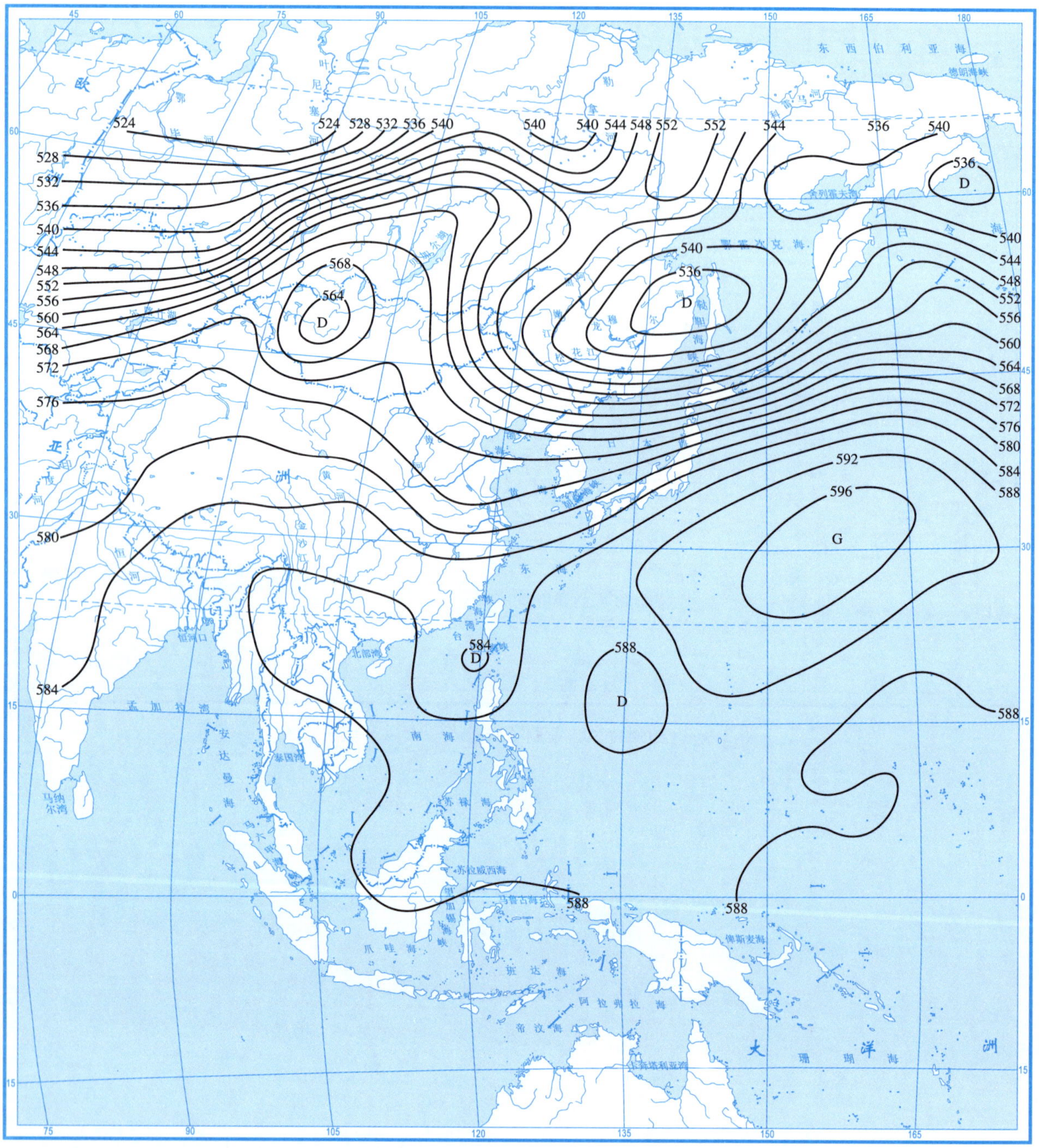

图 2.20.4 2009 年 10 月 5 日 08 时 500 hPa 高度场图（dagpm）

2.21 0919 号强热带风暴“尼伯特（Nepartak）”

第 0919 号强热带风暴“尼伯特（Nepartak）”是于 10 月 8 日上午在关岛以北约 200 km 处的西北太平洋上的一个热带低压发展形成。形成后它向西北偏北方向移动。9 日下午强度加强为热带风暴，其后它的移动速度减慢。11 日凌晨在小笠原群岛附近转向东北方向移动。12 日强度增强为强热带风暴。13 日凌晨减弱为热带风暴，并快速向东北方向移动。14 日在太平洋洋面上变性为温带气旋并继续向东北方向移动。

表 2.21.1 是强热带风暴“尼伯特（Nepartak）”的中心位置和强度。图 2.21.1 ~ 2.21.2 分别是强热带风暴“尼伯特（Nepartak）”路径图、大风区域演变图，图 2.21.3 是 2009 年 10 月 12 日 08 时 500 hPa 高度场图。

表 2.21.1 强热带风暴“尼伯特（Nepartak）”中心位置和强度

（21）10 月 8 日—10 月 14 日

年	月	日	时	中心位置		中心最低气压（hPa）	中心最大风速（m/s）
				北纬（°N）	东经（°E）		
2009	10	8	08	15.2	144.0	1004	13
		8	14	16.0	143.6	1004	15
		8	20	16.8	143.4	1004	15
		9	02	17.6	143.3	1002	15
		9	08	18.5	143.0	1002	15
		9	14	19.3	142.7	998	18
		9	20	20.0	142.5	998	18
		10	02	20.3	142.5	998	18
		10	08	20.7	142.5	998	18
		10	14	21.3	142.3	998	18
		10	20	21.7	142.1	998	18
		11	02	22.1	142.0	998	18
		11	08	22.4	142.3	995	20
		11	14	22.7	142.7	995	20
		11	20	22.9	143.3	995	20
		12	02	23.2	143.8	990	23
		12	08	23.5	144.3	990	25
		12	14	24.3	145.1	990	25

（续表）

年	月	日	时	中心位置		中心最低气压（hPa）	中心最大风速（m/s）
				北纬（°N）	东经（°E）		
2009	10	12	20	25.5	146.2	990	25
		13	02	26.8	147.8	990	23
		13	08	28.6	150.1	990	23
		13	14	30.4	152.8	992	23
		13	20	31.5	155.1	992	23
		14	02	32.7	157.6	995	20
△		14	08	34.0	160.0	998	18
				移出			

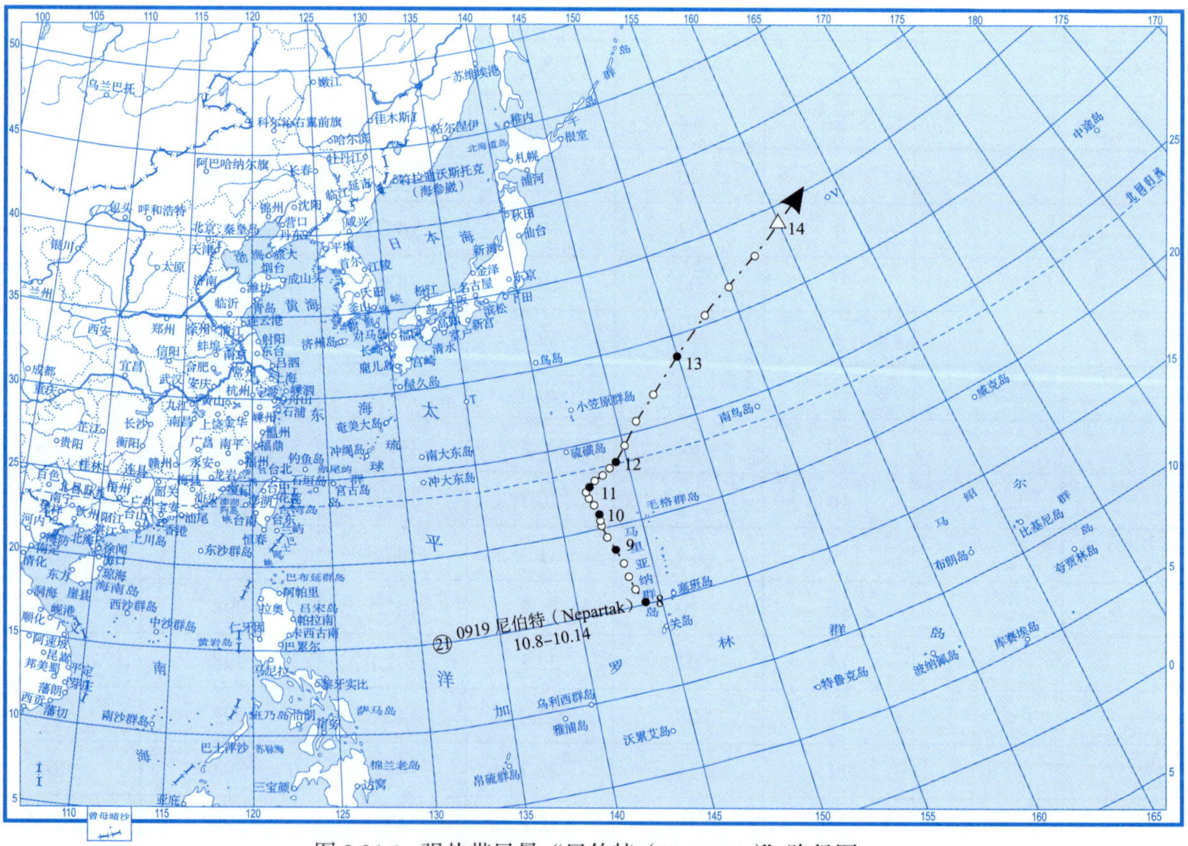

图 2.21.1　强热带风暴“尼伯特（Nepartak）”路径图

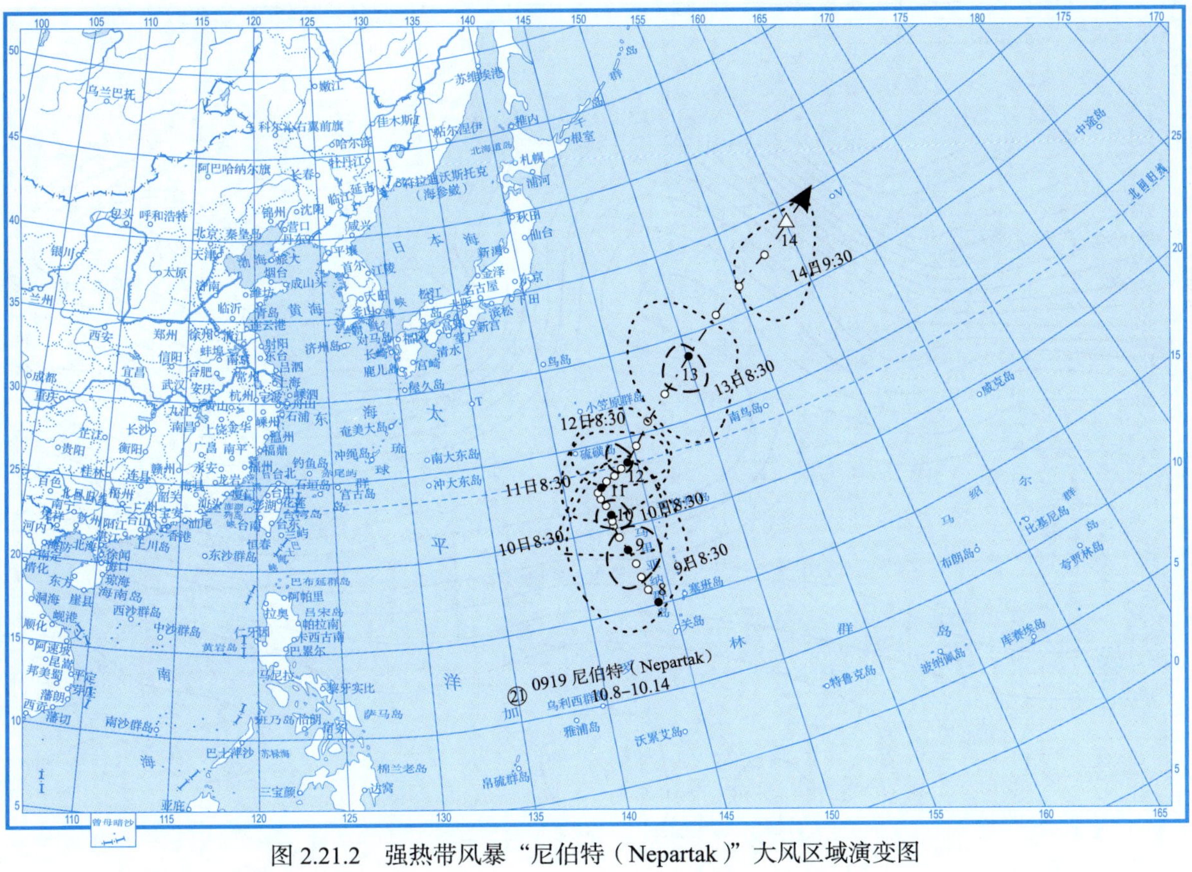

图 2.21.2　强热带风暴“尼伯特（Nepartak）”大风区域演变图

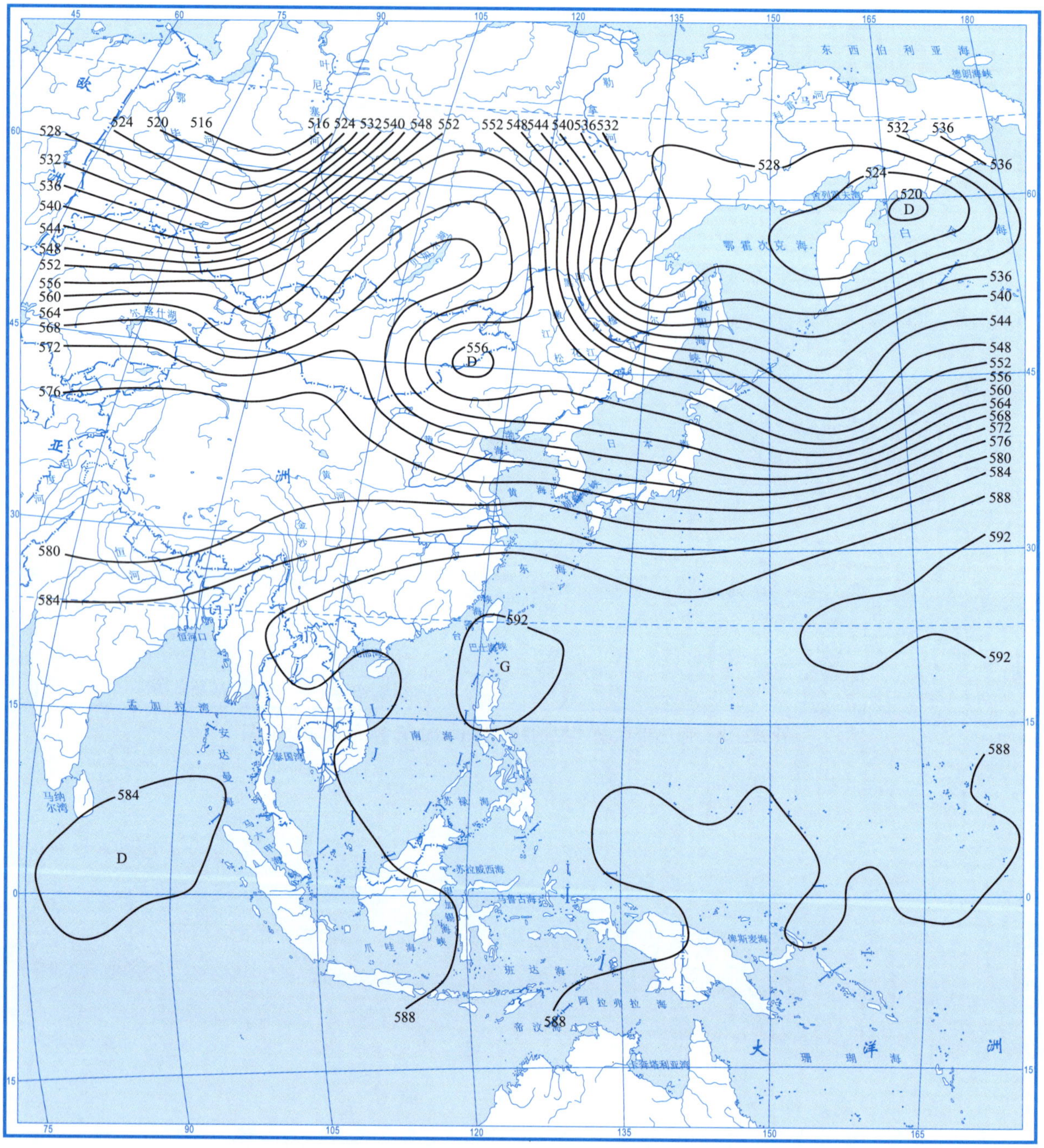

图 2.21.3　2009 年 10 月 12 日 08 时 500 hPa 高度场图（dagpm）

2.22　0920号超强台风“卢碧（Lupit）”

第0920号超强台风“卢碧（Lupit）”是于10月14日晚在关岛东北约550 km处的西北太平洋上的一个热带低压发展形成。形成后它向西偏北方向移动。15日晚强度加强为热带风暴。16日下午强度增强为强热带风暴。17日凌晨进一步加强为台风，移动速度减慢并转向西北方向移动，下午它的移动方向转向偏北，夜间增强为强台风并转向东北方向缓慢移动。18日强度增强为超强台风。19日凌晨台风中心又折向西北，移速有所加快，其后两天逐渐减弱为台风。20日台风路径转为偏西。21日路径转为偏西南。22日在吕宋岛东北沿海再次缓慢移动。23日下午进一步减弱为强热带风暴，并在吕宋岛东北海域上又一次转向东北方向前进,之后沿着琉球群岛海域移动。26日横过日本以南海域。27日在日本东部的洋面上变性为温带气旋并继续向东北方向移动。

超强台风“卢碧（Lupit）”具有强度强、路径移向和移速多变、生命期长的特点。

受其影响，10月21—26日福建东山和九仙山、浙江台州以北沿海地区最大风力6～7级，阵风7～8级。

表2.22.1是超强台风“卢碧（Lupit）”的中心位置和强度。图2.22.1～2.22.4分别是超强台风“卢碧（Lupit）”路径图、大风分布图、大风区域演变图、2009年10月19日14时500 hPa高度场图。

表2.22.1　超强台风“卢碧（Lupit）”中心位置和强度

（22）10月14日—10月28日

年	月	日	时	中心位置		中心最低气压（hPa）	中心最大风速（m/s）
				北纬（°N）	东经（°E）		
2009	10	14	20	10.5	149.0	1002	15
		15	02	11.0	146.5	1002	15
		15	08	11.4	144.4	1000	15
		15	14	11.8	142.2	1000	15
		15	20	12.2	140.2	995	18
		16	02	12.5	139.1	995	20
		16	08	13.2	137.6	990	23
		16	14	13.9	136.1	985	28
		16	20	14.2	134.4	980	30
		17	02	14.4	133.3	975	33
		17	08	15.1	132.8	970	35
		17	14	15.6	132.3	960	40
		17	20	16.1	132.3	950	45
		18	02	16.7	132.5	945	48

（续表）

年	月	日	时	中心位置		中心最低气压（hPa）	中心最大风速（m/s）
				北纬（°N）	东经（°E）		
2009	10	18	08	17.1	132.9	940	50
		18	14	17.3	133.6	935	55
		18	20	17.6	134.0	935	55
		19	02	18.0	134.2	920	60
		19	08	18.5	134.1	920	60
		19	14	19.0	133.2	920	60
		19	20	19.3	132.4	935	55
		20	02	19.8	131.5	940	50
		20	08	20.1	130.6	950	45
		20	14	20.5	129.7	950	45
		20	20	20.6	128.9	960	40
		21	02	20.5	127.9	960	40
		21	08	20.2	127.1	960	40
		21	14	19.8	126.4	965	38
		21	20	19.4	125.7	965	38
		22	02	19.1	125.3	965	38
		22	08	18.9	124.8	965	38
		22	14	18.8	124.3	970	35
		22	20	18.8	123.9	975	33
		23	02	18.8	123.7	975	33
		23	08	18.9	123.4	975	33
		23	14	19.2	123.4	980	30
		23	20	19.6	123.7	980	30
		24	02	20.1	124.4	980	28
		24	08	21.4	124.9	980	28
		24	14	22.3	125.4	980	28
		24	20	23.1	125.8	980	28
		25	02	23.5	126.7	980	28
		25	08	24.3	127.4	980	28
		25	14	25.0	128.7	980	28

（续表）

年	月	日	时	中心位置		中心最低气压（hPa）	中心最大风速（m/s）
				北纬（°N）	东经（°E）		
2009	10	25	20	25.7	130.2	980	28
		26	02	26.5	131.7	980	28
		26	08	27.5	133.4	980	28
		26	14	29.1	135.8	980	28
		26	20	31.3	139.1	980	28
		27	02	34.0	142.8	980	28
△		27	08	38.3	146.1	970	28
		27	14	41.8	149.0	960	28
		27	20	44.3	151.6	955	30
		28	02	46.2	155.5	955	30
		28	08	47.9	159.3	955	30
		28	14	49.5	162.7	955	30
		28	20	50.5	164.8	955	30
				移出			

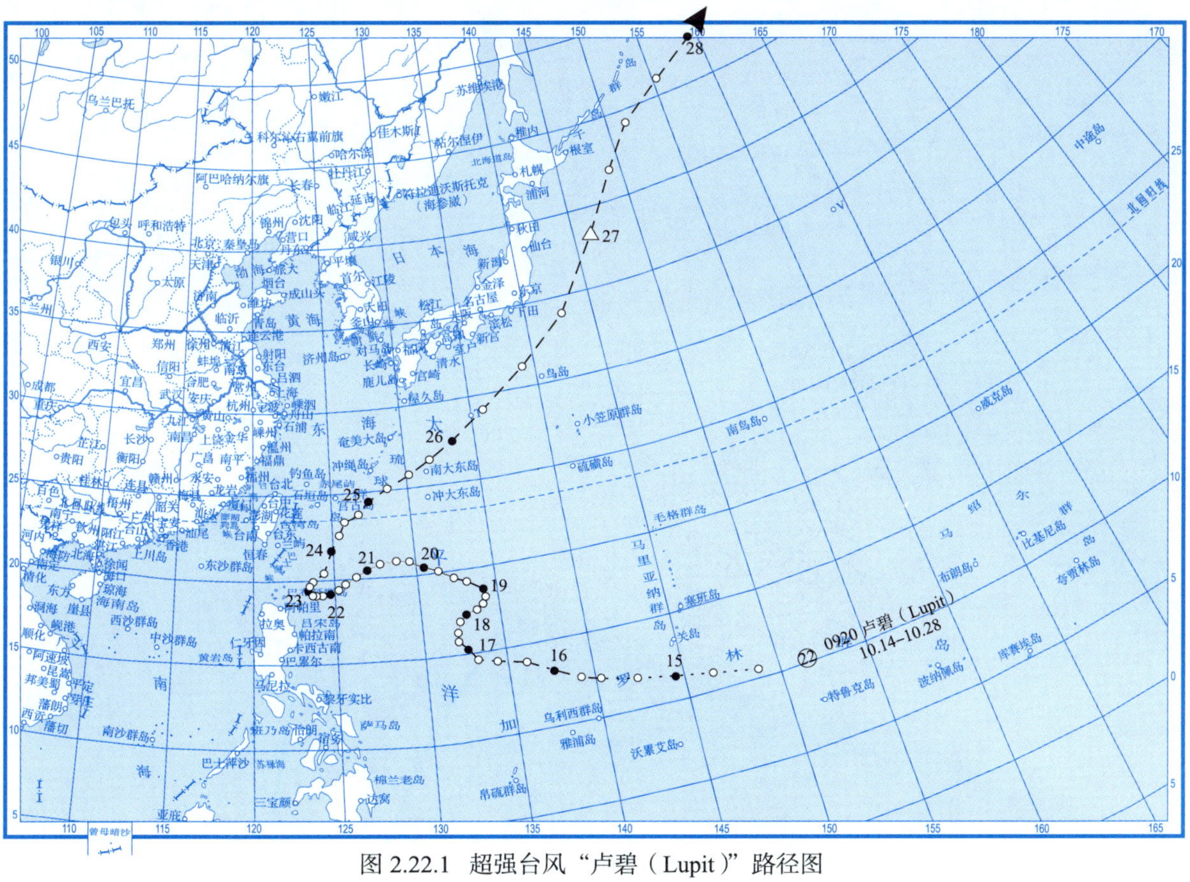

图 2.22.1　超强台风“卢碧（Lupit）”路径图

图 2.22.2 超强台风“卢碧（Lupit）”大风分布图（10 月 21—26 日）

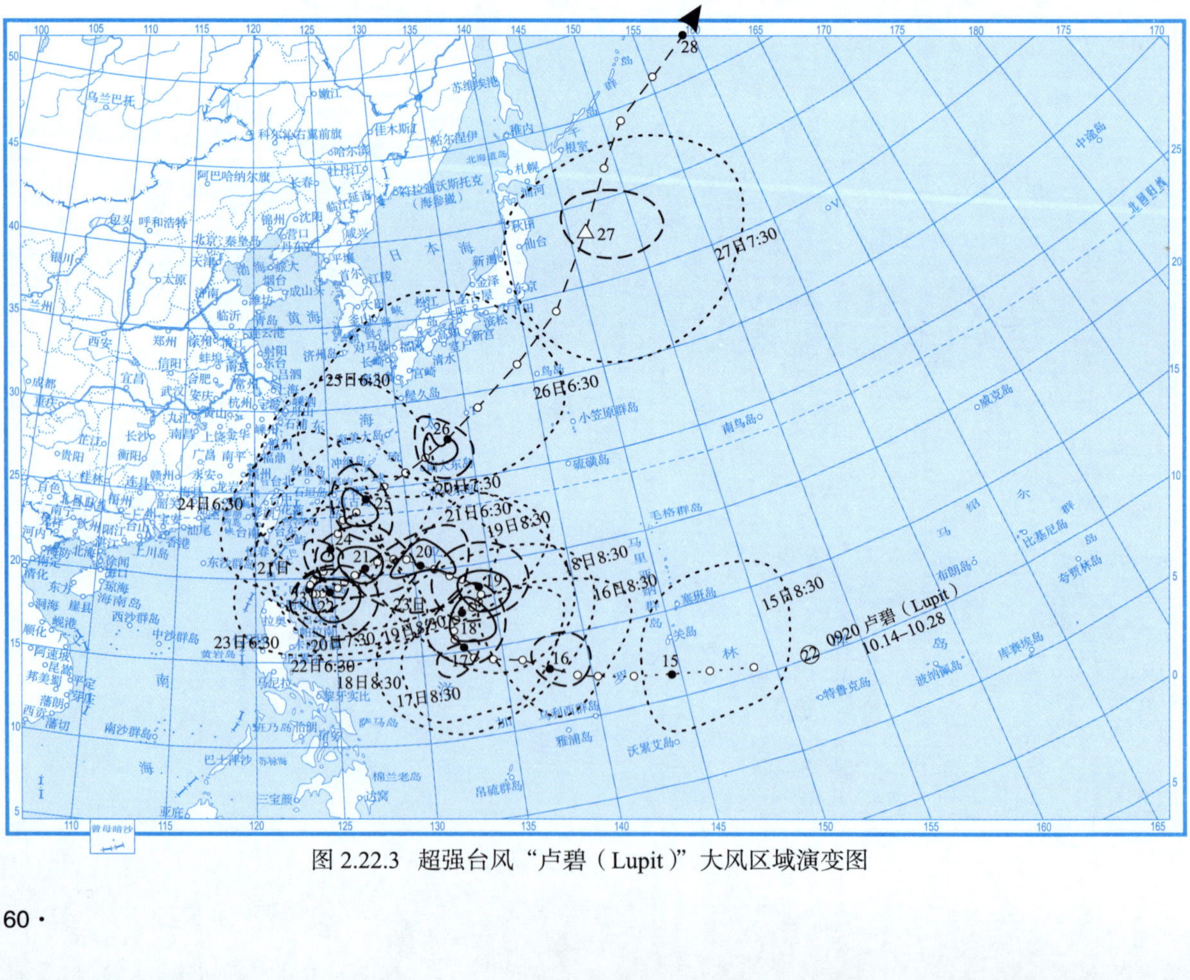

图 2.22.3 超强台风“卢碧（Lupit）”大风区域演变图

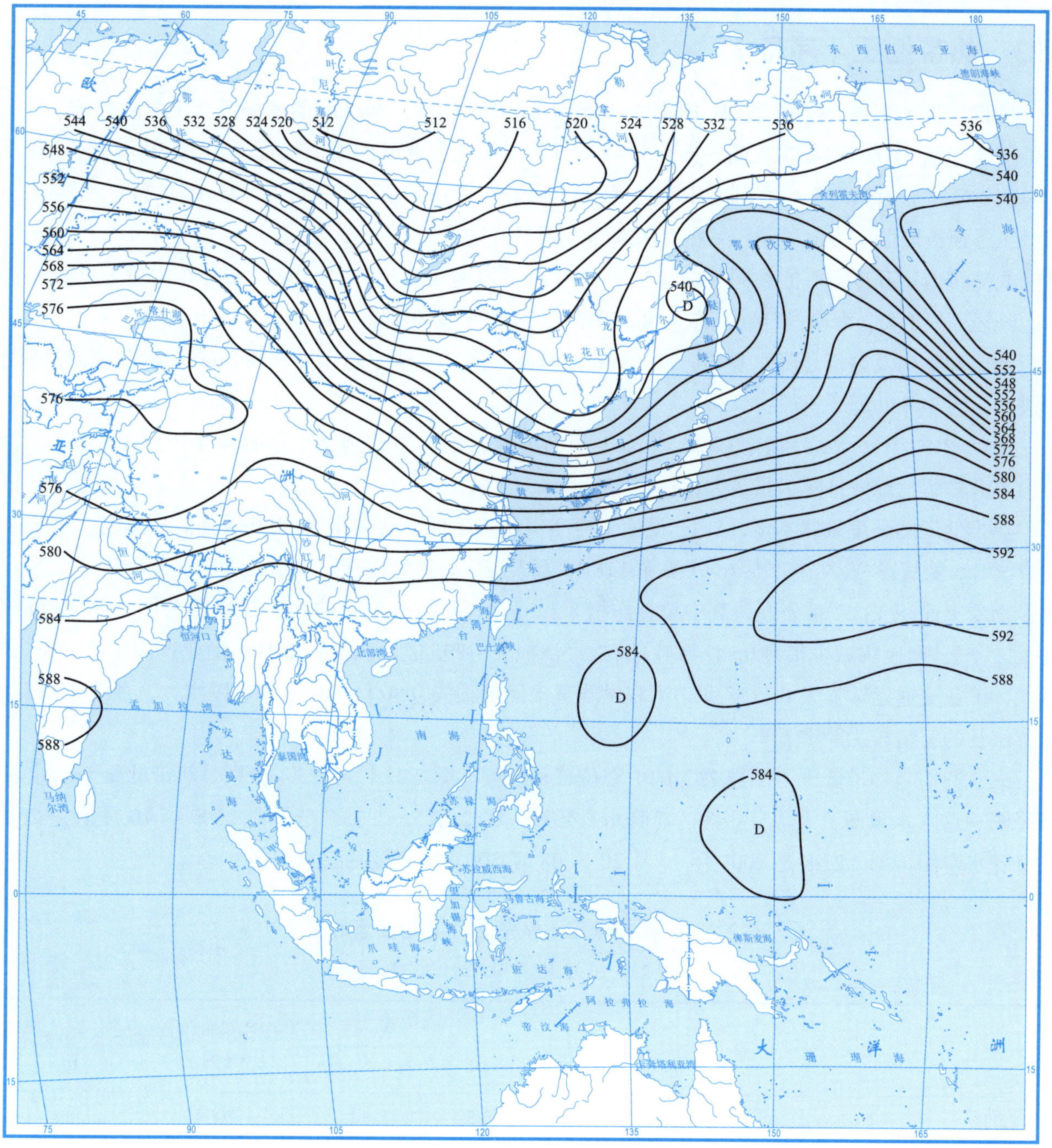

图 2.22.4　2009 年 10 月 19 日 14 时 500 hPa 高度场图（dagpm）

2.23 热带低压（序号 23）

热带低压（序号 23）于 10 月 18 日上午在南沙群岛以南约 200 km 的南海海面上发展形成。初始热带低压向西北方向移动，夜间转向东北，19 日转向西北偏北并向海南移近。10 月 20 日 15 时 50 分在海南省陵水新村镇登陆。登陆时中心附近的最大风速 12 m/s（6 级），最低气压 1004 hPa。登陆后热带低压迅速折向西南方向移动，并在海南南部海域上消失。

受热带低压和冷空气的共同影响，10 月 18—20 日海南三亚、广东上川岛、福建东山最大风力 5 ~ 6 级，阵风 7 ~ 8 级。海南西部、广东西部和中南部、广西岑溪总降水量 10 ~ 50 mm。海南东部、广东江门地区和郁南及廉江总降水量 50 ~ 100 mm。海南东南部总降水量 100 ~ 184 mm。海南琼海总降水量最大，为 184 mm。

受其影响，18—19 日海南东部、广东上川岛出现大雨；20 日海南东部普降暴雨到大暴雨，东南部出现大暴雨，琼海日降水量最大，达到 133 mm。

热带低压的强度虽然不强，但由于受南下冷空气和热带低压共同作用，雨势较强。据海南“三防办”初步统计，受其影响，9 个市县 69 个乡镇 118.15 万人受灾，紧急转移安置 1.31 万人，倒塌房屋 118 间，农作物受灾面积 13.62 千公顷，其中粮食作物 8.29 千公顷，农作物绝收面积 3.22 千公顷，其中粮食作物 2.10 千公顷，因灾减少粮食 0.842 万吨。直接经济损失 1.295 亿元。其中，农林牧渔业直接经济损失 0.48 亿元，工业交通运输损失 0.31 亿元，水利设施直接经济损失 0.50 亿元。万宁、陵水、三亚等东南部地区各市县的灾情较为严重。

表 2.23.1 是热带低压（序号 23）的中心位置和强度。图 2.23.1 ~ 2.23.4 分别是热带低压（序号 23）路径图、总降水量图、大风分布图、总降水日数图，图 2.23.5 ~ 2.23.7 分别是 2009 年 10 月 18—20 日的日降水量图，图 2.23.8 是 2009 年 10 月 20 日 08 时 500 hPa 高度场图。

表 2.23.1 热带低压（序号 23）中心位置和强度

（23）10 月 18 日—10 月 20 日

年	月	日	时	中心位置		中心最低气压（hPa）	中心最大风速（m/s）
				北纬（° N）	东经（° E）		
2009	10	18	08	15.5	111.2	1000	13
		18	14	15.8	110.9	1000	13
		18	20	15.9	110.6	1000	15
		19	02	16.2	110.7	1000	15
		19	08	16.6	110.9	1000	15
		19	14	17.1	110.5	1000	15
		19	20	17.4	110.3	1000	15
		20	02	17.8	110.2	1000	15

（续表）

年	月	日	时	中心位置		中心最低气压（hPa）	中心最大风速（m/s）
				北纬（° N）	东经（° E）		
2009	10	20	08	18.2	110.2	1000	15
		20	14	18.4	109.9	1000	13
		20	20	18.0	109.4	1004	10
				消失			

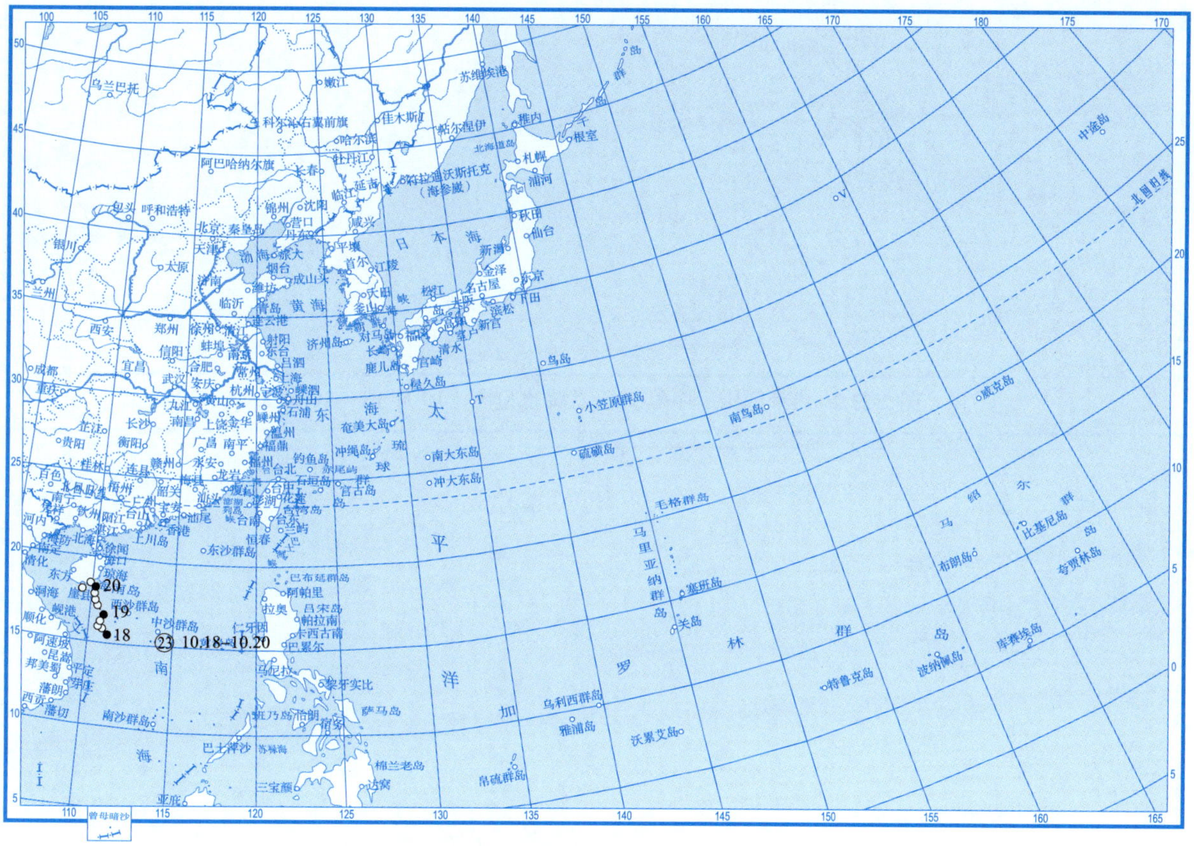

图 2.23.1 热带低压（序号 23）路径图

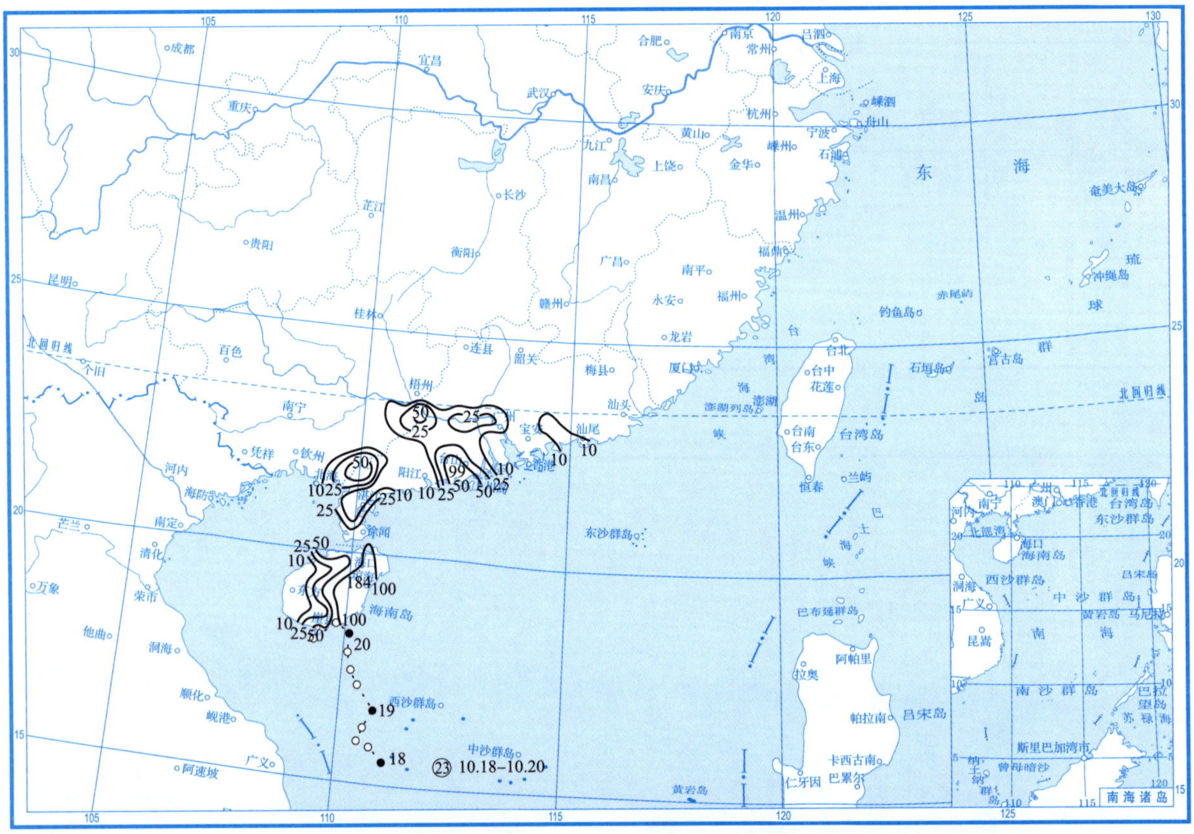

图 2.23.2　热带低压（序号 23）总降水量图（10 月 18—20 日）

图 2.23.3　热带低压（序号 23）大风分布图（10 月 18—20 日）

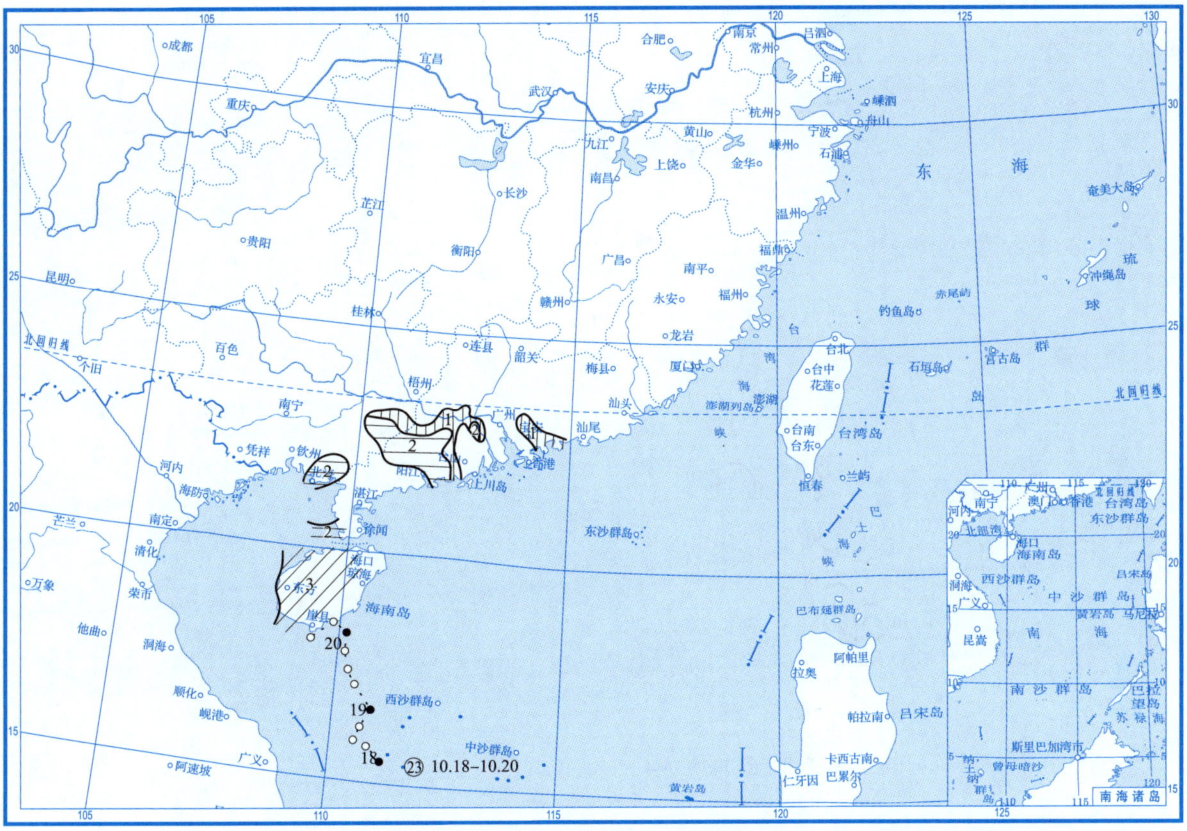

图 2.23.4 热带低压（序号 23）总降水日数图（10 月 18—20 日）

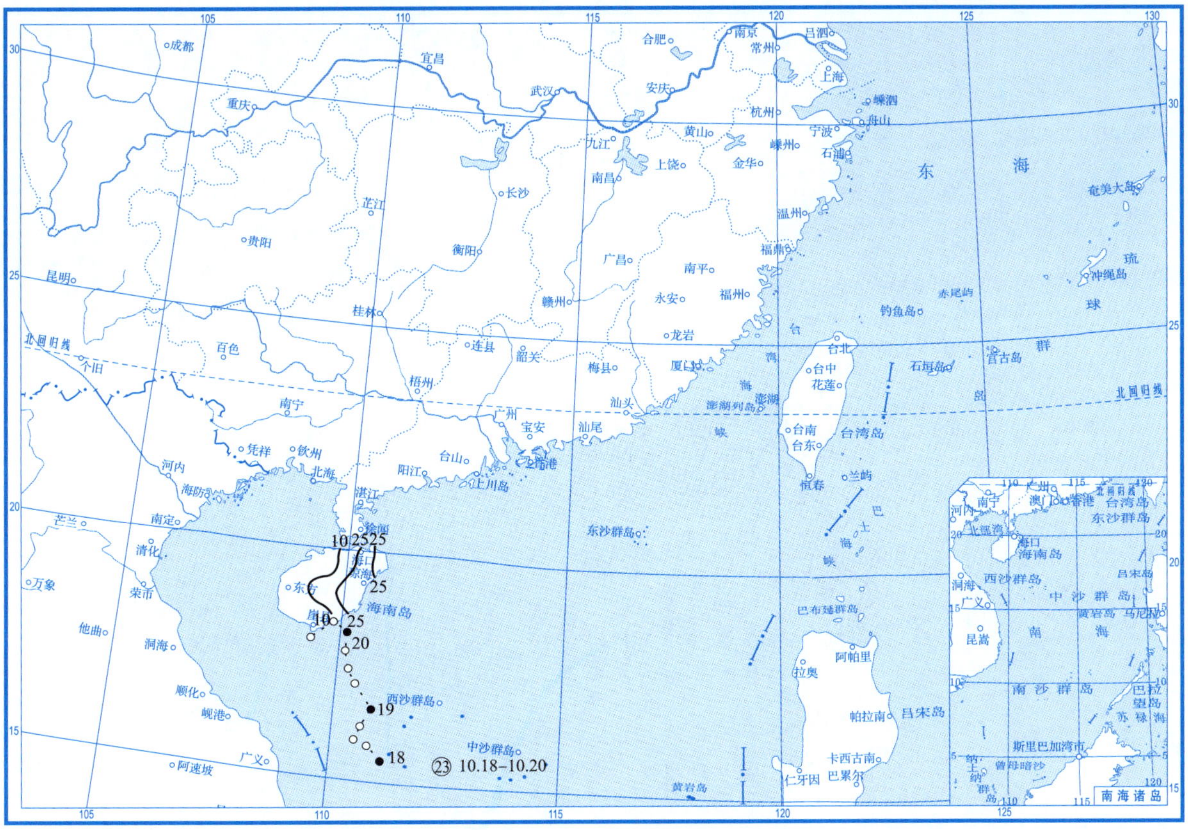

图 2.23.5 2009 年 10 月 18 日降水量图

图 2.23.6 2009 年 10 月 19 日降水量图

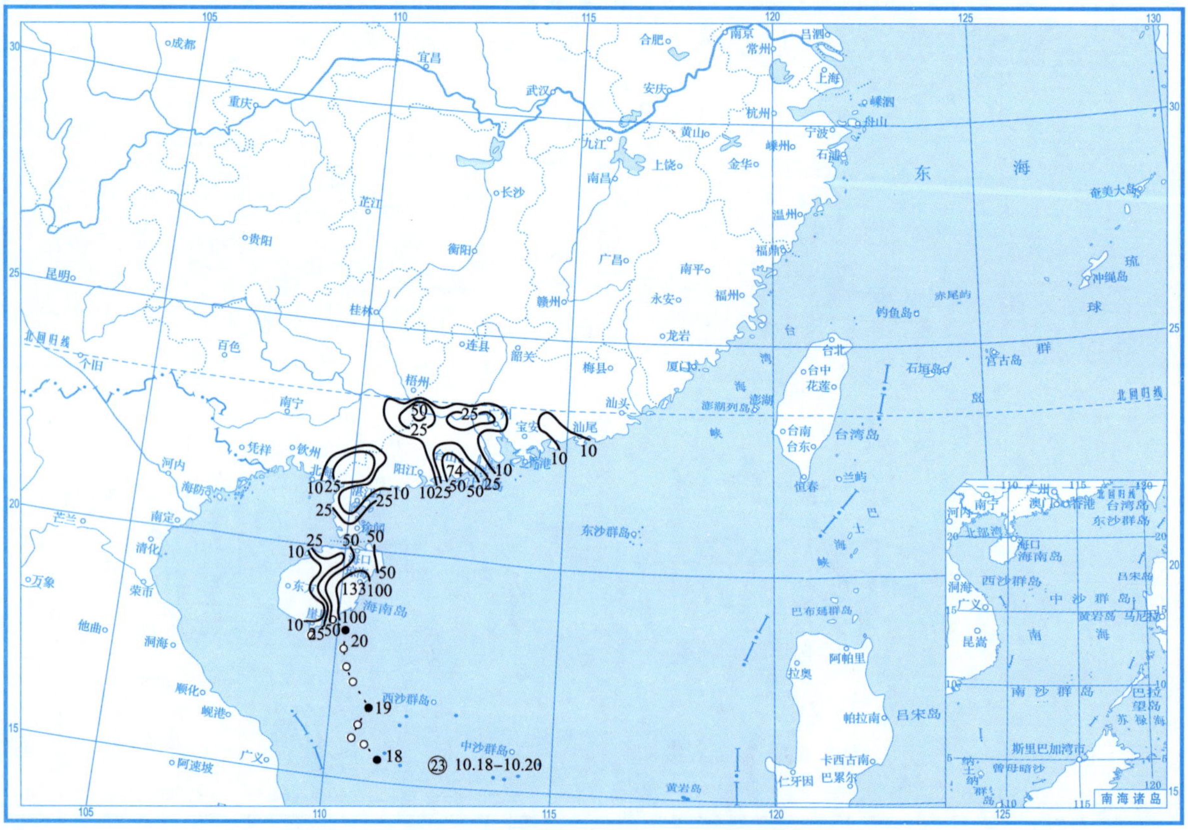

图 2.23.7 2009 年 10 月 20 日降水量图

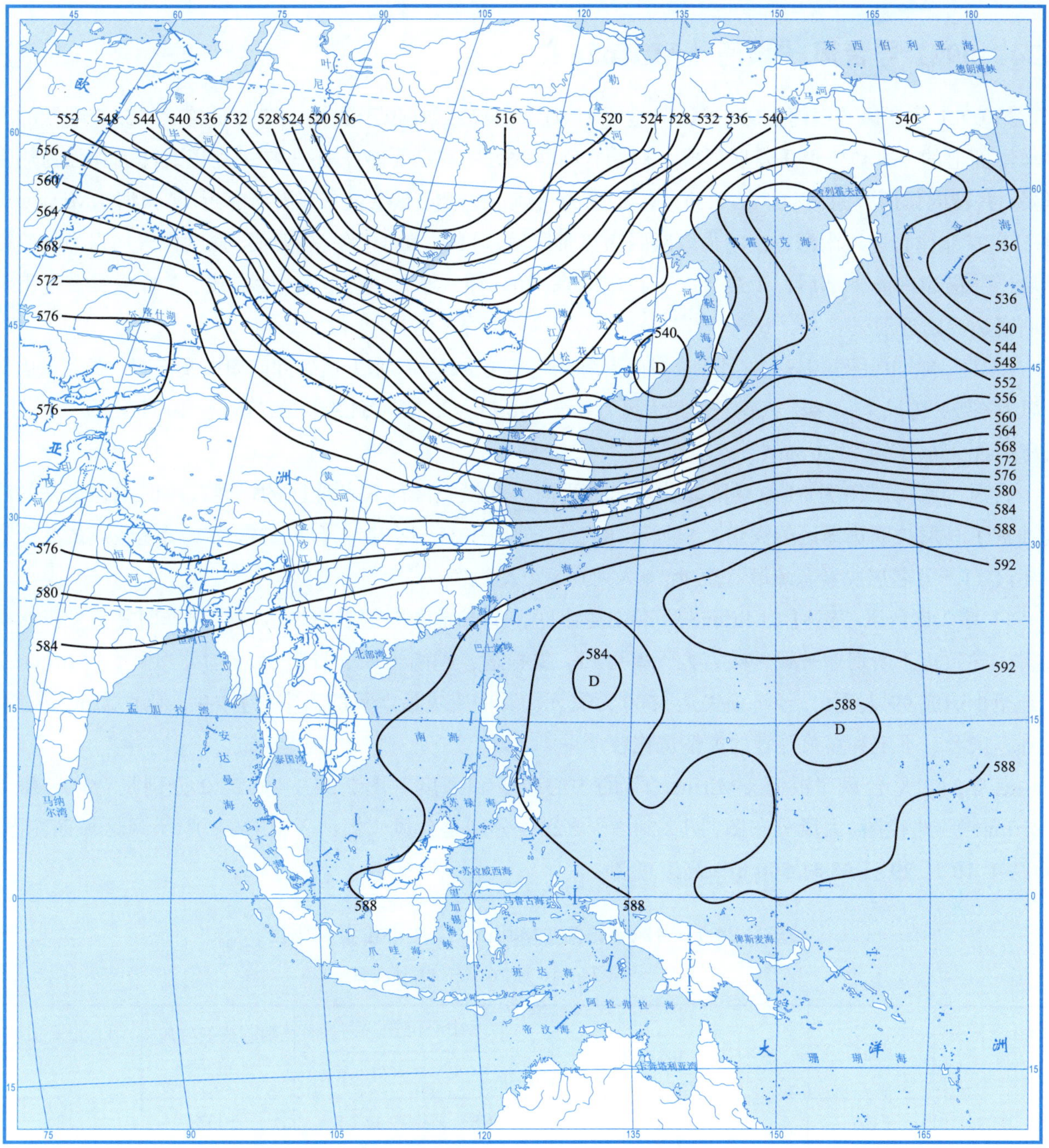

图 2.23.8　2009 年 10 月 20 日 08 时 500 hPa 高度场图（dagpm）

2.24 0921 号台风“银河（Mirinae）”

第 0921 号台风“银河（Mirinae）”是于 10 月 26 日凌晨在位于北纬 11.8 度、东经 152.5 度处的太平洋洋面上的一个热带低压发展形成。初始它向西北方向移动。27 日下午在关岛以北洋面加强为热带风暴，并转向偏西方向移动。28 日进一步加强为台风，逐渐向菲律宾东部沿海靠近。“银河（Mirinae）”31 日横穿菲律宾进入南海，夜间强度减弱为热带风暴，11 月 1 日下午“银河”强度再次加强为强热带风暴，并横越南海中部后，于 2 日下午在越南东南部沿海登陆，登陆后强度减弱，3 日凌晨在越南和柬埔寨边界附近消失。

受其影响，10 月 30 日—11 月 3 日海南沿海地区和西沙岛、广东上川岛和南澳以及徐闻、福建东山最大风力 6 级，阵风 7～8 级。海南三亚最大风力 8 级（18.7 m/s），阵风 11 级（28.7 m/s）。10 月 31 日—11 月 3 日海南西沙岛总降水量 10 mm。

台风“银河”10 月 31 日登陆菲律宾东部沿海，在横扫南吕宋岛地区的短暂几小时内，带来的降雨加重了马尼拉周边地区的灾情。根据菲律宾官方 10 月 31 日公告，台风“银河”沿途经过的 9 个省份超过 11.5 万名居民紧急疏散。至少 14 人死亡，4 人失踪。

11 月 2 日台风“银河（Mirinae）”袭击越南时，造成越南中部沿海地区发生强降雨并引发洪水等灾害，导致近千所房屋被毁，数万人无家可归。据报道，越南当局 5 日表示，台风“银河（Mirinae）”已经至少造成 99 人死亡，经济损失达 5500 万美元。其中受灾最严重的富安省有 69 人死亡，16 人失踪。此外，庆和、平定和嘉莱等省的灾情也比较严重。

表 2.24.1 是台风“银河（Mirinae）”的中心位置和强度。图 2.24.1～2.24.2 分别是台风“银河（Mirinae）”路径图、大风分布图，图 2.24.3～2.24.4 分别是台风“银河（Mirinae）”大风区域演变图、2009 年 10 月 29 日 08 时 500 hPa 高度场图。

表 2.24.1　台风“银河（Mirinae）”中心位置和强度

（24）10 月 26 日—11 月 3 日

年	月	日	时	中心位置		中心最低气压（hPa）	中心最大风速（m/s）
				北纬（°N）	东经（°E）		
2009	10	26	02	11.8	152.5	1002	13
		26	08	12.2	151.4	1002	13
		26	14	12.7	149.9	1002	13
		26	20	13.2	148.6	1000	15
		27	02	13.6	146.9	1000	15
		27	08	14.2	145.3	1000	15
		27	14	14.9	143.7	998	18
		27	20	15.6	142.2	990	23

（续表）

年	月	日	时	中心位置		中心最低气压（hPa）	中心最大风速（m/s）
				北纬（°N）	东经（°E）		
2009	10	28	02	15.9	140.2	985	28
		28	08	16.2	138.5	970	35
		28	14	16.2	137.0	965	38
		28	20	16.2	135.4	960	40
		29	02	16.3	133.9	960	40
		29	08	16.1	132.2	960	40
		29	14	16.0	130.6	960	40
		29	20	16.0	128.9	960	40
		30	02	15.7	127.5	960	40
		30	08	15.3	125.7	960	40
		30	14	14.9	124.6	960	40
		30	20	14.6	123.3	970	35
		31	02	14.3	121.8	980	30
		31	08	14.1	120.2	990	25
		31	14	14.1	119.0	990	25
		31	20	14.1	117.8	990	23
	11	1	02	14.0	116.4	990	23
		1	08	13.9	115.4	990	23
		1	14	13.8	114.5	990	25
		1	20	13.8	113.6	990	25
		2	02	13.8	112.2	990	25
		2	08	13.4	111.0	990	25
		2	14	12.9	109.7	985	28
		2	20	12.8	108.5	995	20
		3	02	12.7	107.0	1004	15
				消失			

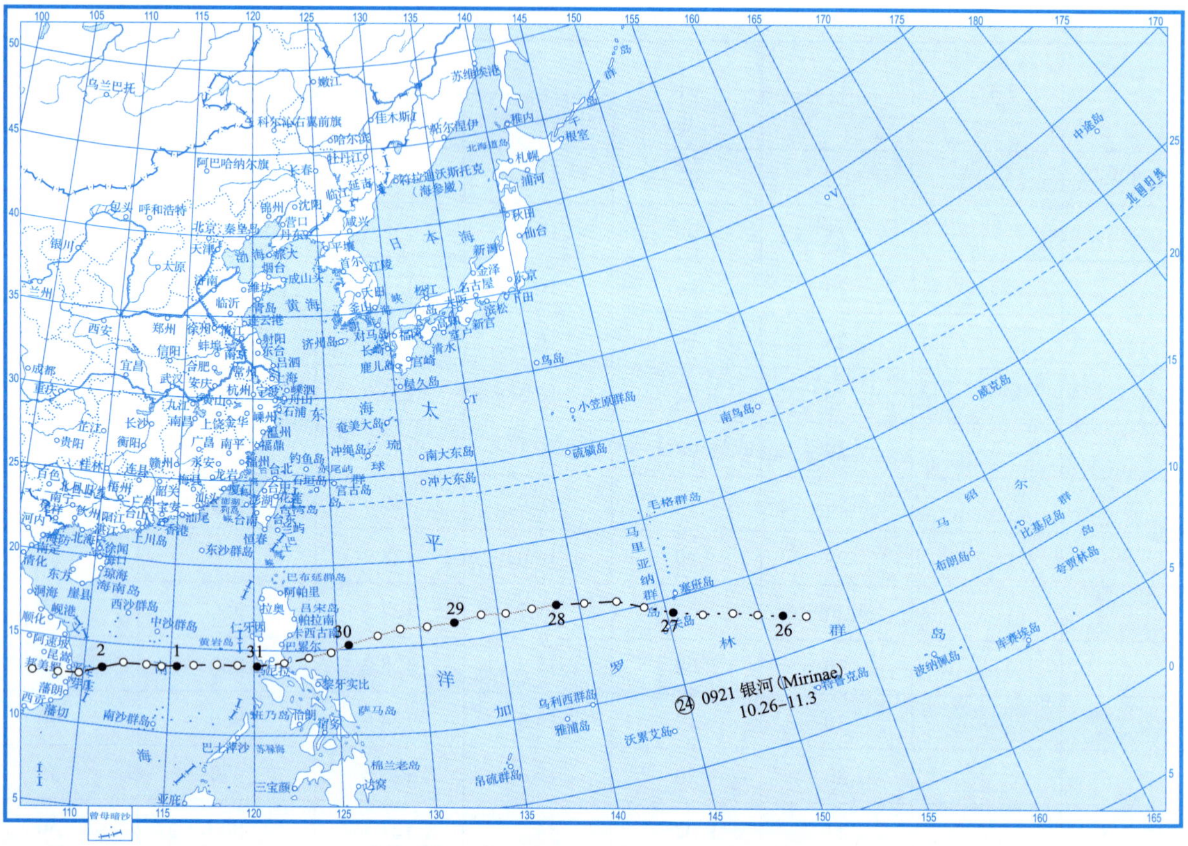

图 2.24.1 台风“银河（Mirinae）”路径图

图 2.24.2 台风“银河（Mirinae）”大风分布图（10 月 31 日—11 月 3 日）

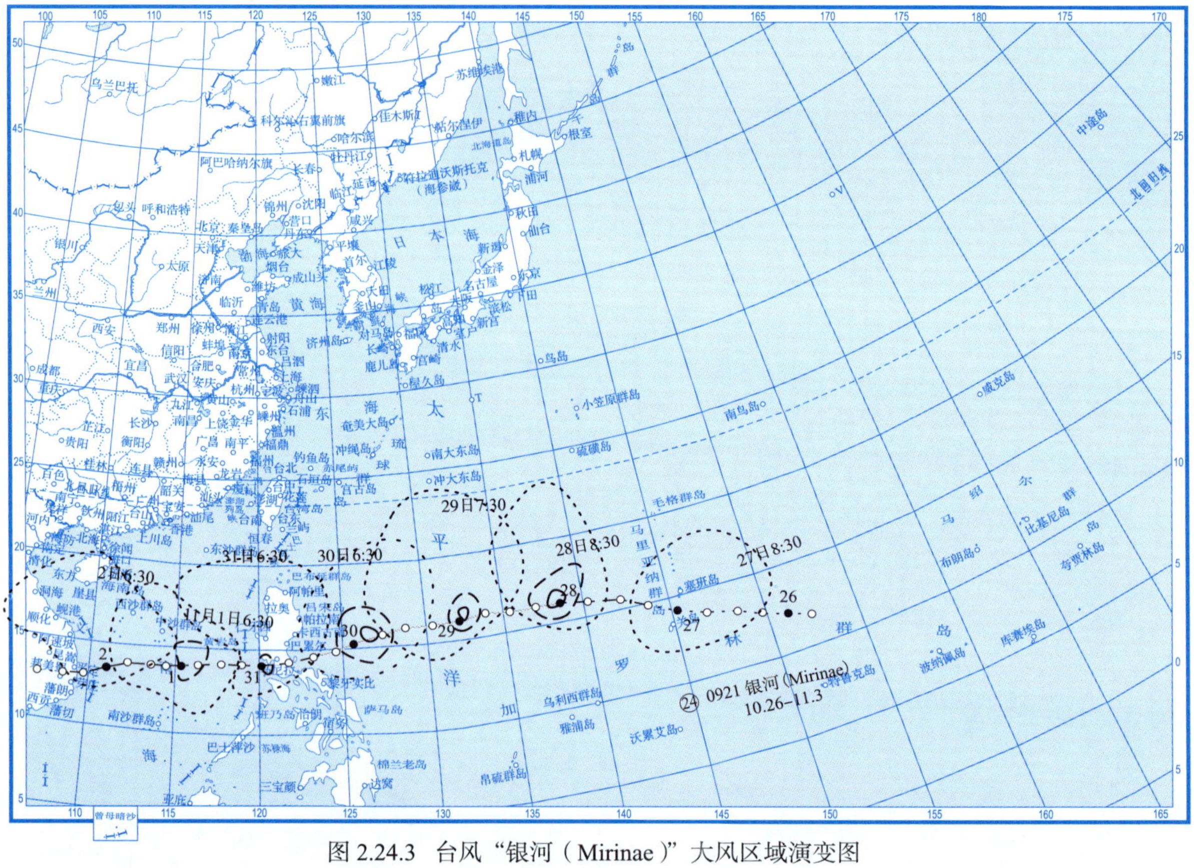

图 2.24.3　台风“银河（Mirinae）”大风区域演变图

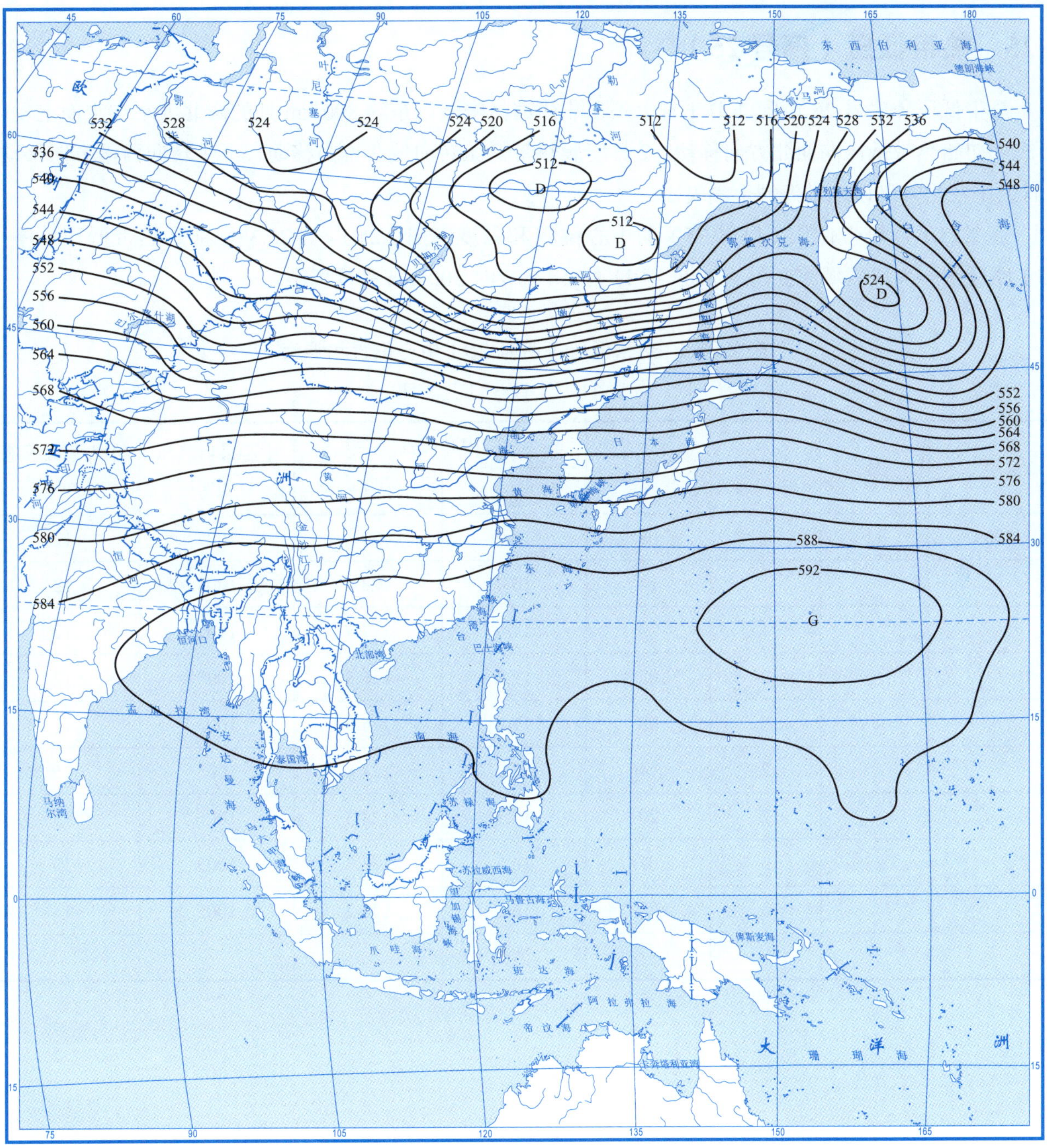

图 2.24.4 2009 年 10 月 29 日 08 时 500 hPa 高度场图（dagpm）

2.25 热带低压（序号 25）

热带低压（序号 25）于 11 月 1 日上午在菲律宾吕宋岛以东约 800 km 处的西北太平洋洋面上发展形成。初始热带低压向西北方向移动。2 日凌晨热带低压转向偏西方向移动，下午转向西南方向移动，3 日上午在吕宋岛以东的海域上消失。

表 2.25.1 是热带低压（序号 25）的中心位置和强度。图 2.25.1 ~ 2.25.3 分别是热带低压（序号 25）路径图、大风区域演变图、2009 年 11 月 2 日 14 时 500 hPa 高度场图。

表 2.25.1 热带低压（序号 25）中心位置和强度

（25）11 月 1 日—11 月 3 日

年	月	日	时	中心位置		中心最低气压（hPa）	中心最大风速（m/s）
				北纬（°N）	东经（°E）		
2009	11	1	08	15.9	129.6	1005	12
		1	14	16.4	128.4	1005	12
		1	20	17.0	127.8	1005	12
		2	02	17.7	126.8	1005	12
		2	08	17.8	125.8	1005	15
		2	14	17.7	124.8	1005	15
		2	20	17.1	124.3	1005	15
		3	02	16.5	123.7	1005	15
		3	08	16.0	123.2	1005	15
				消失			

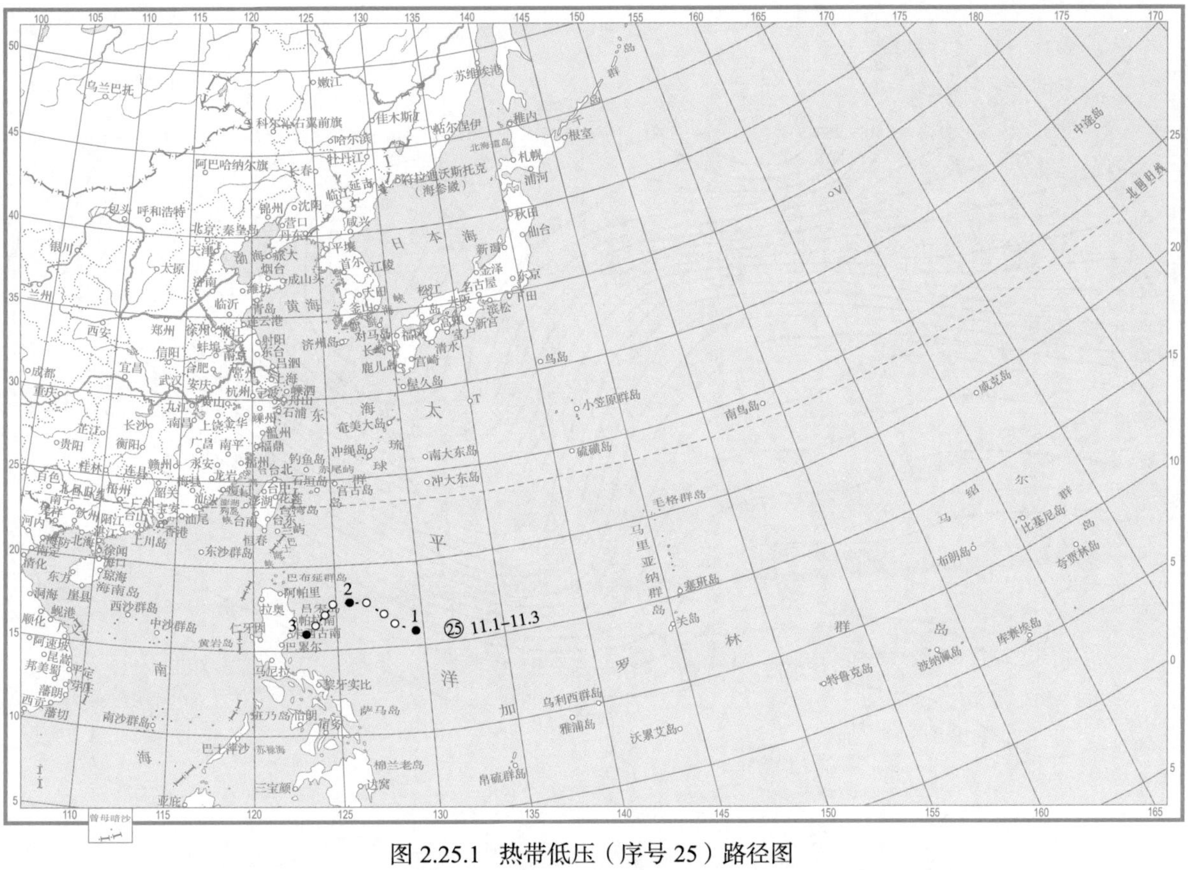

图 2.25.1 热带低压（序号 25）路径图

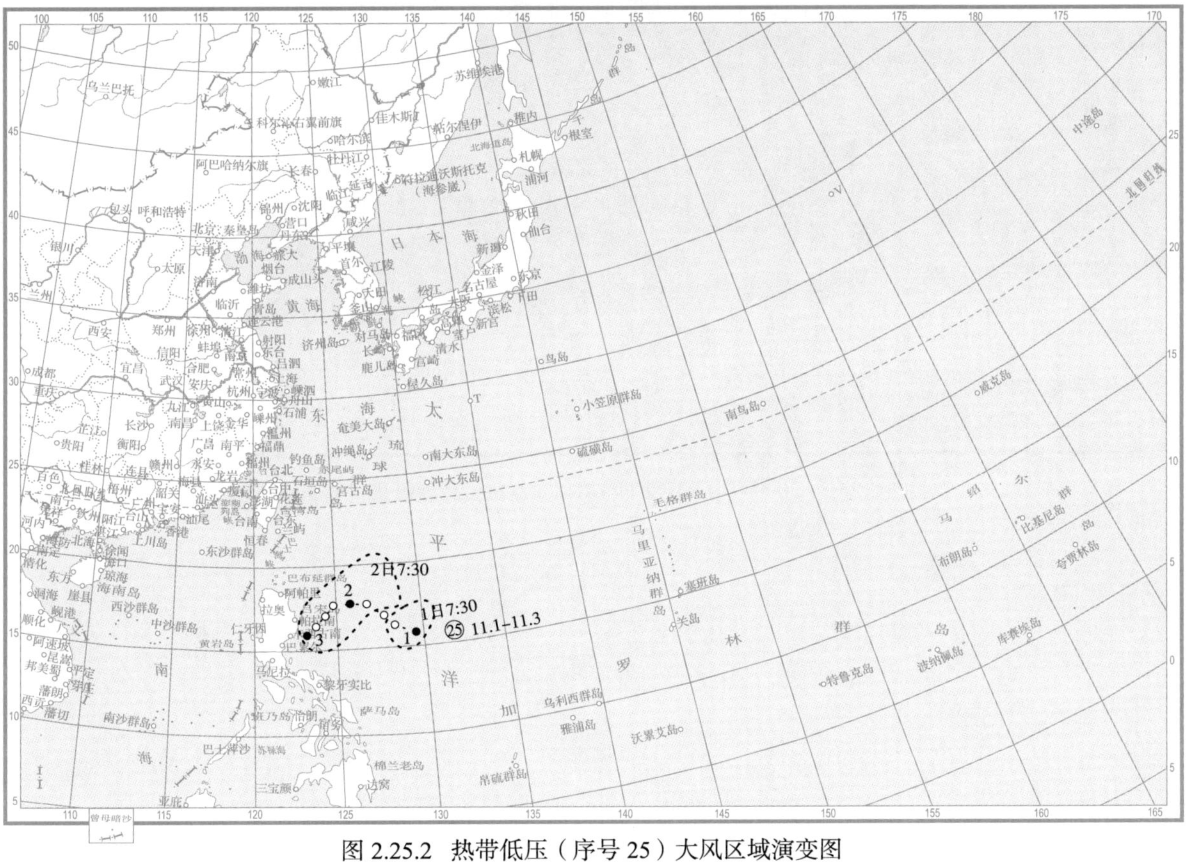

图 2.25.2 热带低压（序号 25）大风区域演变图

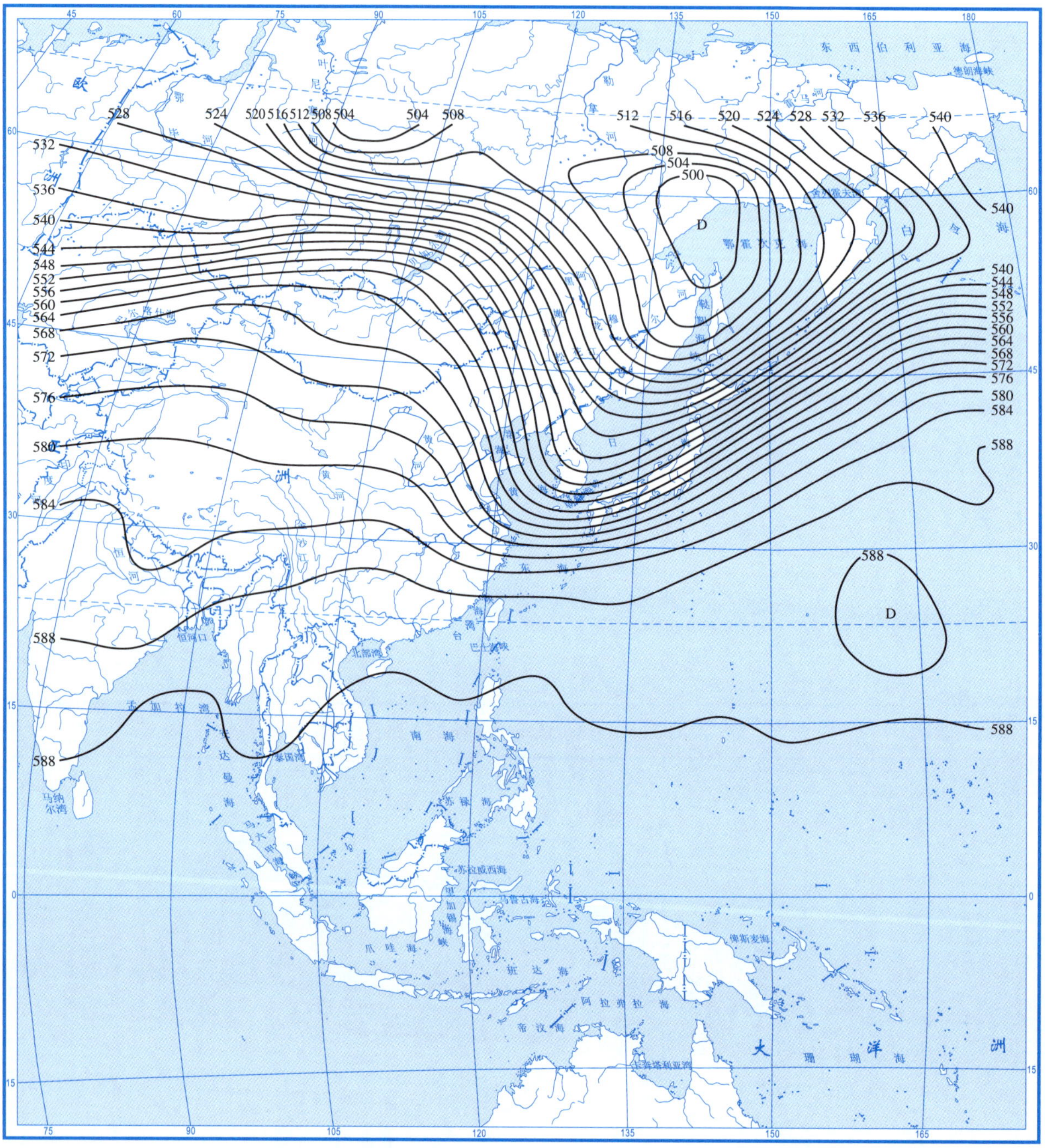

图 2.25.3 2009 年 11 月 2 日 14 时 500 hPa 高度场图（dagpm）

2.26 热带低压（序号 26）

热带低压（序号 26）于 11 月 7 日夜间在位于北纬 20.6 度、东经 155.8 度处的西北太平洋上发展形成。初始热带低压向偏西方向移动，8 日下午转向偏北方向移动，夜间再次转向西南方向移动，10 日在太平洋洋面上消失。

表 2.26.1 是热带低压（序号 26）的中心位置和强度。图 2.26.1～2.26.3 分别是热带低压（序号 26）路径图、大风区域演变图、2009 年 11 月 8 日 14 时 500 hPa 高度场图。

表 2.26.1 热带低压（序号 26）中心位置和强度

（26）11 月 7 日—11 月 10 日

年	月	日	时	中心位置		中心最低气压（hPa）	中心最大风速（m/s）
				北纬（°N）	东经（°E）		
2009	11	7	20	20.6	155.8	1004	12
		8	02	21.0	155.5	1002	15
		8	08	20.6	156.6	1002	15
		8	14	21.5	158.3	1000	17
		8	20	21.9	158.8	1000	17
		9	02	22.2	159.5	1000	15
		9	08	20.9	159.6	1002	15
		9	14	20.6	160.5	1002	15
		9	20	20.9	161.1	1002	15
		10	02	21.1	161.6	1002	12
				消失			

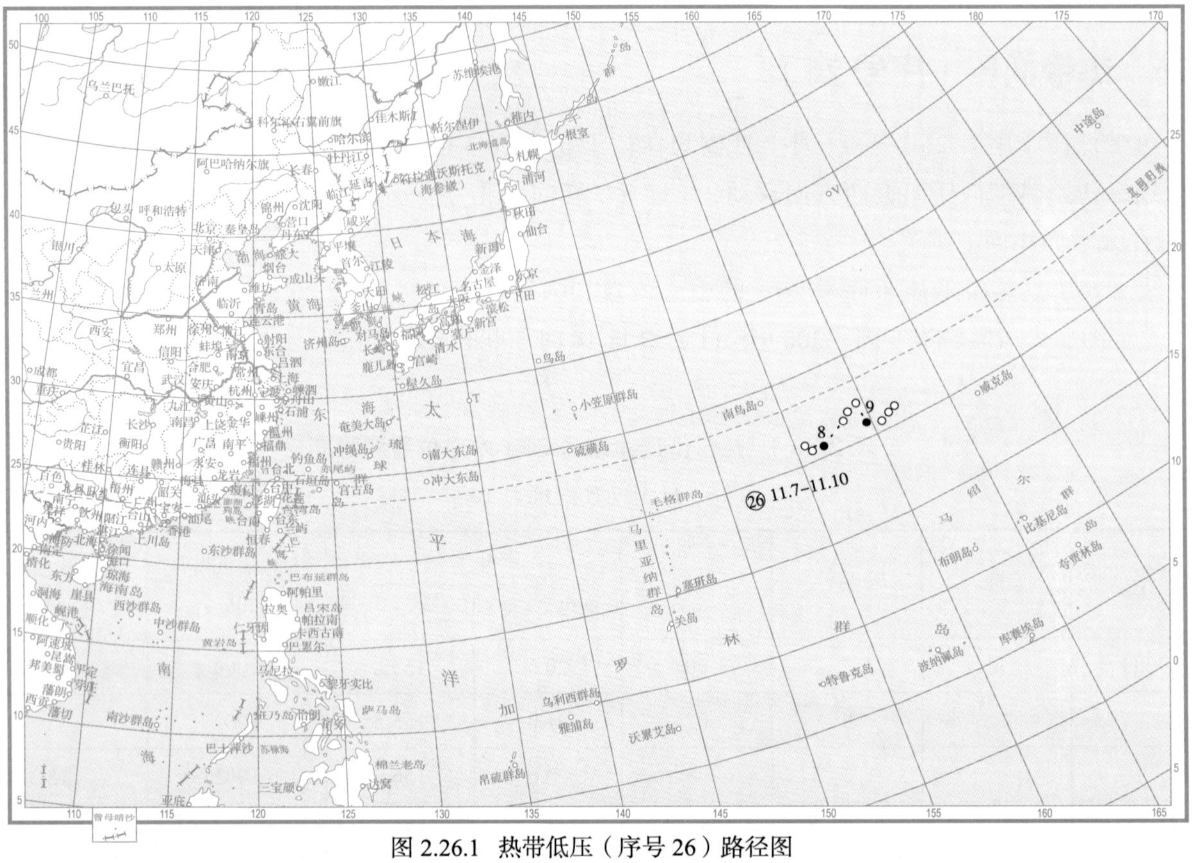

图 2.26.1 热带低压（序号 26）路径图

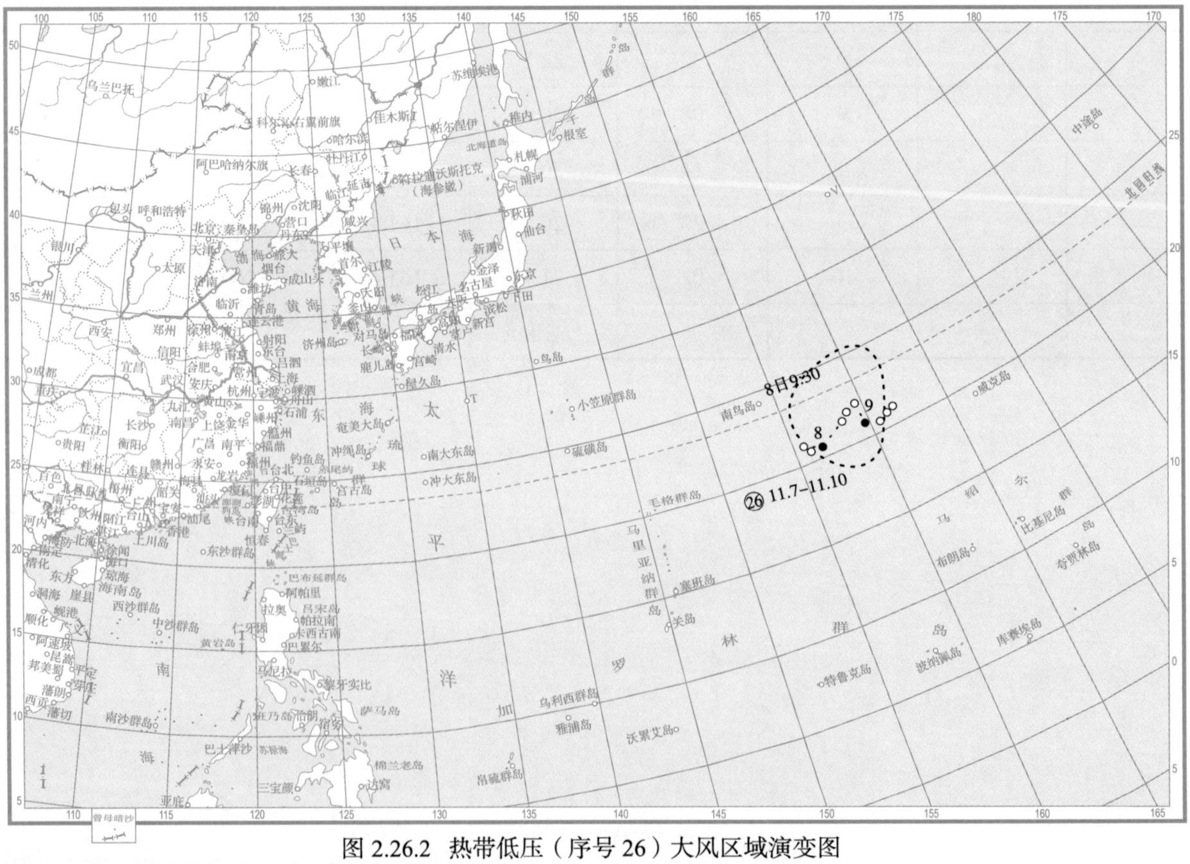

图 2.26.2 热带低压（序号 26）大风区域演变图

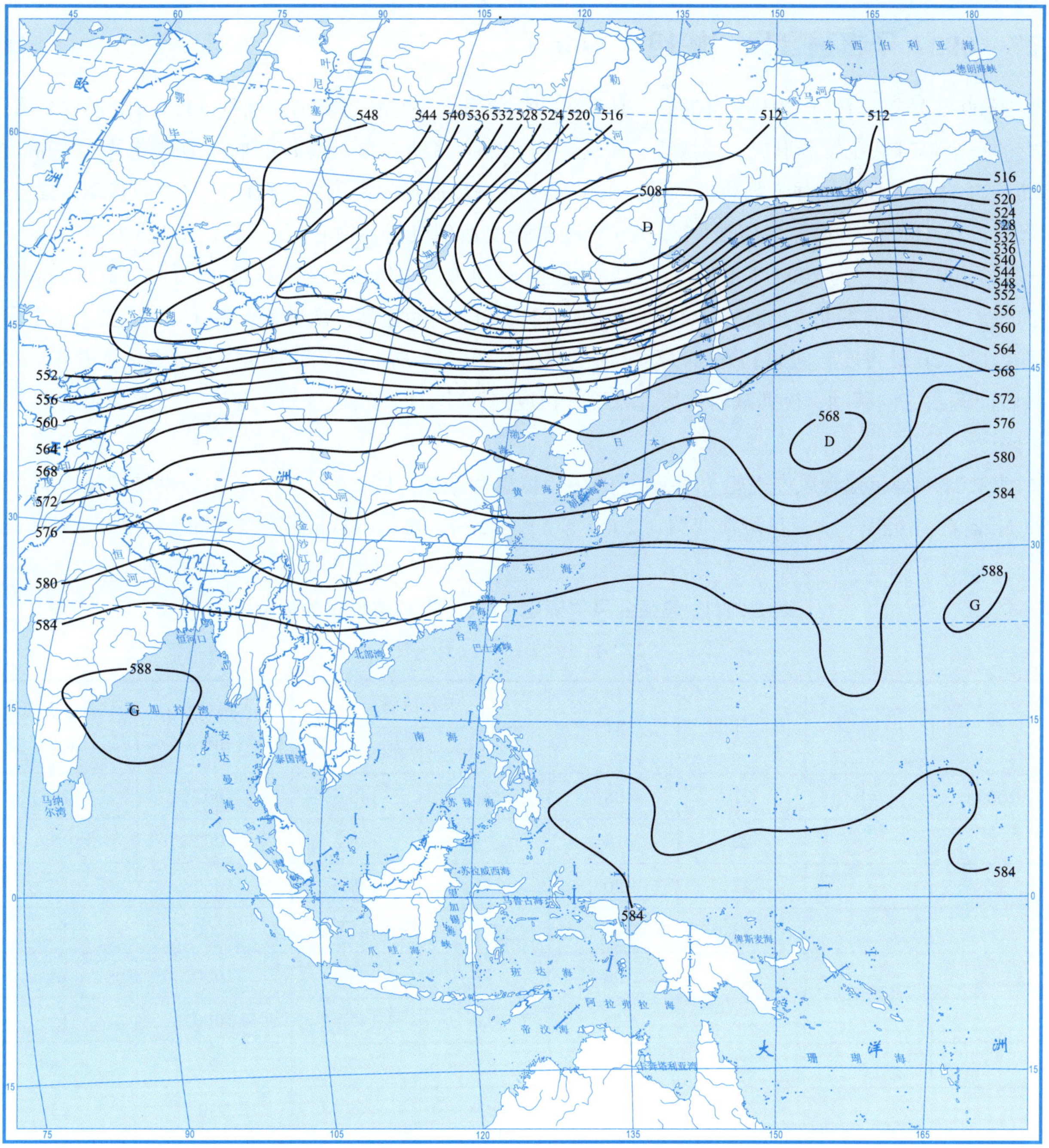

图 2.26.3　2009 年 11 月 8 日 14 时 500 hPa 高度场图（dagpm）

2.27 0922 号超强台风“妮妲（Nida）”

第 0922 号超强台风“妮妲（Nida）”是于 11 月 22 日上午在特鲁克岛西南约 400 km 处的西北太平洋上的一个热带低压发展形成。形成后它缓慢向西北方向移动。23 日晚强度加强为热带风暴，并向西移动。24 日上午强度增强为强热带风暴，下午强度进一步加强为台风，并转向西北方向移动，强度逐渐增强。25 日下午再增强为超强台风。26 日凌晨强度达到极值，中心附近的最大风速为 70 m/s，最低气压为 903 hPa，为 2009 年出现台风强度的极值。“妮妲（Nida）”保持着超强台风的强度向西北方向前进。27 日转向偏北方向移动。28 日“妮妲（Nida）”移动速度再次减慢。29 日下午它的强度减弱为强台风。30 日再度转向西北方向移动，强度逐渐减弱。12 月 1 日夜间强度逐渐减弱为强热带风暴。2 日转向偏西方向移动，夜间减弱为热带风暴并再度向西北方向移动。3 日上午在冲大东岛东南的洋面上消失。

表 2.27.1 是超强台风“妮妲（Nida）”的中心位置和强度。图 2.27.1 ~ 2.27.3 分别是超强台风“妮妲（Nida）”路径图、大风区域演变图、2009 年 11 月 26 日 02 时 500 hPa 高度场图。

表 2.27.1 超强台风“妮妲（Nida）”中心位置和强度

（27）11 月 22 日—12 月 3 日

年	月	日	时	中心位置		中心最低气压（hPa）	中心最大风速（m/s）
				北纬（°N）	东经（°E）		
2009	11	22	08	6.6	148.6	1002	13
		22	14	7.0	148.2	1002	15
		22	20	7.3	148.0	1000	15
		23	02	7.5	147.9	1000	15
		23	08	7.9	148.0	1000	15
		23	14	8.3	147.8	1000	15
		23	20	8.8	147.0	995	18
		24	02	8.9	146.3	990	23
		24	08	8.9	145.8	985	25
		24	14	8.9	145.5	975	33
		24	20	9.2	145.0	970	35
		25	02	9.7	144.3	960	40
		25	08	10.7	143.8	950	45
		25	14	11.6	143.0	935	55
		25	20	12.6	142.2	910	65
		26	02	13.6	141.4	903	70

（续表）

年	月	日	时	中心位置		中心最低气压（hPa）	中心最大风速（m/s）
				北纬（°N）	东经（°E）		
2009	11	26	08	14.5	140.7	910	65
		26	14	15.2	140.0	920	60
		26	20	15.8	139.7	920	60
		27	02	16.3	139.3	930	55
		27	08	16.9	139.2	930	55
		27	14	17.8	139.2	930	55
		27	20	18.3	139.0	930	55
		28	02	18.7	139.0	920	60
		28	08	19.0	139.0	920	60
		28	14	19.1	139.2	930	55
		28	20	19.1	139.3	930	55
		29	02	19.2	139.4	930	55
		29	08	19.3	139.4	930	55
		29	14	19.4	139.4	940	50
		29	20	19.5	139.3	940	50
		30	02	19.5	139.3	940	50
		30	08	19.6	139.3	950	45
		30	14	19.7	139.1	950	45
		30	20	19.9	138.8	960	40
	12	1	02	20.0	138.4	965	38
		1	08	20.3	138.1	970	35
		1	14	20.5	137.8	975	33
		1	20	20.7	137.6	980	30
		2	02	21.0	137.3	985	28
		2	08	21.2	136.8	985	28
		2	14	21.0	135.8	990	25
		2	20	21.1	134.9	995	20
		3	02	21.5	134.3	995	18
		3	08	21.7	134.0	1000	15
				消失			

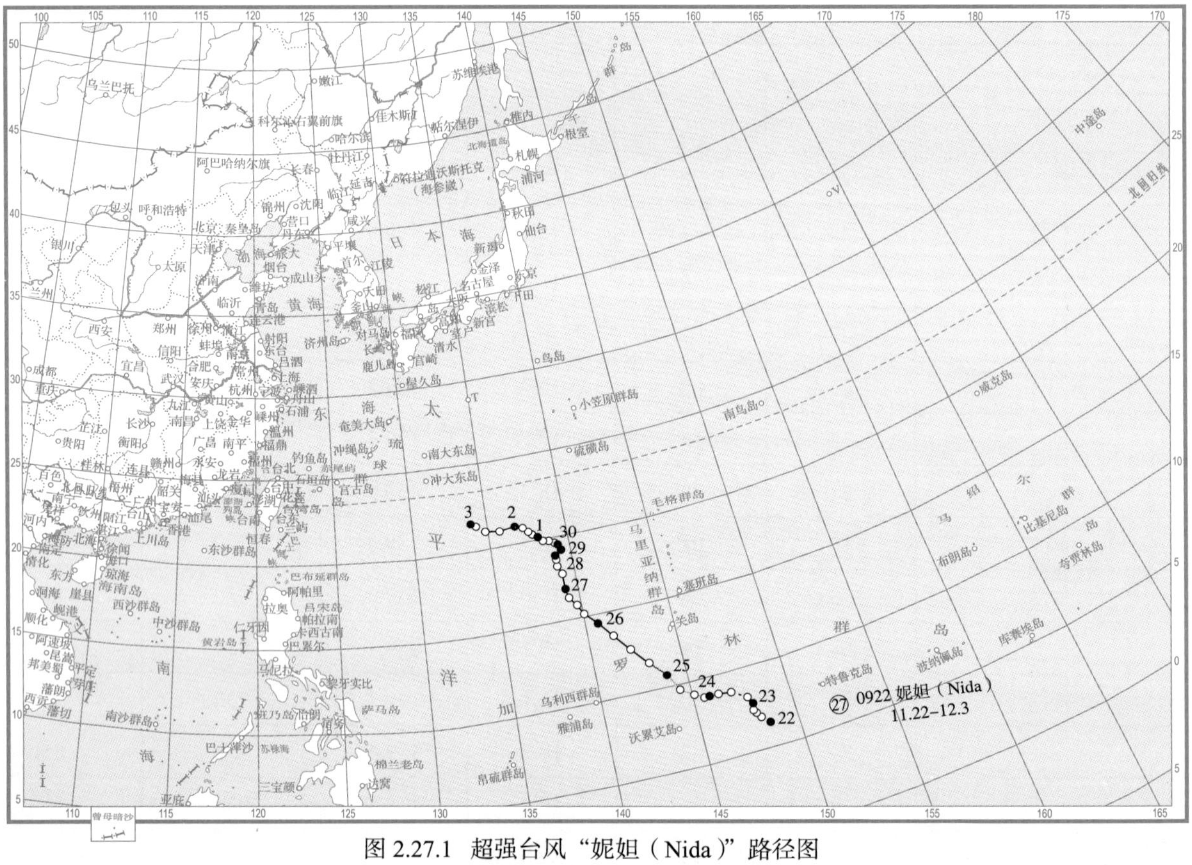

图 2.27.1 超强台风“妮妲（Nida）”路径图

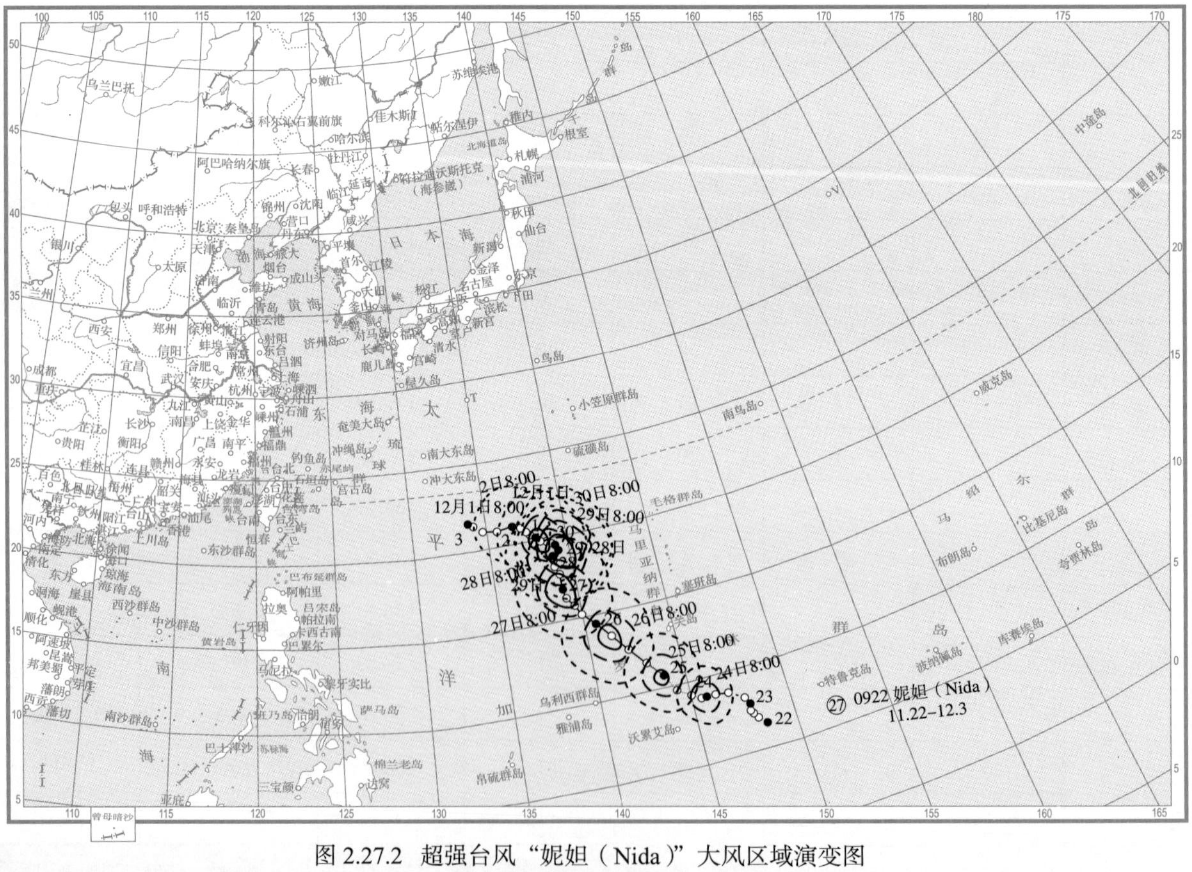

图 2.27.2 超强台风“妮妲（Nida）”大风区域演变图

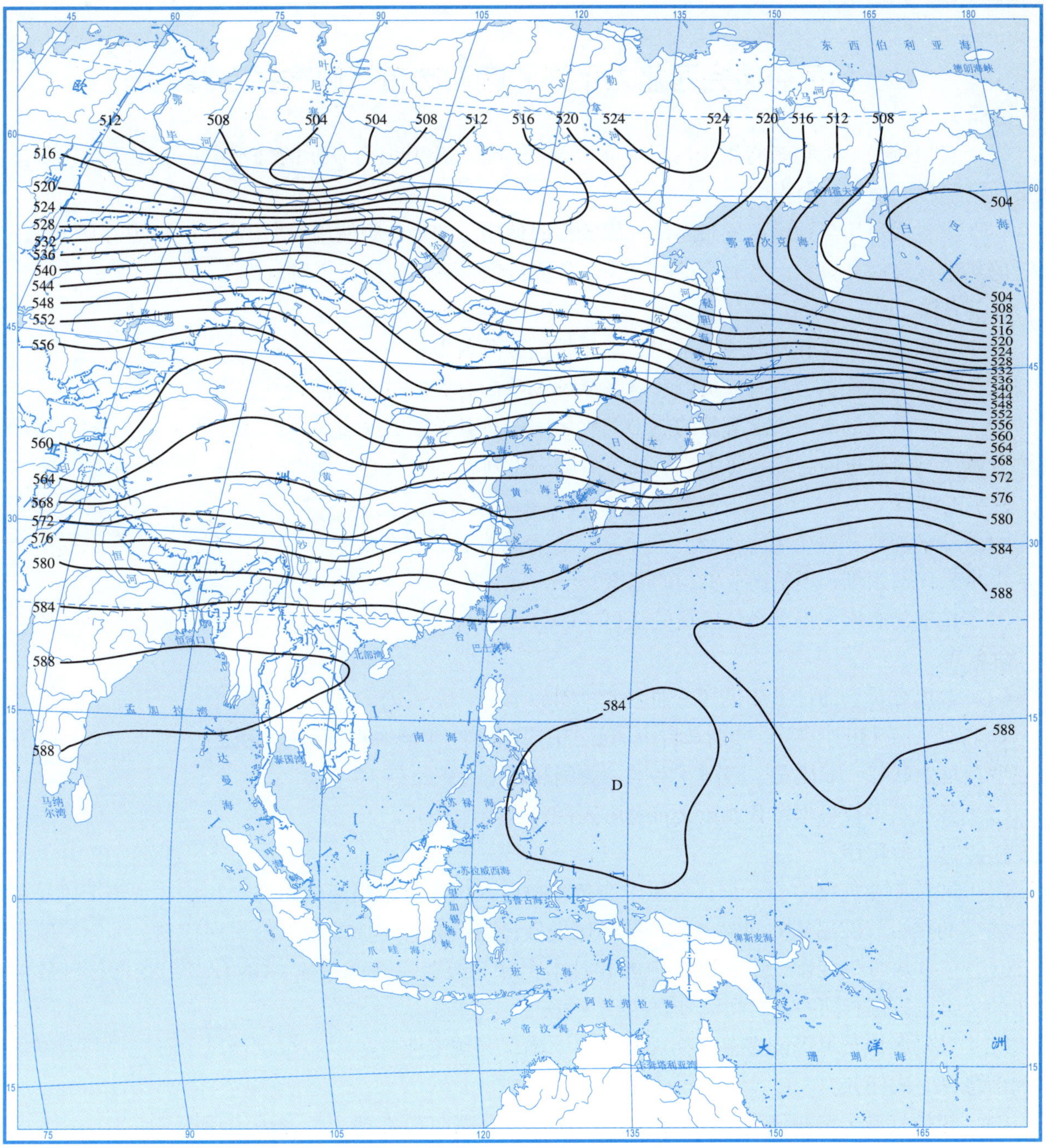

图 2.27.3　2009 年 11 月 26 日 02 时 500 hPa 高度场图（dagpm）

附录一

台风委员会西北太平洋和南海热带气旋命名方案

1 目标

（1）台风委员会命名表将用于国际媒体以及向国际航空和航海发布的公报中。也用于台风委员会成员向国际社会发布的公报中。

（2）供各成员用当地语言发布热带气旋警报时使用（如果希望使用命名）。这将有助于人们对逐渐接近的热带气旋提高警觉，增加警报的效果。各成员仍将继续使用热带气旋编号。

2 命名方法

（1）在西北太平洋和南海地区采用一套热带气旋命名表。

（2）邀请台风委员会所有成员以及该区域 WMO 的有关成员贡献热带气旋名字。

（3）每个有关的成员贡献等量的热带气旋名字；命名表按顺序命名，循环使用；命名表共有五列，每列分两组，每组里的名字按每个成员的字母顺序排列。

3 名字的选择

（1）命名原则：每个名字不超过 9 个字母；容易发音；在各成员语言中没有不好的意思；不会给各成员带来任何困难；不是商业机构的名字。

（2）选取的名字应得到全体成员的认可（一票否决）。

4 命名表

（1）台风委员会通过了热带气旋命名表（附后）。

命名表共有 140 个名字，分别来自柬埔寨、中国、朝鲜、中国香港、日本、老挝、中国澳门、马来西亚、密克罗西尼亚联邦、菲律宾、韩国、泰国、美国和越南（各贡献 10 个）。

（2）各成员可以根据发音或意义将命名表翻译成当地语言。

5 命名的业务程序

（1）区域专业气象中心—东京台风中心负责按照台风委员会确定的命名表在给达到热带风暴及其以上强度的热带气旋编号的同时命名，按热带气旋命名、编号（加括号）的次序排列。国际民航组织（ICAO）东京热带气旋咨询中心以及中国和日本全球海上遇险安全系统（GMDSS）XI 海区气象广播发布的公报也采用相同的命名和编号。

（2）鼓励各成员尽可能多地交换观测资料，确保区域专业气象中心东京台风中心能得到最好的资料和信息以完成任务。

（3）热带气旋名字按预先确定的次序依次命名。热带气旋在整个生命史中保持名字不变。为避免混乱，对通过国际日期变更线进入西北太平洋的热带气旋，东京台风中心只给编号不给新命名，即：维持原有命名不变。负责给北太平洋中部热带气旋命名的美国中太平洋飓风中心也同意对从西向东越过国际日期变更线的热带气旋维持东京台风中心的命名。

（4）台风委员会所有成员在向国际社会（包括媒体、航空、航海）发布警报公报时都将使用东京台风中心分配的命名和编号。

（5）对造成特别严重灾害的热带气旋，台风委员会成员可以申请将热带气旋使用的名字从命名表中删去（永久命名），也可以因为其他原因申请删除名字。每年的台风委员会届会将审议台风命名表。

6 执行计划

热带气旋命名表及其相关的业务程序从 2000 年 1 月 1 日开始执行。

台风委员会西北太平洋和南海热带气旋命名表 *

（自 2008 年 1 月 1 日起执行）

第 1 列		第 2 列		第 3 列		第 4 列		第 5 列		备 注
英文名	中文名	英文名	中文名	英文名	中文名	英文名	中文名	英文名	中文名	名字来源
Damrey	达维	Kong-rey	康妮	Nakri	娜基莉	Krovanh	科罗旺	Sarika	莎莉嘉	柬埔寨
Haikui	海葵	Yutu	玉兔	Fengshen	风神	Dujuan	杜鹃	Haima	海马	中国
Kirogi	鸿雁	Toraji	桃芝	Kalmaegi	海鸥	Mujigae	彩虹	Meari	米雷	朝鲜
Kai-tak	启德	Man-yi	万宜	Fung-wong	凤凰	Choi-wan	彩云	Ma-on	马鞍	中国香港
Tembin	天秤	Usagi	天兔	Kammuri	北冕	Koppu	巨爵	Tokage	蝎虎	日本
Bolaven	布拉万	Pabuk	帕布	Phanfone	巴蓬	Ketsana	凯萨娜	Nock-ten	洛坦	老挝
Sanba	三巴	Wutip	蝴蝶	Vongfong	黄蜂	Parma	芭玛	Muifa	梅花	中国澳门
Jelawat	杰拉华	Sepat	圣帕	Nuri	鹦鹉	Melor	茉莉	Merbok	苗柏	马来西亚
Ewiniar	艾云尼	Fitow	菲特	Sinlaku	森拉克	Nepartak	尼伯特	Nanmadol	南玛都	密克罗尼西亚
Maliksi	马力斯	Danas	丹娜丝	Hagupit	黑格比	Lupit	卢碧	Talas	塔拉斯	菲律宾
Kaemi	格美	Nari	百合	Jangmi	蔷薇	Mirinae	银河	Noru	奥鹿	韩国
Prapiroon	派比安	Wipha	韦帕	Mekkhala	米克拉	Nida	妮妲	Kulap	玫瑰	泰国
Maria	玛莉亚	Francisco	范斯高	Higos	海高斯	Omais	奥麦斯	Roke	洛克	美国
Son Tinh	山神	Lekima	利奇马	Bavi	巴威	Conson	康森	Sonca	桑卡	越南
Bopha	宝霞	Krosa	罗莎	Maysak	美莎克	Chanthu	灿都	Nesat	纳沙	柬埔寨
Wukong	悟空	Haiyan	海燕	Haishen	海神	Dianmu	电母	Haitang	海棠	中国
Sonamu	清松	Podul	杨柳	Noul	红霞	Mindulle	蒲公英	Nalgae	尼格	朝鲜
Shanshan	珊珊	Lingling	玲玲	Dolphin	白海豚	Lionrock	狮子山	Banyan	榕树	中国香港
Yagi	摩羯	Kajiki	剑鱼	Kujira	鲸鱼	Kompasu	圆规	Washi	天鹰	日本
Leepi	丽琵	Faxai	法茜	Chan-hom	灿鸿	Namtheun	南川	Pakhar	帕卡	老挝
Bebinca	贝碧嘉	Peipah	琵琶	Linfa	莲花	Malou	玛瑙	Sanvu	珊瑚	中国澳门
Rumbia	温比亚	Tapah	塔巴	Nangka	浪卡	Meranti	莫兰蒂	Mawar	玛娃	马来西亚
Soulik	苏力	Mitag	米娜	Soudelor	苏迪罗	Fanapi	凡亚比	Guchol	古超	密克罗尼西亚
Cimaron	西马仑	Hagibis	海贝思	Molave	莫拉菲	Malakas	马勒卡	Talim	泰利	菲律宾
Chebi	飞燕	Neoguri	浣熊	Goni	天鹅	Megi	鲇鱼	Doksuri	杜苏芮	韩国
Mangkhut	山竹	Rammasun	威马逊	Morakot	莫拉克	Chaba	暹芭	Khanun	卡努	泰国
Utor	尤特	Matmo	麦德姆	Etau	艾涛	Aere	艾利	Vicente	韦森特	美国
Trami	潭美	Halong	夏浪	Vamco	环高	Songda	桑达	Saola	苏拉	越南

* 根据 ESCAP/WMO 台风委员会第 40 届会议的决定，现更新热带气旋命名表，具体由 Sanba（三巴）代替 Chanchu（珍珠），Maliksi（马力斯）代替 Bilis（碧利斯），Son Tinh（山神）代替 Saomai（桑美），Leepi（丽琵）代替 Xangsane（象神），Mangkhut（山竹）代替（Durian）榴莲。

台风委员会西北太平洋和南海热带气旋命名表 *

（自 2007 年 1 月 1 日起执行）

第 1 列		第 2 列		第 3 列		第 4 列		第 5 列		备 注
英文名	中文名	英文名	中文名	英文名	中文名	英文名	中文名	英文名	中文名	名字来源
Damrey	达维	Kong-rey	康妮	Nakri	娜基莉	Krovanh	科罗旺	Sarika	莎莉嘉	柬埔寨
Haikui	海葵	Yutu	玉兔	Fengshen	风神	Dujuan	杜鹃	Haima	海马	中国
Kirogi	鸿雁	Toraji	桃芝	Kalmaegi	海鸥	Mujigae	彩虹	Meari	米雷	朝鲜
Kai-tak	启德	Man-yi	万宜	Fung-wong	凤凰	Choi-wan	彩云	Ma-on	马鞍	中国香港
Tembin	天秤	Usagi	天兔	Kammuri	北冕	Koppu	巨爵	Tokage	蝎虎	日本
Bolaven	布拉万	Pabuk	帕布	Phanfone	巴蓬	Ketsana	凯萨娜	Nock-ten	洛坦	老挝
Chanchu	珍珠	Wutip	蝴蝶	Vongfong	黄蜂	Parma	芭玛	Muifa	梅花	中国澳门
Jelawat	杰拉华	Sepat	圣帕	Nuri	鹦鹉	Melor	茉莉	Merbok	苗柏	马来西亚
Ewiniar	艾云尼	Fitow	菲特	Sinlaku	森拉克	Nepartak	尼伯特	Nanmadol	南玛都	密克罗尼西亚
Bilis	碧利斯	Danas	丹娜丝	Hagupit	黑格比	Lupit	卢碧	Talas	塔拉斯	菲律宾
Kaemi	格美	Nari	百合	Changmi	蔷薇	Mirinae	银河	Noru	奥鹿	韩国
Prapiroon	派比安	Wipha	韦帕	Mekkhala	米克拉	Nida	妮妲	Kulap	玫瑰	泰国
Maria	玛莉亚	Francisco	范斯高	Higos	海高斯	Omais	奥麦斯	Roke	洛克	美国
Saomai	桑美	Lekima	利奇马	Bavi	巴威	Conson	康森	Sonca	桑卡	越南
Bopha	宝霞	Krosa	罗莎	Maysak	美莎克	Chanthu	灿都	Nesat	纳沙	柬埔寨
Wukong	悟空	Haiyan	海燕	Haishen	海神	Dianmu	电母	Haitang	海棠	中国
Sonamu	清松	Podul	杨柳	Noul	红霞	Mindulle	蒲公英	Nalgae	尼格	朝鲜
Shanshan	珊珊	Lingling	玲玲	Dolphin	白海豚	Lionrock	狮子山	Banyan	榕树	中国香港
Yagi	摩羯	Kajiki	剑鱼	Kujira	鲸鱼	Kompasu	圆规	Washi	天鹰	日本
Xangsane	象神	Faxai	法茜	Chan-hom	灿鸿	Namtheun	南川	Pakhar	帕卡	老挝
Bebinca	贝碧嘉	Peipah	琵琶	Linfa	莲花	Malou	玛瑙	Sanvu	珊瑚	中国澳门
Rumbia	温比亚	Tapah	塔巴	Nangka	浪卡	Meranti	莫兰蒂	Mawar	玛娃	马来西亚
Soulik	苏力	Mitag	米娜	Soudelor	苏迪罗	Fanapi	凡亚比	Guchol	古超	密克罗尼西亚
Cimaron	西马仑	Hagibis	海贝思	Molave	莫拉菲	Malakas	马勒卡	Talim	泰利	菲律宾
Chebi	飞燕	Neoguri	浣熊	Koni	天鹅	Megi	鲇鱼	Doksuri	杜苏芮	韩国
Durian	榴莲	Rammasun	威马逊	Morakot	莫拉克	Chaba	暹芭	Khanun	卡努	泰国
Utor	尤特	Matmo	麦德姆	Etau	艾涛	Aere	艾利	Vicente	韦森特	美国
Trami	潭美	Halong	夏浪	Vamco	环高	Songda	桑达	Saola	苏拉	越南

* 根据 ESCAP/WMO 台风委员会第 39 届会议的决定，现更新热带气旋命名表，具体由 Haikui（海葵）代替 Longwang（龙王），Pakhar（帕卡）代替 Matsa（麦莎）、Doksuri（杜苏芮）代替 Nabi（彩蝶）。

台风委员会西北太平洋和南海热带气旋命名表 *

（自 2006 年 1 月 1 日起执行）

第 1 列		第 2 列		第 3 列		第 4 列		第 5 列		备 注
英文名	中文名	英文名	中文名	英文名	中文名	英文名	中文名	英文名	中文名	名字来源
amrey	达维	Kong-rey	康妮	Nakri	娜基莉	Krovanh	科罗旺	Sarika	莎莉嘉	柬埔寨
Longwang	龙王	Yutu	玉兔	Fengshen	风神	Dujuan	杜鹃	Haima	海马	中国
Kirogi	鸿雁	Toraji	桃芝	Kalmaegi	海鸥	Mujigae	彩虹	Meari	米雷	朝鲜
Kai-tak	启德	Man-yi	万宜	Fung-wong	凤凰	Choi-wan	彩云	Ma-on	马鞍	中国香港
Tembin	天秤	Usagi	天兔	Kammuri	北冕	Koppu	巨爵	Tokage	蝎虎	日本
Bolaven	布拉万	Pabuk	帕布	Phanfone	巴蓬	Ketsana	凯萨娜	Nock-ten	洛坦	老挝
Chanchu	珍珠	Wutip	蝴蝶	Vongfong	黄蜂	Parma	芭玛	Muifa	梅花	中国澳门
Jelawat	杰拉华	Sepat	圣帕	Nuri	鹦鹉	Melor	茉莉	Merbok	苗柏	马来西亚
Ewiniar	艾云尼	Fitow	菲特	Sinlaku	森拉克	Nepartak	尼伯特	Nanmadol	南玛都	密克罗尼西亚
Bilis	碧利斯	Danas	丹娜丝	Hagupit	黑格比	Lupit	卢碧	Talas	塔拉斯	菲律宾
Kaemi	格美	Nari	百合	Changmi	蔷薇	Mirinae	银河	Noru	奥鹿	韩国
Prapiroon	派比安	Wipha	韦帕	Mekkhala	米克拉	Nida	妮妲	Kulap	玫瑰	泰国
Maria	玛莉亚	Francisco	范斯高	Higos	海高斯	Omais	奥麦斯	Roke	洛克	美国
Saomai	桑美	Lekima	利奇马	Bavi	巴威	Conson	康森	Sonca	桑卡	越南
Bopha	宝霞	Krosa	罗莎	Maysak	美莎克	Chanthu	灿都	Nesat	纳沙	柬埔寨
Wukong	悟空	Haiyan	海燕	Haishen	海神	Dianmu	电母	Haitang	海棠	中国
Sonamu	清松	Podul	杨柳	Noul	红霞	Mindulle	蒲公英	Nalgae	尼格	朝鲜
Shanshan	珊珊	Lingling	玲玲	Dolphin	白海豚	Lionrock	狮子山	Banyan	榕树	中国香港
Yagi	摩羯	Kajiki	剑鱼	Kujira	鲸鱼	Kompasu	圆规	Washi	天鹰	日本
Xangsane	象神	Faxai	法茜	Chan-hom	灿鸿	Namtheun	南川	Matsa	麦莎	老挝
Bebinca	贝碧嘉	Peipah	琵琶	Linfa	莲花	Malou	玛瑙	Sanvu	珊瑚	中国澳门
Rumbia	温比亚	Tapah	塔巴	Nangka	浪卡	Meranti	莫兰蒂	Mawar	玛娃	马来西亚
Soulik	苏力	Mitag	米娜	Soudelor	苏迪罗	Fanapi	凡亚比	Guchol	古超	密克罗尼西亚
Cimaron	西马仑	Hagibis	海贝思	Molave	莫拉菲	Malakas	马勒卡	Talim	泰利	菲律宾
Chebi	飞燕	Neoguri	浣熊	Koni	天鹅	Megi	鲇鱼	Nabi	彩蝶	韩国
Durian	榴莲	Rammasun	威马逊	Morakot	莫拉克	Chaba	暹芭	Khanun	卡努	泰国
Utor	尤特	Matmo	麦德姆	Etau	艾涛	Aere	艾利	Vicente	韦森特	美国
Trami	潭美	Halong	夏浪	Vamco	环高	Songda	桑达	Saola	苏拉	越南

* 根据 ESCAP/WMO 台风委员会第 38 届会议的决定，现更新热带气旋命名表，具体由 Noul（红霞）代替 Pongsona（凤仙）、Mujigae（彩虹）代替 Maemi（鸣蝉）、Mirinae（银河）代替 Sudal（苏特）、Fanapi（凡亚比）代替 Rananim（云娜）、Dolphin（白海豚）代替 Yanyan（欣欣）、Lionrock（狮子山）代替 Tingting（婷婷）。

台风委员会西北太平洋和南海热带气旋命名表注释

（2008 年 1 月 1 日起）

第 1 列			
英文名	中文名	名字来源	意 义
Damrey	达维	柬埔寨	大象
Haikui	海葵	中国	一种生活在海底的动物
Kirogi	鸿雁	朝鲜	一种候鸟，在朝鲜秋来春去，和台风的活动很相似
Kai-tak	启德	中国香港	香港旧机场名
Tembin	天秤	日本	天秤星座
Bolaven	布拉万	老挝	高地
Sanba	三巴	中国澳门	澳门旅游名胜
Jelawat	杰拉华	马来西亚	一种淡水鱼
Ewiniar	艾云尼	密克罗尼西亚	传统的风暴神（Chuuk 语）
Maliksi	马力斯	菲律宾	快速
Kaemi	格美	韩国	蚂蚁
Prapiroon	派比安	泰国	雨神
Maria	玛莉亚	美国	女士名（Chamarro 语）
Son Tinh	山神	越南	山神
Bopha	宝霞	柬埔寨	花儿名
Wukong	悟空	中国	孙悟空
Sonamu	清松	朝鲜	一种松树，能扎根石崖，四季常绿
Shanshan	珊珊	中国香港	女孩儿名
Yagi	摩羯	日本	摩羯星座
Leepi	丽琵	老挝	老挝南部最美丽的瀑布
Bebinca	贝碧嘉	中国澳门	澳门牛奶布丁
Rumbia	温比亚	马来西亚	棕榈树
Soulik	苏力	密克罗尼西亚	传统的 Pohnpei 酋长头衔
Cimaron	西马仑	菲律宾	菲律宾野牛
Chebi	飞燕	韩国	燕子
Mangkhut	山竹	泰国	一种水果
Utor	尤特	美国	飑线（Marshalese 语）
Trami	潭美	越南	一种花

（续表）

第 2 列			
英文名	中文名	名字来源	意 义
Kong-rey	康妮	柬埔寨	高棉传说中的可爱女孩儿
Yutu	玉兔	中国	神话传说中的兔子
Toraji	桃芝	朝鲜	朝鲜深山中的一种花，开花时无声无息不惹人注意，花能食用和入药
Man-yi	万宜	中国香港	海峡名，现为水库
Usagi	天兔	日本	天兔星座
Pabuk	帕布	老挝	大淡水鱼
Wutip	蝴蝶	中国澳门	一种昆虫
Sepat	圣帕	马来西亚	一种淡水鱼
Fitow	菲特	密克罗尼西亚	一种美丽芬香的花（Yapese 语）
Danas	丹娜丝	菲律宾	经历
Nari	百合	韩国	一种花
Wipha	韦帕	泰国	女士名字
Francisco	范斯高	美国	男子名（Chamarro 语）
Lekima	利奇马	越南	一种水果
Krosa	罗莎	柬埔寨	鹤
Haiyan	海燕	中国	一种海鸟
Podul	杨柳	朝鲜	一种在城乡均有种植的树，闷热天气时人们喜欢在其树荫下休息聊天
Lingling	玲玲	中国香港	女孩儿名
Kajiki	剑鱼	日本	剑鱼星座
Faxai	法茜	老挝	女士名字
Peipah	琵琶	中国澳门	一种在澳门受欢迎的宠物鱼
Tapah	塔巴	马来西亚	一种淡水鱼
Mitag	米娜	密克罗尼西亚	女士名字（Yap 语）
Hagibis	海贝思	菲律宾	褐雨燕
Noguri	浣熊	韩国	狗
Rammasun	威马逊	泰国	雷神
Matmo	麦德姆	美国	大雨
Halong	夏浪	越南	越南一海湾名

（续表）

第 3 列			
英文名	中文名	名字来源	意 义
Nakri	娜基莉	柬埔寨	一种花
Fengshen	风神	中国	神话中的风之神
Kalmaegi	海鸥	朝鲜	一种海鸟
Fung-wong	凤凰	中国香港	山峰名
Kammuri	北冕	日本	北冕星座
Phanfone	巴蓬	老挝	动物
Vongfong	黄蜂	中国澳门	一类昆虫
Nuri	鹦鹉	马来西亚	一种带蓝色皇冠的鹦鹉
Sinlaku	森拉克	密克罗尼西亚	传说中的 Kosrae 女神
Hagupit	黑格比	菲律宾	鞭子
Jangmi	蔷薇	韩国	花名
Mekkhala	米克拉	泰国	雷电天使
Higos	海高斯	美国	无花果（Chamarro 语）
Bavi	巴威	越南	越南北部一山名
Maysak	美莎克	柬埔寨	一种树
Haishen	海神	中国	神话中的大海之神
Noul	红霞	朝鲜	红色的天空
Dolphin	白海豚	中国香港	生活在香港水域的中华白海豚
Kujira	鲸鱼	日本	鲸鱼座
Chan-hom	灿鸿	老挝	一种树
Linfa	莲花	中国澳门	一种花
Nangka	浪卡	马来西亚	一种水果
Soudelor	苏迪罗	密克罗尼西亚	传说中的 Pohnpei 酋长
Molave	莫拉菲	菲律宾	一种常用于制造家具的硬木
Goni	天鹅	韩国	一种鸟
Morakot	莫拉克	泰国	绿宝石
Etau	艾涛	美国	风暴云（Palauan 语）
Vamco	环高	越南	越南南部一河流

（续表）

第 4 列			
英文名	中文名	名字来源	意　义
Krovanh	科罗旺	柬埔寨	一种树
Dujuan	杜鹃	中国	一种花
Mujigae	彩虹	朝鲜	天空中的彩虹
Choi-wan	彩云	中国香港	天上的云彩
Koppu	巨爵	日本	巨爵星座
Ketsana	凯萨娜	老挝	一种树
Parma	芭玛	中国澳门	澳门的一种烹调风格
Melor	茉莉	马来西亚	一种花
Nepartak	尼伯特	密克罗尼西亚	著名的勇士（Kosrae 语）
Lupit	卢碧	菲律宾	残酷
Mirinae	银河	韩国	宇宙的银河
Nida	妮妲	泰国	女士名字
Omais	奥麦斯	美国	漫游（Palauan 语）
Conson	康森	越南	古迹
Chanthu	灿都	柬埔寨	一种花
Dianmu	电母	中国	神话中的雷电之神
Mindule	蒲公英	朝鲜	一种小黄花，春天开放，蒲公英属，是朝鲜妇女淳朴识礼的象征
Lionrock	狮子山	中国香港	香港的一座山名
Kompasu	圆规	日本	圆规星座
Namtheun	南川	老挝	河
Malou	玛瑙	中国澳门	非常坚硬的宝石
Meranti	莫兰蒂	马来西亚	一种树
Fanapi	凡亚比	密克罗尼西亚	环状珊瑚岛
Malakas	马勒卡	菲律宾	强壮，有力
Megi	鲇鱼	韩国	鱼
Chaba	暹芭	泰国	热带花
Aere	艾利	美国	风暴（Marshalese 语）
Songda	桑达	越南	越南西北部一河流

（续表）

第 5 列			
英文名	中文名	名字来源	意 义
Sarika	莎莉嘉	柬埔寨	雀类鸟
Haima	海马	中国	一种鱼
Meari	米雷	朝鲜	回波
Ma-on	马鞍	中国香港	山峰名
Tokage	蝎虎	日本	蝎虎星座
Nock-ten	洛坦	老挝	鸟
Muifa	梅花	中国澳门	一种花
Merbok	苗柏	马来西亚	一种鸟
Nanmadol	南玛都	密克罗尼西亚	著名的 Pohnpei 废墟
Talas	塔拉斯	菲律宾	锐利
Noru	奥鹿	韩国	狍鹿
Kulap	玫瑰	泰国	一种花
Roke	洛克	美国	男子名（Chamarro 语）
Sonca	桑卡	越南	一种会唱歌的鸟
Nesat	纳沙	柬埔寨	渔夫
Haitang	海棠	中国	花
Nalgae	尼格	朝鲜	有生气，自由翱翔
Banyan	榕树	中国香港	一种树
Washi	天鹰	日本	天鹰星座
Pakhar	帕卡	老挝	生长在湄公河的一种淡水鱼
Sanvu	珊瑚	中国澳门	一种水生物
Mawar	玛娃	马来西亚	玫瑰花
Guchol	古超	密克罗尼西亚	一种香料（调味品）（Yapese 语）
Talim	泰利	菲律宾	明显的边缘
Doksuri	杜苏芮	韩国	老鹰
Khanun	卡努	泰国	泰国水果
Vicente	韦森特	美国	女士名（Chamarro 语）
Saola	苏拉	越南	越南最近发现的一种动物

附录二

2009 年热带气旋在西北太平洋和南海活动时的卫星云图

0901 号强台风“鲸鱼（Kujira）”

0902 号台风“灿鸿（Chan-hom）”

0903 号强热带风暴“莲花（Linfa）”

0904 号热带风暴“浪卡（Nangka）”

0905 号热带风暴“苏迪罗（Soudelor）”

热带风暴（序号 6）

0906 号台风“莫拉菲（Molave）”

0907 号强热带风暴“天鹅（Goni）”

0907 号强热带风暴 “天鹅（Goni）”

0908 号台风 “莫拉克（Morakot）”

0908 号台风 “莫拉克（Morakot）”

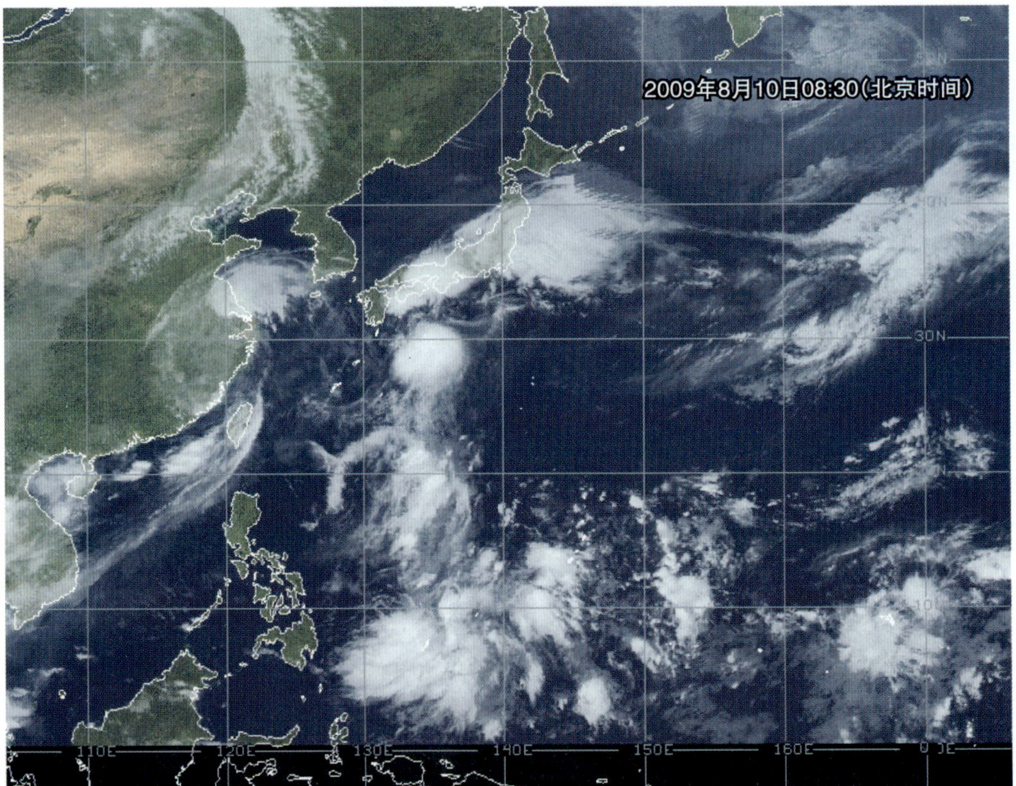

0909 号热带风暴 “艾涛（Etau）”

0910 号超强台风“环高（Vamco）”

0911 号强热带风暴“科罗旺（Krovanh）”

0912 号强热带风暴“杜鹃（Dujuan）”

0913 号热带风暴“彩虹（Mujigae）”

0914 号超强台风“彩云（Choi-wan）”

0915 号台风“巨爵（Koppu）”

0916 号台风“凯萨娜（Ketsana）”

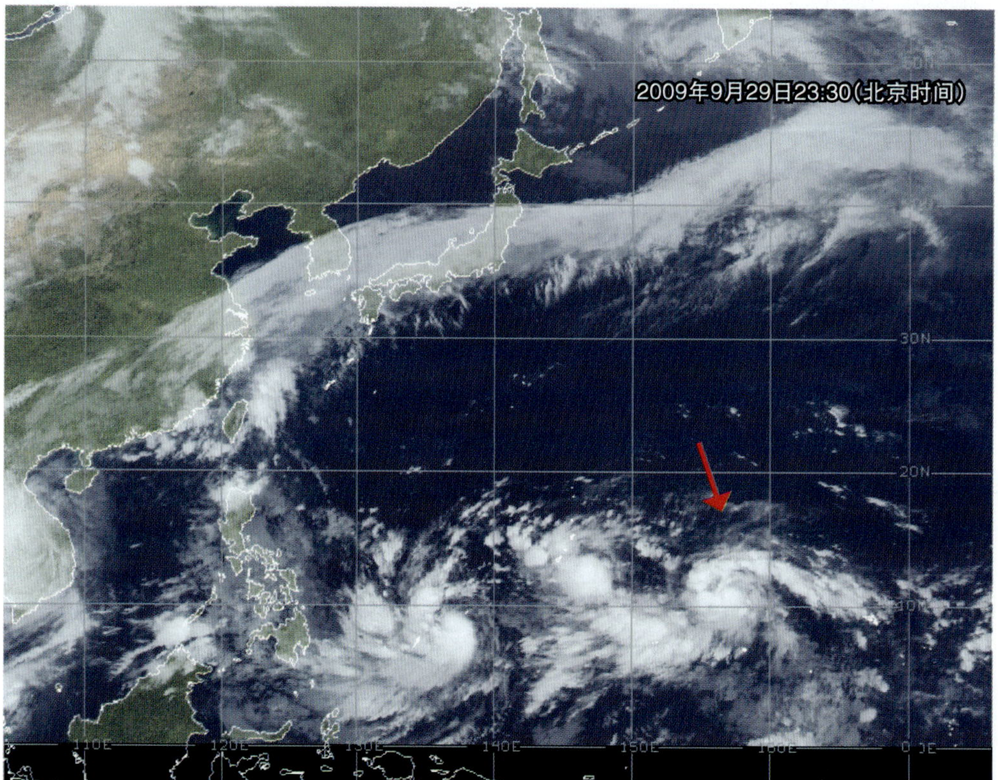

热带低压（序号 18）

0917 号超强台风“芭玛（Parma）”

0918 号超强台风“茉莉（Melor）”和 0917 号超强台风“芭玛（Parma）”

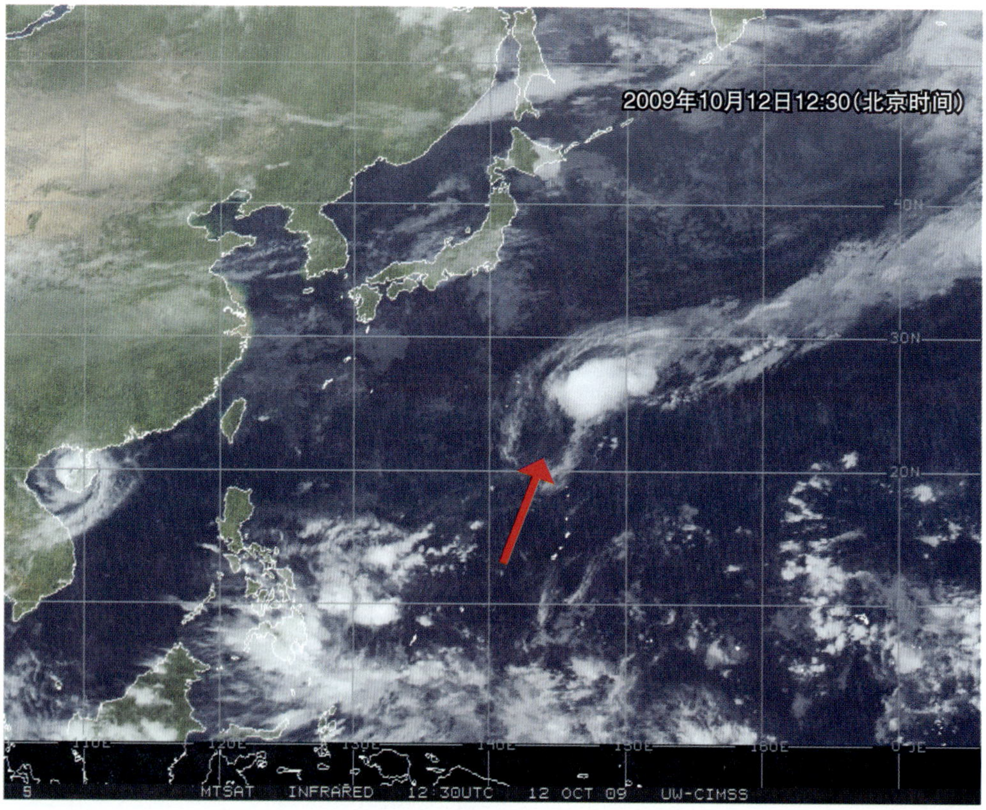

0919 号强热带风暴“尼伯特（Nepartak）”

0920 号超强台风“卢碧（Lupit）”

热带低压（序号 23）

0921 号台风“银河（Mirinae）”

热带低压（序号 25）

热带低压（序号 26）

0922 号超强台风“妮妲（Nida）”